高等职业教育人工智能工程技术系列教材

人工智能应用技术

（微课版）

康　凤　卿　山　主　编

周　梵　吴思远　王兰馨　副主编

陈良维　主　审

電子工業出版社

Publishing House of Electronics Industry

北京·BEIJING

内 容 简 介

本书覆盖了人工智能应用的核心领域，旨在为学生提供一个深入理解人工智能技术及其应用的全景视角。

本书在内容安排上，从基础理论出发，逐步深入到技术实现和应用场景中，以确保学生能够掌握人工智能的关键概念、技术方法及其在实际中的应用。

本书在技术深度上，详细介绍了机器学习的各种类型，包括监督学习、无监督学习等，并指导学生如何搭建机器学习环境，以及如何使用主流工具进行项目开发。进一步地，本书通过对线性模型、感知机与支持向量机（SVM）、决策树与随机森林、聚类与降维、神经网络与深度学习、自然语言处理（NLP）和计算机视觉等关键技术领域的深入讲解，并结合实际案例分析，使学生理解这些技术的原理和应用方法。

本书不仅适合作为高等职业院校相关专业的教材，也适合作为对数据挖掘和机器学习感兴趣的自学者和专业人士的参考书。通过对本书的学习，学生能够掌握数据挖掘和机器学习的关键技术，理解其在多个领域的应用，为进一步的研究或职业发展打下坚实的基础。

未经许可，不得以任何方式复制或抄袭本书之部分或全部内容。
版权所有，侵权必究。

图书在版编目（CIP）数据

人工智能应用技术 ： 微课版 / 康凤，卿山主编.
北京 ： 电子工业出版社，2025. 2. -- ISBN 978-7-121
-49548-9

Ⅰ. TP18

中国国家版本馆 CIP 数据核字第 2025MA8406 号

责任编辑：徐建军　　特约编辑：田学清
印　　刷：三河市鑫金马印装有限公司
装　　订：三河市鑫金马印装有限公司
出版发行：电子工业出版社
　　　　　北京市海淀区万寿路 173 信箱　　邮编：100036
开　　本：787×1092　1/16　印张：15　字数：404 千字
版　　次：2025 年 2 月第 1 版
印　　次：2025 年 2 月第 1 次印刷
印　　数：1 200 册　　定价：53.00 元

凡所购买电子工业出版社图书有缺损问题，请向购买书店调换。若书店售缺，请与本社发行部联系，联系及邮购电话：（010）88254888，88258888。

质量投诉请发邮件至 zlts@phei.com.cn，盗版侵权举报请发邮件至 dbqq@phei.com.cn。

本书咨询联系方式：（010）88254570，xujj@phei.com.cn。

前 言

本书旨在提供一个全面的、深入的指南，以探索数据挖掘和人工智能技术在现代计算和分析领域的广泛应用。数据挖掘作为一个不断进化的学科，与日益发展的人工智能技术紧密相连，两者共同推动了从商业决策到科学研究等多个方面的革新。

本书从数据挖掘与人工智能基础开始，为学生建立起必要的理论框架。随后的项目对机器学习的核心技术和方法（包括环境搭建、线性模型、感知机与 SVM，以及更为复杂的决策树与随机森林）进行了深入的讲解。此外，书中还详细探讨了聚类与降维技术，二者是理解大规模数据集中隐藏模式的关键技术。

在后续项目中，我们转向更具挑战性的主题，如神经网络与深度学习等，以及它们在 NLP 和计算机视觉两大热门应用领域的实际应用。这些项目不仅介绍了基础理论，还介绍了实际案例和应用实例，能帮助学生更好地理解如何将这些先进的技术应用于解决实际问题。

编者希望本书无论是作为学术课程的教材，还是作为行业实践的参考书，都能为学生、研究人员和业界专家提供结构清晰、内容丰富的资源。通过对本书的学习，学生不仅能理解数据挖掘和人工智能的理论基础，还能掌握将这些理论应用于解决实际问题的技能。

本书由成都航空职业技术学院信息工程学院的教师团队组织编写，由康凤和卿山担任主编，周梵、吴思远和王兰馨担任副主编。项目 1、项目 2、项目 3、项目 5 和项目 7 由康凤编写，项目 4 和项目 10 由卿山编写，项目 8 由周梵编写，项目 6 由吴思远编写，项目 9 由王兰馨编写。全书由卿山统稿，陈良维审稿。

本书在编写过程中得到了成都航空职业技术学院信息工程学院相关领导的大力支持，在此表示感谢。

为了方便教师教学，本书配有电子教学课件、微课视频（扫描书中二维码进行浏览）等教学资源。如需电子教学课件等资料，请登录华信教育资源网进行下载。如有问题，可在华信教育资源网的网站留言板留言。

虽然本书在编写过程中力求精确，也进行了多次校正，但由于编者水平有限，书中难免存在一些不足，望广大读者批评、指正。

编者

目　录

项目 1

数据挖掘与人工智能基础

项目介绍

在本项目中，首先对数据挖掘的概念、任务及核心技术进行了详细的介绍。通过梳理数据挖掘的多种任务，如分类、聚类、关联规则学习等，学生可以获得对数据挖掘技术应用场景和目标的清晰理解。此外，本项目还追溯了数据挖掘的发展历程，从早期的统计学方法到现代的机器学习技术，展示了数据挖掘如何逐渐成为信息时代的重要工具。

然后，转向对人工智能基础知识的介绍，介绍了人工智能的定义、主要技术，以及人工智能在现代社会中的应用。探讨了不同的人工智能学派，如符号主义、连接主义和行为主义。这些学派各自的理论基础和方法论为理解人工智能的多样化和复杂性提供了框架。学生将通过这些知识点获得对人工智能多方面的深入见解。

最后，探讨了人工智能的未来发展趋势和前沿研究，特别是人工智能在数据挖掘领域的应用前景。从计算机视觉和自然语言处理（Natural Language Processing，NLP）方面的进展，展示了人工智能如何推动数据挖掘技术的创新和效率提升。通过结合理论与实际应用案例，本项目不仅为专业人士提供了指导，还为广大读者呈现了一个关于人工智能和数据挖掘交叉融合的未来图景。

知识目标

- 理解数据挖掘的基本概念：应明白数据挖掘的定义、主要任务（如分类、预测、聚类等），以及数据挖掘在现实世界中的应用。
- 掌握人工智能的基础知识：包括人工智能的历史发展，以及不同学派的理论基础、主要技术和方法。
- 了解人工智能的未来发展趋势和前沿研究：识别并理解当前人工智能领域的研究热点和发展方向，以及它们是如何影响数据挖掘技术进步的。

能力目标

- 选择并应用不同的数据挖掘技术：应能根据具体的业务需求或数据类型，选择并应用适合的数据挖掘方法。
- 评估人工智能技术的适用性和效果：能够根据不同的人工智能技术（如机器学习模型）

的特点，评估其在特定数据挖掘任务中的有效性和潜在的优势或局限。
- 设计简单的数据挖掘解决方案：使用基础的人工智能工具和技术，为实际问题设计并实现简单的数据挖掘方案。

素养目标

- 培养批判性思维能力：培养评估数据挖掘技术和人工智能应用的批判性思维能力，能够识别并分析技术实施中可能遇到的伦理和实用挑战。
- 持续学习和适应新技术：鼓励学生保持对新兴技术的好奇心和学习热情，适应技术快速变化的环境。
- 合作与交流：增强跨学科合作的能力，通过有效的沟通与协作，与他人共同探讨和解决数据挖掘和人工智能中的复杂问题。

任务 1　数据挖掘简介

认识数据挖掘

任务描述

本任务旨在为学生提供一个全面而精练的数据挖掘入门概览。通过学习本任务，学生将了解数据挖掘的定义和重要性。

知识准备

具备基础的统计学、数据库管理及编程知识（如 Python、R 语言）；能够理解数据类型、数据结构、基本统计概念及编程逻辑，以便更好地掌握数据挖掘的理论与实践应用。

1. 数据挖掘的定义

数据挖掘是一种分析技术，旨在从大量数据中自动发现有价值的信息和隐含的模式。机器学习为数据挖掘提供了强大的工具，可以从数据中学习规律并预测未来行为。通过建立预测模型和分类系统，机器学习算法能够帮助组织和个人在庞大的数据中找到意义，预测市场趋势，或者识别消费者行为模式。具体来说，这包括使用各种统计、概率和优化技术来设计算法，这些算法能够处理、分析和从数据集中抽取信息。

在数据挖掘过程中，机器学习算法通常用于执行诸如分类、回归、聚类和关联规则学习等任务。分类和回归主要关注预测数据条目的某些属性或连续的输出值，而聚类则试图将数据集中的实体根据相似性分组，没有事先标记的类别信息。关联规则学习用于探索变量之间的有意义的关系，可用于市场篮子分析等应用。这些技术都依赖于从历史数据中学习，并假设历史模式在未来会以某种形式重现。

在机器学习和人工智能的背景下，数据挖掘过程通常涉及构建模型来预测数据或对数据进行分类。这包括使用算法（如决策树、神经网络、聚类和回归分析等）来探索和分析数据。机器学习利用自动化的方法来识别复杂数据中的模式，并使这些发现过程可扩展和有效。这些技术使数据挖掘不再仅限于简单的数据查询和报告，而是可以深入分析数据，以提供预测性或描述性的见解。

更进一步地，数据挖掘过程也涉及数据预处理，包括数据清洗、特征选择及转换数据格式，使之适用于机器学习模型的处理。有效的数据预处理可以显著提高模型的性能和准确性。此外，数据挖掘还需要评估和优化构建的模型，通过交叉验证、模型调参等技术来确保模型在未见数据上的泛化能力。经过这些复杂而系统的步骤，数据挖掘不仅帮助揭示了数据中的隐含信息，还提高了决策过程的科学性和准确性，对商业策略和科研活动具有重要意义。

2．数据挖掘的重要性

数据挖掘的重要性在于其能力，可以通过发现和利用数据中的隐含模式、关联和趋势，为决策提供支持。在商业环境中，这种能力尤其关键，因为它可以帮助公司从竞争对手中脱颖而出。通过优化营销策略、改进客户服务和提高操作效率，数据挖掘可以帮助企业理解过去的业务表现。更重要的是，通过预测未来趋势和消费者行为，企业能够更加主动地制定战略。

此外，数据挖掘在科研和技术发展中也发挥着至关重要的作用。它能够使研究人员从庞大的数据集中提取有用的信息，支持新的科学发现或改进现有技术。例如，在生物医药领域，数据挖掘可以帮助识别新的药物目标和疾病模式，加速药物开发和个性化医疗的实施；在环境科学中，数据挖掘助力分析和预测气候变化趋势，为政策制定和资源管理提供数据支持。

数据挖掘技术的进步还推动了人工智能领域的发展，特别是在深度学习和机器学习应用中。通过从实际应用中反馈学习，这些技术正在不断优化和调整，从而提高其准确性和效率。例如，自动驾驶车辆、推荐系统和自动化客户服务都依赖于数据挖掘来处理和分析大量数据，以实现高度自动化和智能化的操作。因此，数据挖掘不仅对业务和科研至关重要，也是推动现代技术创新和社会进步的关键因素。

任务 2 数据挖掘的发展历程

任务描述

本任务通过探索数据挖掘的历史脉络，使学生了解数据挖掘从初期萌芽到现代技术的飞跃；通过分析里程碑事件，使学生理解数据挖掘技术发展背后的驱动力，以及该技术对现代社会和经济的深远影响。

知识准备

了解信息技术、统计学及人工智能的发展史，熟悉计算机科学的基本概念，以及这些领域是如何交叉融合并共同推动数据挖掘技术的诞生与演进的。

1．早期探索与发展

数据挖掘的早期探索可以追溯到 20 世纪的统计学和初期的人工智能研究。最初，这一领域主要集中在统计分析上，旨在通过手动分析揭示数据中的模式和关联。随着计算机科学的发展和数据库技术的进步，20 世纪 60 年代至 80 年代期间，研究者开始探索自动化的数据分析方法。在这个时期，相关领域的主要技术革新包括决策树、聚类分析和线性回归等基础算法的开发，这些都是后来数据挖掘技术的基石。

进入20世纪90年代，数据挖掘开始形成一个独立的研究领域，并迅速发展。这一时期标志着商业数据库的广泛应用及更复杂数据库技术的出现，为大规模的数据分析和知识发现创造了条件。同时，机器学习理论的发展为数据挖掘提供了更多的算法支持，如支持向量机（Support Vector Machine，SVM）、神经网络和随机森林等。此外，科学界和工业界开始共同推动数据挖掘的实际应用，尤其是在金融服务、零售、医疗和生物技术等行业。

到了21世纪初，随着互联网的兴起和数据的爆炸式增长，数据挖掘的重要性显著提升。随着“大数据”概念的流行，处理和分析海量数据的需求不断增长，这推动了数据挖掘技术的新一轮革新。在这一阶段，数据挖掘与人工智能领域开始更加紧密地融合，特别是深度学习的兴起，极大地推动了复杂数据分析方法的发展。数据挖掘技术不仅能够处理更大规模的数据集，也能够在音频、视频和社交媒体数据等非结构化数据中发现洞察力，开启了数据挖掘应用的新纪元。

2．机器学习的影响

机器学习在数据挖掘的发展历程中起到了关键的推动作用。早在数据挖掘领域形成之前，机器学习的算法已经应用于模式识别和预测建模中。随着20世纪80年代末至90年代初机器学习理论的成熟，如决策树、神经网络和最近邻算法等开始广泛应用于自动化数据分析过程。这些算法能够从数据中自动学习和提取知识，大大增强了数据挖掘从大规模数据集中发现复杂模式的能力。机器学习的这些初步应用为后续数据挖掘技术的发展奠定了基础。

进入21世纪，随着数据量的激增和计算能力的显著提升，机器学习技术在数据挖掘中的应用变得更加深入和广泛。特别是SVM、随机森林和集成方法等先进机器学习技术的出现，提高了数据挖掘模型的准确性和效率。这些技术能够处理更大的数据集，解决过去因数据量过大而难以解决的问题。此外，机器学习的这些进步也可以使数据挖掘应用于更多领域，如社交网络分析、生物信息学和复杂系统监测等，展现出跨学科的广泛应用潜力。

最近几年，随着深度学习的兴起，机器学习对数据挖掘的影响达到了新的高度。深度学习模型，特别是卷积神经网络（Convolutional Neural Network，CNN）和循环神经网络（Recurrent Neural Network，RNN），已经在图像识别、NLP和时间序列分析等任务中取得了突破性的成果。这些模型能够从未经标记的大规模数据集中学习复杂的、层次化的特征表示，使得数据挖掘在处理非结构化数据时的能力大大增强。通过深度学习，数据挖掘不仅能够提供更精确的预测模型，还能够揭示数据内部的深层次结构和关系，推动了数据挖掘技术和应用的新一轮革命。

3．人工智能技术的融入

在数据挖掘的发展过程中，人工智能技术的融入标志着数据挖掘从基于统计的方法向更智能化的分析技术的转变。早期的数据挖掘主要依靠统计模型和简单的机器学习算法，而随着人工智能技术的进步，尤其是随着知识表示、NLP、模式识别和神经网络方面的发展，数据挖掘的方法和应用范围得到了极大的扩展。人工智能技术使得机器不仅能从大数据中提取模式，还能理解和解释这些模式，这在复杂的决策支持系统中尤为重要。

随着时间的推移，深度学习的出现进一步强化了人工智能在数据挖掘中的作用。深度学习模型，特别是那些基于深度神经网络的模型，由于其在图像识别、语音识别和复杂预测任务中的卓越表现，已成为数据挖掘的重要工具。这些模型能够处理并分析大量的非结构化数据，如文本、图片和视频，提供了比以往任何时候都更精细和深入的数据分析能力。例如，在医疗影像分析中，深度学习技术已被用来识别疾病模式，其准确率远超过传统方法。

此外，人工智能技术的发展还推动了自动化和实时数据挖掘系统的实施。通过实时分析社交媒体流、网络流量或金融交易数据，人工智能驱动的数据挖掘工具可以及时发现异常、预测趋势或做出推荐。这些系统利用人工智能的能力来学习和适应不断变化的数据模式，不仅提高了数据处理的效率，也提高了决策的及时性和准确性。人工智能的这些进步极大地增强了数据挖掘的功能，使数据挖掘成为一个不断进化的领域，人工智能的应用前景广阔，涉及从商业智能到国家安全等多个领域。

任务3 人工智能简介

认识人工智能

任务描述

本任务旨在为学生简要介绍人工智能的基本概念、原理、应用领域及未来趋势，帮助学生建立对人工智能的全面认识，激发学生探索人工智能技术的兴趣。

知识准备

具备计算机基础知识，如编程基础、算法逻辑等；对计算机科学、数学及一些基本物理概念有一定的了解，以便更深入地理解人工智能的理论与实践。

1．人工智能的定义

人工智能是研究、开发用于模拟、延伸和扩展人的智能的理论、方法、技术及应用系统的一门新的技术科学。在1956年举办的达特茅斯会议中，科学家们首次提出“人工智能”这个术语。人工智能是一门综合性的、极富挑战性的科学，因为从事这项研究的人必须懂得计算机、心理学、脑科学、数学和哲学等多领域知识，其所涉及的学科范围已远远超出了计算机科学的范畴，人工智能与思维科学的关系实质是实践和理论的关系。人工智能学科的范围十分广泛。它由不同的领域组成，如机器学习、统计学、计算机视觉、NLP、语言学等。

人工智能研究的一个主要目标是能够使机器在人的指导下胜任一些通常情况下需要人类才能完成的复杂工作，以减轻人类的劳动压力。此外，它还能对经济社会产生深远影响，具体如下。

（1）实现自动化、智能化：人工智能技术可以使许多复杂、烦琐的任务和流程实现自动化、智能化，如快递自动分拣、人工智能流水线车间、自动驾驶汽车、医疗影像识别等，从而提高社会整体的生产效率。

（2）解决复杂问题：人工智能可以解决许多计算过程复杂的问题，包括图像分割、自然语言生成、因果关系推断、图像识别、交通管理、医学诊断、气象预测等。

（3）推动科学研究：人工智能利用自身的计算优势和分析能力，可以加速科学研究的进展。例如，在医药、新材料研发领域，人工智能可以实现对各类资源的跨越式整合，从而提升研发效率、降低研发成本、缩短科研周期。

（4）改善医疗保健情况：人工智能在医疗领域有巨大的潜力，可以帮助医生诊断疾病、制订治疗计划、监测患者的健康状况，并加速新药物的发现和研发。

（5）促进创新：人工智能在一定程度上提升了人类的能力、拓宽了人类的视野，为创新、创意提供了沃土，激发了新的商业模式和应用领域的出现，有助于提高经济增长的活力。

（6）加强安全和防御：人工智能在感知、预测及预警方面具有更强的主动性，可以用于监测网络安全漏洞，预测犯罪和恐怖袭击，以及加强国家和个人的安全防御。人脸识别技术可用于手机解锁、门禁系统等多个领域，用于保障公民的财产和人身安全。

（7）提高教育质量：人工智能技术可以提供在线教育和个性化学习，帮助学生更好地理解和掌握理论知识与技能，并实现学生的个性化发展。

2．图灵测试

早期，人们对智能的概念没有明确的定义。1950 年，艾伦·麦席森·图灵发表了一篇论文《计算机器与智能》，并在这篇论文中提出了“图灵测试”的概念。图灵测试是指测试者与被测试者（一个人和一台机器）在两个相互隔离的区域里，测试者通过一些装置（如键盘）向被测试者随意提问，进行多次测试后，如果机器让平均每个测试者做出超过 30%的误判，那么这台机器就通过了测试，并认为这台机器具有人类智能。也就是说，图灵测试认为，只要机器能够有 30%以上的概率让人以为与其对话的是人，就可称这台机器是智能的。图灵测试至今都是一种有效的检验机器是否智能的方法。图灵测试示意图如图 1.1 所示。

图 1.1　图灵测试示意图

艾伦·麦席森·图灵对人工智能的发展有诸多贡献，被称为“计算机科学之父”“密码学之父”“人工智能之父”。计算机科学领域的最高荣誉奖就是图灵奖，这个奖也被视为计算机科学领域的诺贝尔奖。

3．人工智能的三次浪潮

1956 年 6 月到 8 月，在美国达特茅斯学院举行的人工智能暑期研讨会在人工智能发展历程中具有重要意义。“人工智能”这一术语就是在这次会议上被首次提出的。该会议的其中 4 位学者于 1955 年就开始筹备这次会议，并向美国洛克菲勒基金会递交了一份题为“关于举办达特茅斯人工智能暑期研讨会的提议”的建议书，他们希望基金会资助达特茅斯学院举办的人工智能暑期研讨会，共同探讨和研究“让机器像人那样认知、思考和学习，即用计算机模拟人的智能”的科学。

在之后的十余年内，人工智能迎来了其发展史上的第一个小高峰，研究者们争相涌入该领域，取得了一批瞩目的成就。计算机广泛应用于数学和自然语言领域，这让很多学者对机器向人工智能的发展充满希望。对很多人来讲，这一阶段开发出来的程序堪称神奇：计算机可以解决代数应用题、证明几何定理、学习和使用英语。在众多研究当中，搜索式推理、自然语言、微世界在当时极具影响力。

1974年，几乎很难找到对人工智能项目的资助了。同时，Minsky对感知机的批评，对神经网络的发展几乎是毁灭式的，导致神经网络销声匿迹了近10年。在这一阶段，虽然机器拥有了简单的逻辑推理能力，但由于计算机性能存在瓶颈、计算复杂度的指数级增长等多种问题同时存在，导致一些难题似乎完全找不到答案。从1976年开始，人工智能的研究进入长达6年的萧瑟期，也就是人工智能发展史上的“第一次寒冬”。

1982年，John Hopfield提出了一种新型的神经网络，即霍普菲尔德神经网络。这是一种全连接的神经网络，具有自联想和记忆功能，并且易于用硬件实现。霍普菲尔德神经网络的问世使得沉寂了6年之久的人工智能再次获得了广大学者的关注。

1987—1993年被称为人工智能的“第二次寒冬”，因为这段时期人工智能的研究再次陷入了低谷和困境，标志性事件是日本第五代计算机系统的研制计划失败和专家系统未达到人们对人工智能的预期。针对人工智能研究的资助再次缩减。与“第一次寒冬”相比，“第二次寒冬”更加严重，因为政府和企业都开始冷落人工智能技术，并怀疑人工智能技术的作用。虽然学者们认为人工智能的前景依然是美好的，但随着越来越多的研究项目被终止，人工智能研究的热情和动力也受到了极大的压抑。

2006年，Hinton提出了深度置信网络（Deep Belief Network，DBN）。这是一种深层次神经网络，训练其神经元间的权重，可以让整个神经网络按照最大概率来生成训练数据。同时，该网络也是深度学习的前驱。DBN主要使用无监督的方法来学习并解决实际问题，并取得了良好的效果。深度学习自此开始备受关注，给后来人工智能的发展带来了重大影响。

2022年11月，ChatGPT问世，凭借其超强的多模态处理能力，人工智能再次成为备受关注的焦点。以ChatGPT为代表的大模型不仅推动了人工智能的发展，还让人工智能技术处于爆发期，各行各业的学者都对人工智能再次刮目相看，各类人工智能应用如雨后春笋般崛起。

任务4 人工智能的学派

熟悉人工智能

任务描述

本任务将探讨人工智能领域的不同学派（包括符号主义、连接主义和行为主义）及其核心观点。帮助学生理解各学派的理论基础、研究方法及对人工智能发展的影响。

知识准备

了解计算机科学基础知识，特别是算法、数据结构及编程知识；对认知科学、心理学、神经科学等领域有初步的认识，以便深入理解各人工智能学派的理论框架与实践应用。

1. 符号主义

符号主义又称逻辑主义、心理学派或计算机学派。符号主义认为，人工智能源于数理逻辑，智能的本质就是符号的操作和运算。该学派还认为，人类认知和思维的基本单元是符号，智能也是符号的表征和运算过程，计算机同样也是一个物理符号系统。因此，该学派主张由人将各种各样的智能行为形式化为符号、知识、规则和算法，即用计算机能识别的符号来类比人的认知过程和大脑的抽象逻辑思维，让计算机模拟人类的智能行为，从而实现人工智能。符号主义主要集中在人类推理、规划、知识表示等高级智能领域。符号主义依据的是抽象思维，注重数学可解释性。符号主义的代表性成果有专家系统和知识工程。

专家系统是一种基于符号主义理论的智能系统，能够模拟人类专家在特定领域内的知识和经验，对用户提出的问题进行分析、推理和判断，并给出专家水平的解决方案。专家系统通常由知识库、推理机、知识获取子系统和用户接口等组成。其中，知识库存储了大量的领域知识和规则；推理机则根据这些规则对知识库中的知识进行推理和判断，以得出结论。专家系统的核心是知识库中的知识表示和推理机制。知识表示是将领域知识以计算机可以理解的方式表示出来，以便推理机对其进行处理和推理。推理机制则是对知识进行推理的过程，包括对知识的搜索、匹配、更新等操作。

专家系统的优点在于其具有高度的专业性和可靠性，能够快速地解决特定领域内的复杂问题。但是，专家系统的构建和维护成本较高，需要大量的专业知识和经验，同时需要不断地进行更新和维护，以适应领域知识的不断变化。专家系统的应用范围非常广泛，包括医疗诊断、金融投资、法律咨询、教育辅导等领域。例如，医疗诊断专家系统可以根据患者的症状和体征等信息，对疾病进行诊断和治疗建议；金融投资专家系统则可以根据市场数据和投资者的风险偏好等信息，给出最佳的投资策略。

知识工程是人工智能中的一个子领域，主要关注如何将人类专家的知识和经验转化为计算机可处理的形式，并利用这些知识来实现各种智能应用。知识工程包括知识表示、知识获取、知识推理、知识库管理等方面。知识表示：将专家知识转化为计算机可处理的形式，如逻辑表达式、图形表示、本体等，从而支持计算机对知识的推理和处理。知识获取：从人类专家、文本数据、网络等来源中自动提取有用的知识。知识推理：利用知识库中的知识进行推理和决策，以达到人工智能的目的。知识库管理：管理和维护知识库的工作，包括知识库的构建、维护、更新等。

在应用方面，知识工程可以应用于专家系统、NLP、智能推荐、智能搜索等领域。例如，在专家系统中，知识工程可以用于构建计算机程序，能够使其通过推理和解释的方式理解和应用人类专家的知识和经验，从而实现人工智能的目标。此外，在 NLP 领域，知识工程可以用于文本分类、情感分析、语言翻译等任务，利用 NLP 技术将文本转化为计算机可处理的形式，并利用知识推理等技术实现文本分类或情感分析。总之，知识工程是人工智能领域中一个重要的研究方向。研究它的目的是将人类的知识和经验转化为计算机可处理的形式，并利用这些知识实现各种智能化应用。

2. 连接主义

连接主义又称仿生学派或生理学派。该学派把人的智能归因于人脑的高层活动，认为大量简单的单元经过复杂的相互连接和并行运算就会产生智能，因此该学派十分强调对人类大脑的直接类比。连接主义同时认为，神经网络和神经网络间的连接机制与学习演算法能够产生人工智能。学习和训练是需要有内容的，数据就是机器学习和训练的内容。连接主义这一学派的技术性突破包括感知机、神经网络、深度学习。连接主义的依据是形象思维，偏向于仿人脑模型；行为主义的依据是感知思维，偏向于身体和行为模拟。

连接主义的代表性成果有 McCulloch 与 Pitts 创立的 M-P 模型和 Rosenblatt 提出的感知

机。1943 年 M-P 模型的提出开启了连接主义学派起伏不平的发展之路。M-P 模型是一个模仿大脑神经元的抽象和简化的模型。在 M-P 模型中，神经元接收来自其他神经元的输入信号，这些输入信号按照某种权重叠加起来，叠加起来的刺激强度 S 可用 $\sum_{i=1}^{n} w_i x_i$（w_i 为第 i 个输入信号连接的权重，n 为输入信号的个数，x_i 为第 i 个输入信号）来表示。得到 S 后，还需要对其与当前神经元的阈值进行比较，然后通过激活函数向外表达输出。此外，神经元模型有多个特点：①它是多输入、单输出的信息处理单元；②神经元输入分兴奋性输入和抑制性输入两种类型；③神经元具有空间整合特性和阈值特性（兴奋和抑制，超过阈值为兴奋，低于阈值为抑制）；④神经元的输入与输出间有固定的时滞，主要取决于突触延搁。此外，M-P 模型是所有人工神经元中第一个被建立起来的，在多个方面都显示出生物神经元所具有的基本特性；其他形式的人工神经元大多数是在 M-P 模型的基础上经过不同的修正而发展起来的。因此，M-P 模型是整个神经网络的基础。M-P 模型如图 1.2 所示。其中，x_i 表示从第 i 个神经元接收到的值，w_i 表示与第 i 个神经元相关的连接权重，g 是聚合函数，f 是激活函数，y 是整个网络的输出值。

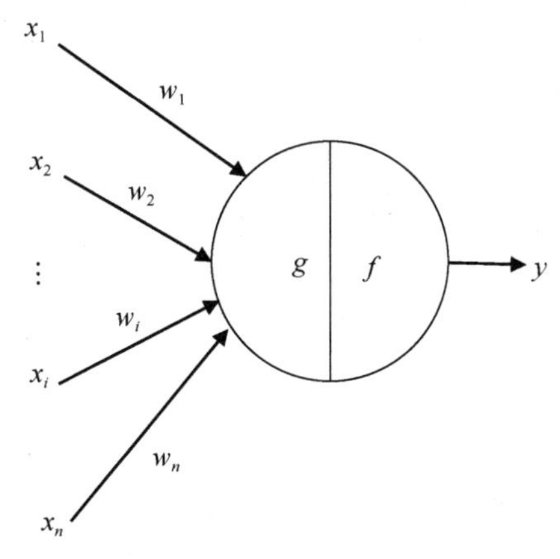

图 1.2　M-P 模型

1957 年，感知机被提出。感知机实质上是一个二分类的线性模型，其输入为实例的特征向量，输出为二进制的类别，即感知机可以判断输入属于哪一类。感知机是受生物神经网络启发的二分类的线性模型。其局限性是需要明确类别，而且不能处理非线性问题和多类问题。感知机的优点是简单，以及可以用于大规模数据集的处理。

感知机被提出之后，连接主义这一学派一度沉寂，但是该学派对感知机的研究并未停止。霍普菲尔德神经网络（1982 年）、受限玻尔兹曼机（1985 年）、多层感知机（1986 年）被陆续发明出来。1986 年，反向传播法解决了多层感知机的训练问题。1987 年，CNN 开始用于语音识别。此后，连接主义势头大振，从模型到算法，从理论分析到工程实现，为神经网络计算机走向市场打下了基础。1989 年，反向传播和神经网络用于识别银行手写支票的数字，首次实现了神经网络的商业化应用。

与符号主义强调对人类逻辑推理的模拟不同，连接主义强调对人类大脑的直接模拟。如果说神经网络模型是对大脑结构和机制的模拟，那么连接主义的各种机器学习方法就是对大脑学习和训练机制的模拟。近年来，人工智能业界学者所谈论的人工智能基本上都是连接主义的人工智能，以至连接主义这一学派在人工智能领域取得了非常多的卓越成绩。相对而言，符号主义的人工智能则被称作传统的人工智能。

虽然连接主义在当下科研环境中非常活跃，但是阻碍连接主义发展的因素可能已经存在。某自动化所副研究员王威曾表示："连接主义更多受到脑科学的启发。"连接主义以仿生学为基础，但现在的发展情况却受到了脑科学的严重制约。未来，连接主义这一学派可能会在脑科学领域加大研究力度。

3．行为主义

行为主义的思想来源是进化论和控制论，其原理为控制论及感知-动作型控制系统。该学派认为，行为是个体用于适应环境变化的各种身体反应的组合。它的理论目标在于预见和控制行为。行为主义强调行为和刺激之间的关系，将人类的思维过程简化为一种条件反射和刺激响应的过程。与符号主义、连接主义不同，行为主义认为，智能不需要知识表示和知识推理，只取决于感知、行为及对外界复杂环境的适应。不同的行为表现出不同的功能和控制结构。生物智能是自然进化的产物，生物通过与环境及其他生物之间的相互作用，发展出越来越强的智能，人工智能也可以按照这个途径发展。

行为主义在人工智能中有着重要的地位，其优点和缺点如下。

优点：

（1）行为主义强调机器的行为表现，而非内在的机制。这种观点在某种程度上符合人的直觉，也更容易被人们接受。

（2）行为主义有着较强的目的性，关注机器在特定任务中的表现，实用性较强。例如，如果一个机器学会了躲避障碍，就可以将其应用在星际无人探险车和扫地机器人等实际场景中。

（3）行为主义对环境的适应性较强，能够根据外部环境的变化做出相应的反应。

缺点：

（1）行为主义过于重视机器的表现形式，而忽略了内在机制的研究。这使得行为主义在理论发展和技术突破方面存在一定的局限性。

（2）行为主义的行为规则通常是人为设定的，这可能导致模型无法泛化到新的环境或任务中。

（3）行为主义的学习过程通常是基于试错法的，这可能导致学习效率低下，并且难以处理复杂的问题。

行为主义的代表性成果有布鲁克斯提出的六足行走机器人。该机器人被看作是新一代的"控制论动物"。它基于感知-动作模式，模拟昆虫行为控制系统。此外，进化算法也是行为主义的成果之一。它通过模拟自然选择和遗传过程来寻求问题的解决方案。多智能体系统也是行为主义的代表性成果。多智能体系统模拟了多个智能体的交互和协作，可以使各个智能体独立运行，也可以使各个智能体与其他智能体进行信息共享和协同工作。

对人工智能的三种学派进行简单对比，结果如表 1.1 所示。

表 1.1　人工智能三种学派的对比

学派	研究领域	注重方向	代表性成果
符号主义	抽象思维	可解释性	专家系统、知识工程
连接主义	形象思维	模拟人脑模型	感知机、M-P 模型
行为主义	感知思维	应用和身体模拟	六足行走机器人、多智能体系统

任务 5 人工智能未来的发展趋势和前沿研究

任务描述

本任务将探索人工智能未来的发展趋势，包括关键技术突破、应用领域拓展及对社会的影响。

知识准备

具备人工智能基础知识，了解当前人工智能的主流技术与应用；对计算机科学、数学、物理学等相关领域有广泛涉猎，以便深入理解人工智能前沿研究的理论基础与技术挑战。

1. 人工智能未来的发展趋势

（1）人工智能技术的广泛应用。随着人工智能技术的发展，未来人工智能技术将会广泛应用于各个领域，包括医疗、金融、制造业、教育等，并在这些领域发挥重要作用，提高效率、优化流程、改善生产方式等。

（2）人工智能与物联网的结合。物联网技术的发展将促进人工智能技术的应用。利用物联网技术收集大量的数据，再利用人工智能技术对这些数据进行处理和分析，便可为各种应用提供智能化的解决方案。

（3）认知智能技术的突破。目前，人工智能技术还主要以机器学习和深度学习为主，但这些技术还无法完全模拟人类的认知能力。随着认知智能技术的突破，人工智能将会实现更加智能化的发展，能够更好地模拟人类的思维和行为。

（4）个性化和自适应能力的发展。人工智能技术将会更加注重个性化和自适应能力的发展。通过收集和分析用户的数据，人工智能可以更好地了解用户的需求和行为，从而为用户提供更加个性化的服务。

（5）更加关注伦理和隐私保护。随着人工智能技术的广泛应用，伦理和隐私保护也变得越来越重要。人工智能技术的发展将更加注重伦理和隐私保护，确保人工智能技术的应用不会侵犯用户的权益。

2. 人工智能前沿研究

人工智能的研究将朝着更加智能化的方向发展。2022 年 11 月，ChatGPT 问世。自此，大模型逐渐成为业界学者关注的焦点。未来与大模型相关的研究将成为人工智能领域的热门话题。

大模型是大规模语言模型（Large Language Model，LLM）的简称。其实质就是一种语言模型，通常由深度神经网络构成，能够理解和生成人类语言。“大”是指语言模型的参数量非常大。谈到大模型时，通常情况下会带上它的参数量，常见的有 5B、6B、512B 等，其中 B 表示 10 亿，是 Billion 的简写。设计和训练大模型的目的就是提供更强大、更准确的模型，以应对更复杂、更庞大、多类型的数据集或任务。由于参数量非常大，大模型在通常情况下能够学习到更细微的模式和规律，因此大模型比一般的普通模型具有更强的泛化能力和表达能力。

大模型按照输入数据的类型分类，大致可以分为三大类：NLP 领域的大模型、计算机视觉领域的大模型和多模态大模型。它们之间的关系可以用图 1.3 表示。

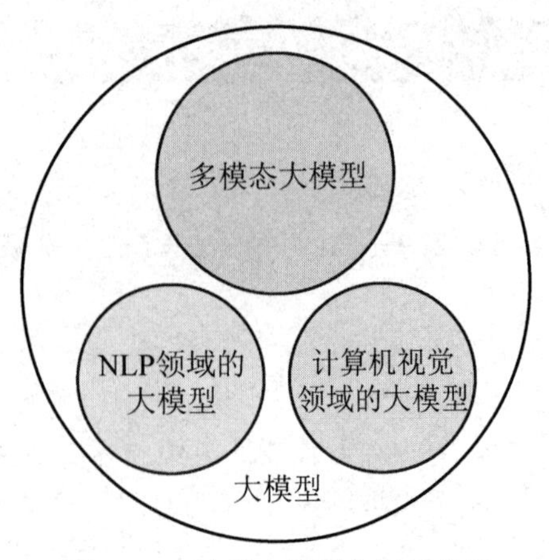

图 1.3　三大类大模型之间的关系

目前，许多学者在积极研究大模型，与之相关比较热门的研究方向有如下几种。

1）幻觉问题

幻觉问题就是大模型生成看似合理的内容，但实际上这些内容是不正确的或与输入无关的，甚至相互之间是冲突的。有多方面的原因会导致大模型产生幻觉问题，比如预训练数据集本身的质量问题、预训练和微调阶段输入数据的格式不同、推理过程出错等。幻觉可以分为事实性幻觉和忠实性幻觉。其中，事实性幻觉是指模型生成的内容与事实不符，忠实性幻觉是指模型生成的内容与用户给定的指令或上下文不符。解决幻觉问题必须对症下药，即若产生幻觉的原因不同，则要采用不同的方法来解决。

2）模型压缩

大模型的泛化能力强是因为网络复杂、参数众多，要满足这两个条件，都需要强大的算力设备支持，因此如何在大模型压缩后，使其在普通设备上也能部署，成为众多学者关注的问题。巨大的存储代价与计算成本让有效的模型压缩成为一个亟待解决的难题。这个研究方向也关乎着大模型能否被更多的学习者投入研究，以及大模型的发展速度和发展方向是不是只能由具备强大算力底座的研究机构和公司决定。模型压缩的方法主要有以下四种。

第一种是知识蒸馏，即将一个被称为教师模型的大模型的知识迁移到被称为学生模型的较小的模型中。知识蒸馏也被称为教师-学生神经网络学习算法，是一种有价值的机器学习技术。这种技术实质上是将知识从复杂的模型（教师模型）迁移到简单的模型（学生模型）中，因此在蒸馏的过程中，小模型能够学到大模型的泛化能力，几乎保留了大模型的性能。知识蒸馏的核心思想就是先训练一个大模型，再把这个大模型的输出和标记数据一并输入小模型。

第二种是低秩分解，即首先将给定的权重矩阵分解成两个或多个较小维度的低秩矩阵，然后通过线性组合从这些低秩矩阵中恢复出原始的矩阵，从而对其进行近似处理。低秩分解背后的核心思想是：找到一个大的权重矩阵，对其进行分解，得到两个小的矩阵，并且这两个小的矩阵的乘积近似于原始的权重矩阵，从而实现大幅减少参数数量和计算开销的目标。低秩分解可以采用多种分解方式来实现，比如 SVD 分解、Tucker 分解、CP 分解、Tensor Train 分解及 Block Term 分解等。

第三种是剪枝，即删除网络中的冗余。剪枝方法的核心思想就是尽可能地保证模型的性能不受影响来减少模型的参数量和计算量。根据剪枝时的粒度大小，可以将剪枝方法分为 4 种：细粒度剪枝、滤波器剪枝、向量剪枝和核剪枝。根据是否会一次性删除整个节点或滤波器，可以将剪枝方法分为结构化剪枝和非结构化剪枝。其中，结构化剪枝是指有规律、有顺序地进行剪枝，属于粗粒度剪枝；而非结构化剪枝是一种随机的剪枝方法，没有按照特定的规律或顺序剪枝，属于细粒度剪枝。

第四种是量化，即将传统的表示方法中的浮点数转换为整数或其他离散形式。其核心思想是通过降低精度来减轻模型的存储压力和计算负担。卓越的量化技术可以仅以轻微精度的降低就能实现大规模的模型压缩。根据使用量化方法压缩模型的阶段，可以将量化方法分为三类：量化感知训练、量化感知微调和训练后量化。根据映射函数是否为线性的，可以将量化方法分为线性量化和非线性量化两种类型。

任务 6 人工智能在数据挖掘中的应用

任务描述

本任务将探讨人工智能技术在数据挖掘中的具体应用，分析人工智能是如何提升数据挖掘的效率和准确性的，以及人工智能在实际场景中的成功案例。

知识准备

熟悉数据挖掘的基本概念和方法，包括数据预处理、特征选择等；了解人工智能技术，特别是机器学习、深度学习等算法的原理与应用，以便理解人工智能在数据挖掘中的核心作用。

1. NLP

在数据挖掘领域中，NLP 作为人工智能的先进技术之一，发挥着越来越重要的作用。NLP 允许计算机理解、解释和生成人类语言，因此成为从文本数据中自动提取信息的强大工具。随着大数据时代的到来，越来越多的数据以文本形式存在，包括社交媒体帖子、新闻文章、产品评论等。NLP 技术，特别是机器学习和深度学习在 NLP 方面的应用，使得从这些大量的非结构化文本数据中挖掘有价值的信息成为可能。

NLP 在数据挖掘中的应用包括情感分析、主题模型、关键词提取、文档分类和实体识别等多种技术。情感分析允许企业从客户反馈和社交媒体中理解公众情绪，这对于市场调研和公关管理至关重要。利用主题模型，如隐含狄利克雷分布模型，可以自动识别文档集中的主题分布，帮助组织理解大量文本资料中的主要讨论点。此外，通过实体识别，NLP 可以从文本中识别出重要的名称、地点、日期等信息，这对于信息抽取和数据整理尤其有用。

随着深度学习技术的融入，NLP 的能力得到了显著的增强。深度学习模型，如 CNN 和 RNN，以及近年来的变换器模型（如 BERT 和 GPT），极大地改进了语言模型的性能。这些模型能够捕捉语言的复杂模式，提供更加精准的语言理解和生成。例如，BERT 模型通过预训练大量的语料库来理解词语之间的深层语义关系，从而在从文本中提取信息、理解语境意图等方面表现出色。这种技术的进步不仅提高了数据挖掘的效率，也拓宽了 NLP 在多个行业中的应用场景。

2. 计算机视觉

计算机视觉作为人工智能领域中的一个关键分支，在数据挖掘中的应用日益增多，其技术旨在使机器能够“看”和“理解”世界，类似于人类的视觉感知能力。在数据挖掘的背景下，计算机视觉的主要任务包括图像和视频数据的识别、分类、检测和语义分析。这些技术利用从图像数据中提取的视觉特征来执行复杂的分类任务，如面部识别、自动车牌识别和医疗影像分析等。随着深度学习技术的发展，尤其是CNN的应用，计算机视觉在处理和分析图像数据方面的能力得到了极大的提升。

在实际应用中，计算机视觉已成为零售、安全、医疗和交通等多个行业中不可或缺的数据挖掘工具。例如，在零售行业中，利用计算机视觉技术自动分析客户在商店中的行为模式，可以帮助商家优化店面布局和提高营销效率，在医疗行业中，计算机视觉用于自动化诊断过程，通过分析医疗影像来辅助诊断癌症等疾病。此外，计算机视觉在自动驾驶技术中扮演着核心角色，通过实时分析路况图像来辅助做出驾驶决策，提高行车安全。

计算机视觉在数据挖掘中的应用不仅体现在能够进行图像的基本处理和分析，还体现在能够深入挖掘图像内容的深层次信息。利用高级图像识别和深度学习模型，计算机视觉可以理解图像中的复杂场景和动态变化，从而提供更丰富的数据分析结果。例如，利用视频分析技术，可以监测和分析人群行为模式和交通流量，这些信息对于城市规划和管理具有重要价值。随着技术的不断进步，计算机视觉结合数据挖掘的能力将越来越强，使其在更多领域展现出巨大的潜力和价值。

总结

本项目深入探索了数据挖掘的精髓与人工智能的广阔世界。使用数据挖掘技术从海量数据中挖掘出隐藏的知识与模式如同深海探宝；而人工智能则赋予机器以智慧，让它们能够学习、推理并辅助人类决策。两者相辅相成，共同推动科技进步与社会发展。本项目不仅能使学生掌握基础知识，还能激发学生探索未来科技的无限热情与潜力。

项目考核

一、选择题

1. 下列选项中，（　　）是数据挖掘的主要任务。
   A. 数据删除　　B. 数据分类　　C. 数据复制　　D. 数据加密
2. 在人工智能的发展历程中，（　　）阶段标志着机器学习技术被广泛应用。
   A. 符号主义　　B. 连接主义　　C. 深度学习　　D. 专家系统
3. 下列选项中，（　　）学派主张通过模拟人脑神经元网络来实现人工智能。
   A. 符号主义　　B. 连接主义　　C. 行为主义　　D. 进化计算
4. 人工智能领域中的图灵测试是用来评估（　　）的。
   A. 机器是否能像人类一样思考　　B. 机器是否能模拟人类的情感
   C. 机器是否能通过对话欺骗人类　　D. 机器是否能完全取代人类

5．在数据挖掘中应用人工智能技术的一个例子是（　　）。

A．图像渲染　　B．网页设计　　C．语音识别　　D．客户细分

二、填空题

1．在数据挖掘的任务中，____________是指从大量数据中发现项目、事件或行为之间的关系。

2．人工智能的一个主要研究领域是机器学习。它涉及使用算法让计算机系统从________中学习和改进。

3．人工智能的________（学派）认为，智能行为可以通过模拟生物进化过程中的自然选择和遗传机制来实现。

4．________是数据挖掘的一个关键技术，常用于分类和回归任务。

三、简答题

1．请简述数据挖掘的三个主要任务及其应用。

2．请讨论数据挖掘技术的发展对现代企业的意义。

3．你认为未来人工智能将朝哪些方向发展？

4．在人工智能的未来发展趋势中，哪一个对数据挖掘的影响最大？请解释原因。

项目 2

机器学习概述

项目介绍

2016 年，谷歌旗下 DeepMind 公司开发的围棋人工智能程序 AlphaGo 与围棋世界冠军、职业九段棋手李世石进行了一场围棋人机大战。这场比赛以 AlphaGo 以 4∶1 的总比分击败李世石而告终，引发了全球范围内的关注和讨论。在 AlphaGo 与李世石的对战中，AlphaGo 展现出了超凡的棋力。这场比赛的结果震惊了围棋界，不但使人们开始重新思考人工智能在各个领域的发展和应用，而且让人们对 AlphaGo 背后使用的技术产生了浓厚的兴趣。

知识目标

- 掌握机器学习的定义、发展历程。
- 了解机器学习的研究现状。
- 了解机器学习的多种类型。

能力目标

- 运用机器学习技术或工具解决现实问题。
- 分析实际生活场景中智能化技术背后隐藏的技术手段。
- 选择恰当的机器学习类型来解决未知问题。

素养目标

- 具备批判性思维，能说出各种机器学习类型的优势与弊端。
- 具备良好的信息化、智能化素养，能使用智能化工具解决现实问题。

任务 1 机器学习的定义与发展历程

认识机器学习

任务描述

本任务将明确机器学习的定义，并梳理其发展历程，包括从萌芽期到现代深度学习阶段的关键节点；探讨机器学习对人工智能领域的贡献及机器学习在各行业的应用前景。

知识准备

了解计算机科学基础知识，特别是算法和数据结构；熟悉统计学、概率论等数学工具，以及它们在机器学习中的应用；对人工智能的发展有一定的认识，以便更好地理解机器学习在其中的地位与作用。

1. 机器学习的定义

机器学习是一种人工智能技术，是人工智能的一个分支。它的主要目标是使计算机通过对大量数据的学习和分析，而自动执行预测和决策的任务。机器学习的本质是对未知事物的抽象和表达，其主要研究对象是人工智能，特别是研究如何在经验学习中改善具体算法的性能。机器学习主要包括监督学习、无监督学习和强化学习三种基本类型。

通俗地讲，机器学习就是研究机器（通常指计算机）如何通过一系列数据学习到一些规则或规律，从而对未知数据进行预测。学习时使用的一系列的数据被称为训练数据或训练集。下面以一个小朋友区分水果为例，描述机器学习的过程。

（1）数据收集。大人在教小朋友识别水果之前，需要收集大量的水果图片，包括苹果、香蕉、橙子、葡萄等的图片。这些图片需要被打上标签，表明其中分别是什么水果。打标签的过程就是大人依次告诉小朋友这些图片中分别是哪种水果的过程，让小朋友对各种水果有丰富的认知和知识储备。

（2）模型训练。在小朋友看到很多张关于水果的照片以后，就可以让其自己总结规律了。在这个阶段，小朋友总结的规律不一定全是对的，但还是能对一部分。

（3）模型评估。在小朋友对这些水果的特征有自己的认识之后，就可以让其根据总结的规律来判断新图片中的水果种类了。如果小朋友判断错了水果类型，大人就要继续教他。教导他的方式可以是给他指出哪些水果判断错了，正确答案是什么；也可以是重新收集大量水果的图片，再让他总结规律。

（4）模型应用。当小朋友已经能够正确识别很多水果的照片时，就可以让他去判断真正的水果了。

在上述过程中，需要注意数据的收集和标记，模型的训练和评估，以及如何将训练好的模型应用到实际场景中。

机器学习是实现人工智能的一种方法。而实现机器学习的方法也有多种，即机器学习包含多个分支，有监督学习、无监督学习等，如图 2.1 所示。

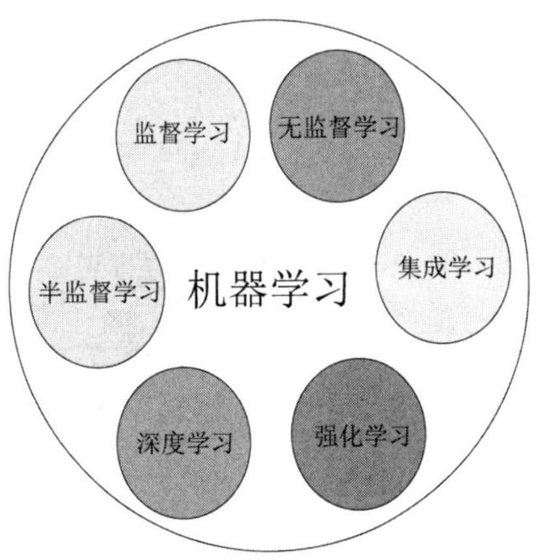

图 2.1 机器学习的分支

2. 机器学习的发展历程

第一阶段——诞生并奠定基础时期（1950s—1970s）

在这个时期，“机器学习”的概念开始形成，并出现了一些早期的机器学习算法。机器学习主要关注的是如何利用训练数据来让机器学习算法自动地提取出有用的模式。

1949 年，赫布基于神经心理提出了一种学习方法。该方法被称为赫布学习理论。该学习理论解释了 RNN 中节点之间的相关性关系。

1950年，艾伦·麦席森·图灵创造了图灵测试来判定计算机是否智能。图灵测试认为，如果一台机器能够与人类展开对话（通过电传设备），而有30%以上的概率不被辨别出其机器身份，就可称这台机器具有智能。

1957年，Rosenblatt提出了感知机算法，这是一种二分类的线性分类器。感知机算法的提出标志着机器学习开始作为一个独立的领域出现。

1960年，决策树算法开始被广泛研究和使用。决策树算法是一种简单且易于理解的分类算法，能够从训练数据中学习并做出决策。

1967年，最近邻算法出现，可以使计算机进行简单的模式识别。

1970年，随机森林算法开始被提出和使用。随机森林算法是一种基于决策树的集成学习算法，通过构建多棵决策树并取其输出的平均值来分类。

这个时期还出现了许多其他的机器学习算法，如贝叶斯网络、线性回归和逻辑回归等。这些算法的出现为后续机器学习的发展奠定了基础。

第二阶段——成熟期（1980s—1990s）

在这个时期，机器学习算法开始变得更加成熟和复杂，开始出现SVM、神经网络等算法。同时，机器学习开始应用于更加复杂的任务，如语音识别、NLP和计算机视觉等。

1980年，SVM作为一种有效的分类算法，开始被广泛研究和应用。SVM能够学习复杂的非线性分类边界，并且具有良好的泛化性能。

1980年，美国卡耐基梅隆大学举行了第一届国际机器学习研讨会（International Workshop on Machine Learning，IWML），成员之间互相交流、互相阅读对方的论文。在这届IWML上，还命名了一个新的学科——机器学习。IWML后来发展为机器学习顶级会议——国际机器学习大会（International Conference on Machine Learning，ICML）。

1983年，R. S. Michalski、J. G. Carbonell和T. Mitchell主编的《机器学习：一种人工智能途径》出版。当时两本主要的人工智能期刊*Artificial Intelligence*和*Cognitive Science*发表学习论文的频率太低了，为了促进机器学习这一学科的发展，1986年第一本机器学习专业期刊*Machine Learning*创刊。

1986年，Rumelhart和Hinton等人提出了反向传播算法，这为神经网络的发展奠定了基础。反向传播算法能够通过调整神经网络中的权重来最小化损失函数，从而使神经网络能够学习并解决复杂的任务。

1998年，*IEEE Transaction on Neural Networks*为神经网络规则抽取出版了一期专辑。Tickle等人在这期专辑的首篇文章中明确指出，从神经网络中抽取规则是当时神经网络研究的一个重要课题。这期专辑掀起了神经网络规则抽取研究的一个热潮。

1990年，Schapire最先构造出一种多项式级的算法，也就是最初的Boosting算法。1991年，Freund提出了一种效率更高的Boosting算法。但是这两种算法存在共同的实践上的缺陷，那就是都要求事先知道弱学习算法学习正确的下限。

1995年，Freund和Schapire改进了Boosting算法，提出了AdaBoost（Adaptive Boosting）算法。该算法的效率和Freund与1991年提出的Boosting算法几乎相同，但不需要任何关于弱学习算法的先验知识，因而更容易应用到实际问题当中。

1995年，SVM算法出现，这是机器学习领域的另一大重要突破。SVM算法具有非常强大的理论地位和实证结果。

此外，这个时期还出现了许多其他的机器学习算法和应用领域，如半监督学习等。这些机器学习算法和应用领域的出现进一步扩展了机器学习的应用范围。

第三阶段——深度学习时期（2000s—2010s）

2001 年，布雷曼博士提出了决策树模型。决策树算法是通过集成学习的思想将多棵树集成的一种算法。它的基本单元是决策树，而它在本质上属于机器学习的一大分支——集成学习方法。

从 2006 年开始，深度学习算法开始被广泛采用。深度学习算法使用多层神经网络来提取数据的特征，从而使机器学习算法能够更好地处理大规模数据集，并且取得了非常好的效果。这个时期也是机器学习真正开始被广泛应用的时代。

2006 年，Hinton 等人提出了 DBN 算法，这为深度学习的发展奠定了基础。DBN 是一种基于概率模型的深度神经网络，能够从大量的数据中学习有用的特征。

2010 年，Krizhevsky 等人提出了 AlexNet 算法。该算法成了深度学习的代表算法之一。AlexNet 是一种基于 CNN 的深度学习模型，能够处理图像数据，并取得了非常好的效果。这使得深度学习开始广泛应用于计算机视觉领域。

随着时代的不断发展，机器学习也在不断地演变和进步。深度学习的出现使得机器学习在许多领域都取得了突破性的进展，并且在人工智能领域中扮演着至关重要的角色。

任务 2 机器学习的研究现状

任务描述

本任务将分析当前机器学习的研究现状，包括热门研究方向、最新研究成果、技术瓶颈及挑战；评估机器学习技术在不同行业的应用进展与影响。

知识准备

具备机器学习基础知识，了解常见的算法模型及其应用；对计算机科学、统计学、数学等领域有深入的理解，能够跟踪最新的学术文献和技术动态，以便准确评估机器学习的研究现状。

20 世纪 80 年代以来，机器学习作为实现人工智能的途径，在人工智能界引起了广泛的兴趣。特别是近十几年，机器学习领域的研究发展得很快，已成为人工智能的重要课题之一。机器学习不仅在基于知识的系统中得到应用，还在自然语言理解、非单调推理、机器视觉、模式识别等许多领域得到了广泛应用。

1. 传统机器学习的研究现状

传统机器学习在许多领域的研究取得了显著的进展，并在一些特定任务上表现出色。然而，随着数据量的爆炸式增长和复杂性的提升，传统机器学习面临着一些挑战和限制，具体如下。

（1）传统机器学习通常假设数据是静态的，并且服从一定的分布。然而，在现实世界中，数据往往是动态的、复杂的，并且分布不确定。这使得传统机器学习在处理这类数据时效果不佳。

（2）传统机器学习通常需要大量标记数据才能进行训练，这限制了其应用范围。对于一些缺乏标记数据的任务，传统机器学习无法有效地发挥作用。

（3）传统机器学习的可解释性较差。虽然深度学习等新型机器学习方法在某些任务上具有更好的性能，但是由于其黑盒性质，很难解释其决策过程和结果。

（4）传统机器学习在处理高维数据时可能会遇到维度灾难等问题，使得算法的效率和准确性受到限制。

尽管存在这些挑战和限制，传统机器学习仍然在许多领域发挥着重要作用。例如，在图像分类、语音识别、NLP 等领域，传统机器学习算法（如 SVM、决策树、随机森林）等仍然被广泛使用。同时，传统机器学习在推荐系统、信用风险评估、医疗诊断等其他领域取得了成功。

2. 大数据时代机器学习的研究现状

如何基于机器学习对复杂多样的大量数据进行深层次的分析，已成为大数据时代机器学习研究的主要方向。下面从 5 个方面谈一谈大数据时代机器学习的研究现状。

（1）算法改进。在大数据时代，传统的机器学习算法已经无法满足海量数据的处理和分析需求。因此，针对大数据的特点，研究者们提出了许多新型的机器学习算法，如分布式学习、并行计算等，以提高算法的效率和性能。

（2）计算能力提升。随着计算机硬件技术的发展，计算能力得到了大幅提升，这为大数据时代的机器学习提供了更好的支持。同时，云计算、分布式存储等技术也为大数据处理提供了更加高效和灵活的计算环境。

（3）数据预处理。在大数据时代，数据的质量和完整性对于机器学习算法的准确性和可靠性至关重要。因此，研究者们提出了许多数据预处理的方法，如数据清洗、特征提取、数据压缩等，以提高数据的质量和可用性。

（4）领域应用。在大数据时代，机器学习已经广泛应用于多个领域，如金融、医疗、电商、智能交通等。这些领域的数据规模巨大、类型多样，为机器学习提供了广阔的应用空间。

（5）隐私保护。在大数据时代，隐私保护成了一个重要的问题。因此，研究者们提出了许多隐私保护的方法，如差分隐私、同态加密等，以保护用户的隐私和数据的安全。

总的来说，大数据时代的机器学习研究已经取得了显著的进展，并在各个领域得到了广泛应用。然而，随着数据规模的不断扩大和数据复杂性的不断提升，机器学习仍然面临着许多挑战和问题，如数据质量、算法效率等。

3. 大模型时代机器学习的研究现状

在机器学习领域，随着硬件计算能力的提升和数据规模的不断扩大，大模型成为炙手可热的技术。那些具有大规模参数的机器学习模型正在改变着人们对人工智能的认识。同时，大模型的出现也让机器学习模型能够处理更加复杂的任务，从而取得更精确的预测结果。下面从 5 个方面谈一谈大模型时代机器学习的研究现状。

（1）大模型的普及和发展。随着深度学习技术的不断进步，大模型已经成了机器学习领域的一个趋势。大模型指的是那些具有巨大参数量和计算复杂性的神经网络模型，如 GPT-4、DALL-E3 等。这些模型在 NLP、图像生成等领域都取得了显著的成果。

（2）模型的可解释性和可信度。随着大模型应用的越发广泛，其可解释性和可信度问题逐渐凸显。目前，许多研究正在致力于提高大模型的可解释性和可信度，如利用可视化、解释性算法等对模型进行解释和评估。

（3）模型的优化和效率。由于大模型的参数量和计算复杂性都非常高，其训练和推断过程都需要大量的计算资源和时间，因此许多研究正在致力于提高大模型的训练效率和推断速度，例如利用剪枝、量化等技术对模型进行优化。

（4）模型在各领域的应用。大模型已经广泛应用于NLP、图像生成、推荐系统、医疗诊断等领域。例如，GPT-4 用于语言翻译、文本生成等任务，DALL-E3 用于图像生成、风格迁移等任务。

（5）开源平台和工具的发展。为了方便广大开发者使用大模型，许多开源平台和工具已经发布，如TensorFlow、PyTorch等框架及Hugging Face的Transformers库。这些开源平台和工具为大模型的开发和部署提供了便利。

尽管大模型时代的机器学习研究正在快速发展，并在各领域得到广泛应用，但大模型仍然面临着诸多挑战。

任务3 机器学习的类型

任务描述

本任务将全面梳理并分类介绍机器学习的主要类型，包括监督学习、无监督学习、半监督学习、强化学习等，探讨它们的基本原理、应用场景及优缺点。

知识准备

掌握机器学习的基础知识，理解数据、模型、算法等核心概念；对不同类型的机器学习有初步的了解，能够区分它们之间的主要差异和适用场景，以便为后续深入学习机器学习打下一定的基础。

1．监督学习

1）监督学习的定义

监督学习是指利用标记好的训练数据来训练模型的机器学习。它利用一组已知类别的样本调整分类器的参数，使其达到所要求的性能，又称监督训练或有教师学习。在监督学习中，每个实例都由一个输入对象（通常为矢量）和一个期望的输出值（又称监督信号或标签）组成。监督学习算法分析训练数据，并从中推断出一个功能。利用该功能可以映射出新的实例。训练出一个监督学习模型主要用于预测那些未知的实例的标签。

2）监督学习面临的瓶颈与挑战

（1）需要大量标记数据。由于监督学习需要大量标记数据，对数据进行标记这个过程通常需要付出较大的人力成本，因此现实中的标记数据并不多。当标记数据不足时，监督学习训练的模型容易导致过拟合问题，即模型过于接近或精确地对应训练数据，对于训练数据以外的数据则无法正确地预测或判断。通俗地讲，过拟合就是“学得太死板了”。

（2）缺乏灵活性。监督学习只能解决具有明确标签的问题，对于一些缺乏明确标签或非结构化的数据则难以处理。

（3）鲁棒性问题。监督学习模型通常对训练数据中的噪声和异常值很敏感。鲁棒性是指模型在面对噪声、异常值和其他不确定性因素时的健壮程度。

3）监督学习和无监督学习的对比

（1）数据集不同。在监督学习中，数据集中的每条数据都有一个明确的标记（或标签），即已知输入和输出的对应关系。在无监督学习中，数据集中的每条数据都没有标记（或标签），即输入和输出的对应关系未知。

（2）目标不同。监督学习的目标是训练一个模型来预测新数据的输出值（比如所属的类别），而无监督学习的目标则是分析和挖掘数据中隐藏的结构和规律。

（3）效果评估的难度不同。监督学习可以直接通过对比预测的值与实际值来对其效果进行评估，因此效果评估容易。而无监督学习通常没有已知的信息可以用来对算法进行量化，因此效果评估难度大。

（4）精确度不同。监督学习通常比无监督学习更精确，因为它可以根据输出数据反馈模型的性能。

4）监督学习的应用领域

监督学习是一种非常重要的学习方法，可用于多种应用场景，具体如下。

（1）文本分类。

在文本分类任务中，通常需要一组标记数据，即每条文本都必须包含其所属的类别信息。监督学习算法根据文本的特征和类别形成一种映射模式，从而能够对其他没有标签的文本进行正确预测并实现分类目标。在预测的过程中，监督学习算法还可以根据评估指标的分数来优化和调整模型。例如，如果模型分类的准确率不高，则可以调整模型的参数或采用其他优化策略，以改进模型的性能，尽可能地使模型分类更准确。

（2）图像分类。

假设我们需要对一组图像数据集进行分类，训练集中应该包含所有类别的图像。每幅图像都经过标注，标明了其所属的类别。分类任务就是训练一个模型，使其对已有的数据进行分析（主要根据图像的类别及每种类别的图像拥有的特征进行分析），自动将新的图像归纳到正确的类别中。在实际应用中，通常还会使用多种数据增强手段来提高模型的泛化能力，如旋转、平移、缩放等操作。

借助监督学习算法建立分类模型是一种有效的图像分类方法，因为能够训练出自动进行图像分类的模型，从而在图像识别、目标检测、人脸识别等应用领域中取得更好的性能和更高的准确率。

（3）患者风险评估。

监督学习中的 SVM 算法可应用于多种疾病的风险预测。比如，使用 SVM 算法构建肝硬化分类模型，使用 SVM 算法和神经网络对 4 种肾脏疾病进行分类，使用随机森林算法预测患糖尿病和心血管疾病的概率，以及使用朴素贝叶斯算法预测患肝脏疾病和代谢综合征的概率等。

（4）煤矿冲击地压危险性的预测。

煤矿冲击地压的危险性受到自然地质和开采技术条件等多种因素的共同影响。这些因素导致冲击地压的监测和预警任务具有一定的困难。有学者利用某煤矿开采工作面的应力监测数据、开采技术数据和自然地质条件等资料，采用随机森林、XGBoost、LightGBM、逻辑回归、长短期记忆网络（Long Short-Term Memory，LSTM）等监督学习算法，建立了冲击地压危险性预测模型，并对其进行了研究。该研究建立了冲击地压危险性等级预测、微震能量演变趋势预测及应力演变趋势预测的分析模型，为煤矿开采过程中冲击地压的危险性预防提供了新的方法和途径。

2. 无监督学习

1）无监督学习的定义

无监督学习本质上是一种统计学习方法。它是在未标记数据集中，通过分析输入数据的内在结构和模式来寻找规律的一种训练方法。后面介绍的聚类算法与降维算法都属于无监督学习算法。无监督学习在人工智能和机器学习中具有重要意义，因为它允许算法在无须人工干预的情况下学习和适应新数据。

2）无监督学习面临的挑战

由于没有预先指定的标签，导致学习结束时输出并不总是已知的，因此无监督学习面临着许多挑战，具体如下。

（1）特征选择。

通常情况下，原始数据中的特征只有一小部分是完成特定任务所需要的特征，即只有一小部分特征是有价值的。如何从大量的特征中挑选出有价值的特征就是研究特征选择的意义。大部分真实数据的分布规律并不相同，需要去除冗余特征、噪声，还需要考虑特征选择算法的鲁棒性、局部几何结构等。目前并没有一种特征选择方法是适用于所有任务场景的，因此需要具体任务具体分析。在无监督学习研究范畴内有三种典型的特征选择方法：基于统计的方法、基于相似度的方法、基于稀疏学习的方法。

（2）模型评估。

由于无监督学习没有标签，因此无监督学习无法通过对预测目标和真实目标进行对比来评估模型的优劣，模型评估也一直是无监督学习领域的难题。没有针对无监督学习模型的特定评估指标，通常根据无监督学习算法的具体使用场景来选择模型评估指标。例如，若无监督学习算法用于聚类任务，则用聚类算法评估指标来评估模型的优劣；若无监督学习算法用于降维任务，则用降维算法评估指标来评估模型的优劣。

3）无监督学习算法的应用

无监督学习算法的应用领域有如下几种。

（1）推荐系统。

开发推荐系统时通常都会用到无监督学习算法，因为它可以在海量数据中识别出隐含的模式和关系，而这些隐含的信息是进行个性化推荐的重要参考依据。下面介绍几种在个性化推荐系统中使用无监督学习算法的应用案例。

① 聚类算法。利用该算法可以对用户进行聚类，从而将具有相似行为模式的用户归为一个群体。基于这些群体的行为模式和偏好，可以为用户提供个性化的推荐方案。例如，某个群体的用户都有看搞笑视频的习惯，可以将其中一个用户的某种喜好当作这个群体的共同爱好而向其他用户也推荐相同或相似的信息。

② 主题建模算法。推荐系统利用主题建模算法，从用户的多种行为数据中提取出潜在的主题或兴趣。通过分析这些用户的行为数据，可以构建一个用户的兴趣模型，从而为用户推荐符合其兴趣爱好的内容或产品。

③ 关联规则挖掘算法。利用关联规则挖掘算法，可以从用户的购买记录或点击记录中挖掘出商品之间的关联信息，从而为用户推荐与其购买意图相关的产品或服务。

④ 社交网络分析算法。利用社交网络分析算法，可以分析用户在社交媒体/平台上的社交关系，从而挖掘出多个用户之间的网络结构及每个用户的网络影响力。基于这些重要信息，可以为用户推荐与其社交关系相关的内容或产品。比如，在某一个用户的社交网络中，有人在阅读某一本书，那么系统可以给该用户推荐相同的书籍。

（2）图像分割。

图像分割就是把图像分成若干特定的、具有独特性质的区域，并提出感兴趣目标的技术和过程。图像分割任务常用无监督学习的方式完成，不需要事先标记好的训练数据，而是通过对图像数据进行聚类来实现分割，即通过聚类将图像按照像素的特征划分为多个簇来实现分割。

无监督图像分割方法大致可以分为基于连接的方法和基于密度的方法这两类。基于连接的方法利用图像中像素的邻近关系，将图像划分成多个相互联系的区域；而基于密度的方法则通过分析图像中的像素分布密度，将图像划分成若干连通的区域。目前，基于密度的方法在实际应用场景中用得更多一些。

（3）异常检测。

异常检测可识别明显偏离正常值的数据点或模式，这些数据点或模式表示潜在的错误、欺诈或其他异常情况。无监督学习有利于异常检测，因为它可以分析大量数据，而无须获取标记示例。标记示例的获取可能很困难或耗时。

使用无监督学习进行异常检测的一种常见方法是聚类，其中数据点根据其相似性进行分组。聚类后，不属于任何聚类或距离最近的聚类中心较远的数据点可以被视为异常。

使用无监督学习进行异常检测的另一种方法是降维。其重点是在较低维空间中表示数据，同时保留数据的基本结构。主成分分析（Principal Component Analysis，PCA）可以将数据投影到低维子空间中，原始数据与其低维表示方式之间的重构误差可以作为异常的指标。具有高重构误差的数据点更有可能是异常的，因为它们无法在低维空间中准确表示。

计算机视觉是异常检测的重要应用，通过从图像中提取特征和模式来实现。通常，它需要仔细调整算法参数并选择适当的阈值来识别异常。

4）无监督学习的优点

（1）无监督学习与人类通过总结经验进行学习的过程相似，接近真正的人工智能。

（2）与监督学习相比，无监督学习更适合用于解决复杂问题。

5）无监督学习的缺点

（1）无监督学习本质上比监督学习更难，因为缺乏像监督学习一样的反馈机制，训练起来更复杂且费时。

（2）无监督学习容易过拟合，在没有标签的情况下模型可能会过度训练忽略数据的整体结构和关系。

（3）无监督学习的模型评估困难，因为没有给定的输出标签用于评估模型，通常需要借助其应用的实际任务完成情况进行评估。

（4）无监督学习的预测结果可能不够准确，因为无监督学习只能通过对未标记或半标记数据进行分析来挖掘数据中的隐含关系和模型，没有给定指导意见。

3. 半监督学习

1）半监督学习的定义

监督学习需要花费很高的人力成本去收集和整理大量标记数据；而无监督学习没有相应的输出，导致其结果的准确性不高。半监督学习相当于两者的结合。半监督学习的训练集同时包含标记数据和未标记数据。这里对标记数据集的大小要求不高，只需要少量标记数据即可。这样不仅避免了数据和资源的浪费，还解决了监督学习的模型泛化能力不强和无监督学习的模型不精确等问题。因此，面对现实生活中未标记数据易于获取、标记数据收集困难且耗时耗力的问题，半监督学习更有优势。

2）半监督学习的应用领域

（1）分类。

半监督学习算法利用少量标记数据和大量未标记数据即可进行训练，能够在一定程度上提高模型的性能。半监督学习算法在图像分类和文本分类任务中都有广泛的应用。在图像分类任务中，半监督学习算法可以通过生成模型、图半监督学习和协同训练等方法来利用未标记数据的分布信息，从而提高模型的泛化能力和分类准确率。在文本分类任务中，半监督学习算法的使用主要有以下 4 种研究思路：利用变分自编码器重构句子，通过重构学习到的隐变量来预测文本的标签；利用自监督学习，即用标记数据训练初始分类器，对未标记数据进行预测，将分类置信度较高的文本加入标记数据中，重新训练分类器；添加对抗噪声后，进行一致性训练，或者使用数据增强手段；使用大规模未标记数据进行预训练，之后使用标记数据进行微调。

（2）医学影像语义分割。

基于监督学习需要大量标注问题。有学者提出，利用半监督学习可以解决弱监督学习中数据不完全标记问题的优势，解决标记数据资源受限时的医学影像分割问题，这种方法更加符合实际临床的应用场景。医学影像语义分割技术能够对医学影像中的重要器官和病变组织进行精准识别，在医学领域的多个方面都发挥了巨大作用，比如计算机辅助诊断、手术规划及智慧医疗等。

（3）异常检测。

异常检测就是一种识别不正常情况与挖掘非逻辑数据的技术。在异常检测中，可以使用自编码器对正常的样本进行学习。因为自编码器可以先将输入数据编码成低维表示方式，再将其解码成原始数据。在训练过程中，可以通过最小化输入数据与重构数据的差异来学习数据的表示方法。由于异常样本与正常样本会存在较大的差异，因此异常样本的重构损失会比正常样本的重构损失更大。在异常检测中，可以将重构损失作为异常检测的指标。当重构损失大于某个阈值时，可以认为该样本是异常的，从而达到异常检测的目的。

（4）预测病毒的毒性和宿主。

在生物信息学中，可以利用半监督学习构建软传感器来监测乙醇生产过程中乙醇浓度的变化，进而预测毒性。有的学者因为病毒种类多、缺乏已知的病毒-宿主关系数据集等现实问题，考虑利用半监督学习来预测原核病毒的宿主。

根据半监督学习的研究思路及其所应用的任务类型，可以将其分为 4 类：半监督分类、半监督聚类、半监督降维、半监督回归。半监督学习按照所采用的算法分类，可以分为 3 类：自训练算法、基于图的半监督算法、半监督 SVM 算法。根据未标记数据是否被当作待测数据，可以将半监督学习分为纯半监督学习（又称归纳学习）和直推学习。

3）半监督学习的优点

（1）收集数据集容易，节省人力成本。

（2）使用了标记数据，模型更加准确。

（3）综合了无监督学习和监督学习的优点。

4）半监督学习的缺点

（1）依赖数据假设。半监督学习通常假设未标记数据和标记数据在特征空间中具有一定的结构和相似性，但是这个假设在实际应用场景中并不总是成立。当这个假设不成立时，半监督学习算法学到的模型可能会产生错误的估计结果，甚至可能会降低模型的性能。

（2）高度依赖未标记数据的质量。如果未标记数据中包含大量的噪声或错误数据，那么模型的学习效果会特别差，因此在使用半监督学习之前最好检查一下数据的质量。

（3）标签传播的误差传递。半监督学习中的一种常见方法是使用图结构进行标签传播，但标签传播过程中的误差可能会被传递，导致未标记样本出现错误标签。特别是在数据噪声较多或标签不准确的情况下，误差传递可能会导致严重的问题。

（4）并非适用于所有任务。半监督学习并不适合所有类型的任务，某些任务并不适合利用未标记数据进行训练，或者未标记数据的质量可能不足以为训练模型提供有效的帮助。

（5）存在数据不平衡问题。在半监督学习中有大量未标记数据，只有少量标记数据。若将半监督学习应用于分类任务，则可能导致类别不平衡问题，因为模型可能更关注那些未标记数据所属的类别，而忽略了标记数据所属的类别，从而影响了分类性能。

（6）提升了算法复杂性。使用未标记数据进行训练会提升算法的复杂性，这时需要设计较为复杂的模型或使用特定的半监督学习算法，会增加代码实现及调试的难度。

（7）模型调优困难。在半监督学习中，模型的性能在很大程度上依赖于标记数据和未标记数据之间的平衡，以及标签传播的参数选择等。这使对由半监督学习算法训练得到的模型进行调优变得复杂和困难。

5）半监督学习面临的问题与挑战

（1）样本容量大小的确定。利用多大容量的标记样本来构建一个既保证预测准确性、又不必使用大量标记数据的模型，是半监督学习一直面临的重要挑战。

（2）半监督学习算法的选用。人们当前很难精确定义利用任何特定的半监督学习算法训练出有效模型的条件，并且对于这些可使用的半监督学习算法，也不易评估当前应用场景对其条件的满足程度。

6）半监督学习的发展方向

（1）提高算法的鲁棒性及数据提取的有效性。

（2）确认所需标记数据与未标记数据的比例。

7）监督学习、无监督学习、半监督学习的对比

现从多个维度对监督学习、无监督学习、半监督学习进行对比，对比结果如表 2.1 所示。

表 2.1　监督学习、无监督学习、半监督学习的对比结果

名称	目标	数据需求	应用场景
监督学习	建立一个映射函数来预测未知数据的输出结果	输入数据都有目标值和特征值	图像分类、文本分类、语音识别等
无监督学习	寻找数据中的潜在结构和模式	输入数据只有特征值	用户聚类、行为分析、数据降维等
半监督学习	提高模型的泛化能力	部分输入数据有目标值和特征值，部分数据只有特征值	分类任务

4. 强化学习

1）强化学习的定义

强化学习的思路来源于心理学的行为主义理论，即利用试错法和奖励来训练智能体学习行为，是机器学习中的一类学习方法的总称。强化学习需要基于环境的反馈而行动，通过与环境的交互、试错来达到特定目的或使整体行动收益最大化。虽然强化学习不需要训练数据有标签，甚至不会有目标输出，但它的每步动作都需要环境给予反馈——奖励或惩罚。强化学习主要用于指导训练对象在每一步应如何决策或采用怎样的行动，才可以完成特定的目的或使收益最大化，实质上就是在实践中学习、在学习中实践的过程。

2）强化学习的基本特点

（1）试错学习。训练的过程就是试错的过程，在试错中可以不断得到环境给予的反馈。

（2）与时间序列有关。强化学习过程与时间序列相关，是一个连贯决策的过程。

3）强化学习的优点

（1）适应复杂环境。强化学习适用于复杂环境中的决策问题，特别是在面对大规模状态空间和动态变化的环境时，传统的监督学习和无监督学习算法往往面临困难。强化学习可以通过与环境的交互来学习优异策略，不需要具备先验知识，也能够在复杂环境中进行自主学习和逐步优化，从而解决更加复杂和现实的问题。

（2）不需要大量标记数据集。与监督学习相比，强化学习不需要大量标记数据集，可以克服数据集不足的约束，求解速度快，适合解决现实中的很多问题。

（3）迁移能力强。强化学习可迁移学习，泛化能力强，对未知数和扰动具有鲁棒性。

4）强化学习的缺点

（1）奖励函数设计困难。设定回报函数相对简单，但要设计一个既能鼓励期望行为，又能促进智能体不断学习的奖励函数却非常困难。奖励的设置有问题，强化学习的结果肯定也会有问题。

（2）对训练样本的要求高。强化学习需要采用大量的样本数据进行训练，训练成本高。

（3）稀疏奖励问题。在很多强化学习的实际应用中，没有那么多的奖励行为可以用于区分无奖励动作，即强化学习存在奖励稀疏问题。这将导致模型难以学习。

（4）对抗性攻击。强化学习由于会根据环境的反馈进行决策，因此容易受到对抗性攻击。

（5）延迟反馈。反馈是延迟的，而非即时的。

（6）全局最优解寻找困难。当训练对象从环境中接收到的奖励不及时或奖励设置得不合理时，就容易陷入局部最优解而无法寻找到全局最优解。这个问题也是强化学习面临的挑战之一。

5）强化学习的应用

（1）AlphaGo。

2016年，AlphaGo与围棋世界冠军、职业九段棋手李世石进行围棋人机大战，AlphaGo以4∶1的总比分获胜。这是人类历史上第一次人机对决中人类下棋败给了机器。在此之前，机器从来没有达到过如此高的智能水平，AlphaGo的出现让我们意识到，人工智能已经不再是科幻小说中的概念，它可以在实践中产生巨大的作用，因此该事件发生后，掀起了强化学习的研究热潮。

AlphaGo是谷歌旗下DeepMind公司戴密斯·哈萨比斯领衔的团队开发的。其成功的背后离不开强化学习这一技术。它名字中的“Alpha”来自希腊字母表的第一个字母，有起源、最初之意；“Go”则是围棋的英译名。AlphaGo背后的技术原理是：使用残差网络（Residual Network，ResNet）的架构，根据棋盘大小将棋盘状态编码为19×19的向量，并将其作为输入，以训练价值网络和策略网络。其中，价值网络用来评估局面，以减小搜索深度；策略网络用来降低搜索宽度，使搜索效率得到大幅提升，胜率估算也更加精确。

（2）自动驾驶。

强化学习算法可用于开发决策和机动执行系统，因此轨迹优化、运动规划、主动变道、车道保持、超车机动、十字路口与环岛处理、动态路径、控制器优化和基于场景的高速公路学习策略等自动驾驶任务都可以应用强化学习来实现。

自动驾驶主要涉及多种技术的集成，包括传感器融合、计算机视觉、强化学习、控制理论等。这些技术协同工作，能够使车辆感知周围环境，理解交通规则，以及预测其他车辆和行人的行为，最终做出安全、有效的驾驶决策。

在自动驾驶的情境中，智能体就是自动驾驶汽车。自动驾驶汽车首先会根据当前的环境状态（如其他车辆的位置、速度、方向和交通信号灯的状态等）和自身的状态（如自身的速度、方向和自身与目标的距离等）来选择一个动作（如加速、减速、向左或向右变道等），然后执行这个动作，并接收来自环境的反馈（如车辆是否成功地完成了变道，以及车辆是否避免了碰撞等）。通过这种方式，自动驾驶汽车可以学习如何在复杂的交通环境中做出最优的驾驶决策。例如，它可以通过学习来理解如何在不同的交通场景下（如城市道路、高速公路、停车场等）调整自身的速度和方向，以避免碰撞和保证行车效率。此外，通过强化学习，自动驾驶汽车还可以学习如何根据交通规则和路况来选择最优的行车路线。

计算机视觉可以帮助自动驾驶汽车更好地理解周围环境，如识别行人、车辆和交通信号等。深度学习可以帮助自动驾驶汽车更有效地处理大量的传感器数据，并做出更准确的驾驶决策。而强化学习则可以将这些技术整合在一起，形成一个高效、安全的自动驾驶系统。

（3）绝悟。

“绝悟”寓意绝佳领悟力。其技术研发始于2017年12月，是腾讯游戏天美工作室与腾讯AI Lab联合研发的多能力人工智能体系。它在赛场上应用时，能够通过获取到的信息分析局势，优化方法路径，做出更有利于获胜的行为选择。“王者绝悟”能够操作不同英雄的多个智能体，使它们相互配合，协同推进游戏博弈，并且在 2018 年 12 月通过了顶尖业余水平测试。

绝悟是基于“观察—行动—奖励”的深度强化学习模型，不需要人类数据，从 0 开始让人工智能自己与自己对战，一天的训练强度相当于人类训练 440 年。人工智能从 0 到 1 摸索成功经验，勤学苦练，学会了站位、辅助保护和躲避伤害等游戏常识。

游戏中测试的难点是人工智能要在信息不完全、高复杂度的情况下做出复杂且快速的决策。如今借助人工智能技术在算法和数据分析方面的优势，电子竞技职业选手可以获取数据、战略与协作类实时分析与建议，以及不同强度与级别的专业陪练。人工智能的发展将继续帮助中国电子竞技在全球范围内保持领先地位。

（4）机器翻译。

在机器翻译研究领域，强化学习有能力学习何时信任预测的单词，并能够确定何时等待更多的输入。南京大学和腾讯曾共同发表了一篇论文，专门讲述如何将强化学习应用于机器翻译。它们利用强化学习来建模，专门针对机器翻译生产一些对抗样本，并且该方法与已有的问题解决思路不同。采用该方法，在没有错误特征建模的前提下，能高效生产特定系统的对抗样本，这些对抗样本可以被进一步用于系统的鲁棒性分析和改善。此外，针对“强化样本”的现象，它们会在未来的工作中进一步探索，以获得不同的强化系统鲁棒性的方案。相信在未来，机器翻译任务在强化学习技术的支撑下能够做得更加出色。

5. 深度学习

1）深度学习的定义

深度学习是机器学习中一类方法的总称。传统的一些方法不进行特征变换，或者只进行一次特征变换/选择，或者依赖于上游处理进行特征变换，这些被称作浅层学习方法。而深度学习方法则相反，它是一种深层学习方法，也就是要对特征进行多次变换。

2）常见的深度学习的网络结构

（1）CNN。

Yann Lecun 于 1998 年提出了 CNN。CNN 是一类包含卷积计算且具有深度结构的前馈神经网络（Feedforward Neural Network，FNN），本质上是多层感知机的变种。卷积计算的过程其实和全连接一样，也是各个神经元之间的线性组合，只是卷积操作在进行线性组合时选择的是特定位置上的神经元。选择在特定位置的神经元上进行线性组合，是因为在相邻空间位置上具有依赖关系的数据均可以通过卷积操作进行特征提取。此外，由于 CNN 具有表征学习能力，能够按其阶层结构对输入信息进行平移不变分类，因此它也被称为平移不变神经网络。

CNN 受到广大研究者的关注是因为这种网络结构具有很多优势，比如容错能力强，能够并行处理，具有自学习能力，自适应性好，泛化能力优于其他神经网络模型，特别适用于图像的处理和理解，以及能识别多种形式下的扭曲不变性的二维或三维图像等。当然，CNN 也有缺点，比如对超参数的依赖性较强，对训练数据中的标签属性敏感，对训练数据的质量要求高，计算过程复杂且需要足够的计算资源，以及对图像中位置和尺度的变化比较敏感等。

CNN 在计算机视觉领域中得到了广泛应用，比如图像分割、图像标注（看图说话）、图像分类、目标识别等。CNN 在 NLP 领域也有出色的表现，比如语音识别。

（2）RNN。

RNN 是一类具有短期记忆能力的神经网络。在 RNN 中，神经元不仅可以接收其他神经元的信息，也可以接收自身的信息，形成具有环路的网络结构，因此这种网络被称作循环神经网络。同时，RNN 是一种擅长对序列数据建模的神经网络，因此它广泛应用于离散型数据处理，比如自然语言生成。

RNN 已经广泛应用于语音识别、机器翻译、序列视频分析及图像描述生成等任务。RNN 的优点是擅长处理序列数据，比如文本、语音、时间序列等，并且处理序列数据时的预测性能很高。此外，RNN 还特别灵活，能够根据不同的应用场景设计出不同的网络结构，以更好地解决实际问题。但是 RNN 也有一些缺点，比如存在梯度消失和梯度爆炸的风险，处理序列数据时有记忆长度的限制（存在长程依赖问题），以及训练复杂且耗时。

RNN 的基本结构如图 2.2 所示，与 BP 神经网络的结构相似。两者的区别在于 RNN 隐藏层的输出不仅可以传到输出层，还可以传到下一时刻的隐藏层。

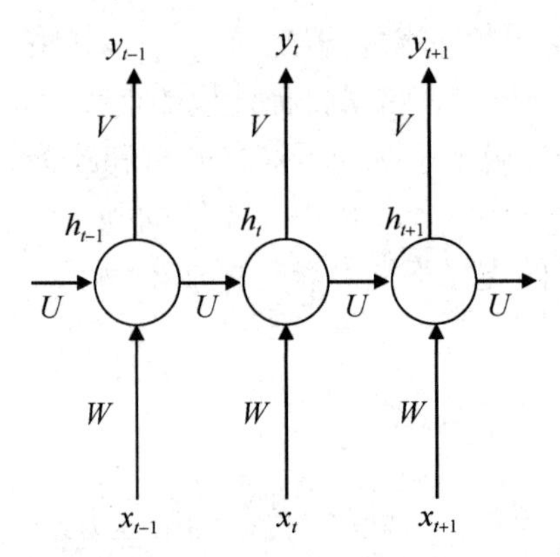

图 2.2　RNN 的基本结构

（3）GAN。

生成对抗网络（Generative Adversarial Network，GAN）是 Goodfellow 等人在 2014 年提出的一种无监督学习方法。该方法通过一个生成网络和一个判别网络的相互制约实现训练过程。生成网络也被称为生成器，其任务是尽量生成逼真的数据；而判别网络也被称为判别器，其任务是尽量区分真实数据和生成数据。两个网络不断对抗、不断进步，最终达到一种平衡状态，即生成器可以生成与真实数据分布一致的数据，而判别器无法区分真假数据。其实，GAN 模型的实质就是拟合训练数据的分布，对图片生成任务而言，就是拟合训练集图片的像素概率分布。

GAN 的优点是可以利用大量的未标记数据进行训练，可以产生高质量和多样性的数据，还可以与大部分现有的生成网络算法结合来提高性能。此外，GAN 只用到了反向传播，不需要使用马尔可夫链。GAN 的缺点是网络自由度高，训练过程不稳定，以及容易出现模式崩溃和梯度消失等问题，因此需要仔细调整超参数和网络结构。此外，GAN 很难生成像文本一样的离散数据。

GAN 可以应用于多种实际场景，比如路况预测、人脸图像修复、利用真实头像生成卡通头像、生成手写字符、给视频换脸、使简笔画生成一幅真实度很高的图像等。

GAN 的基本结构如图 2.3 所示。

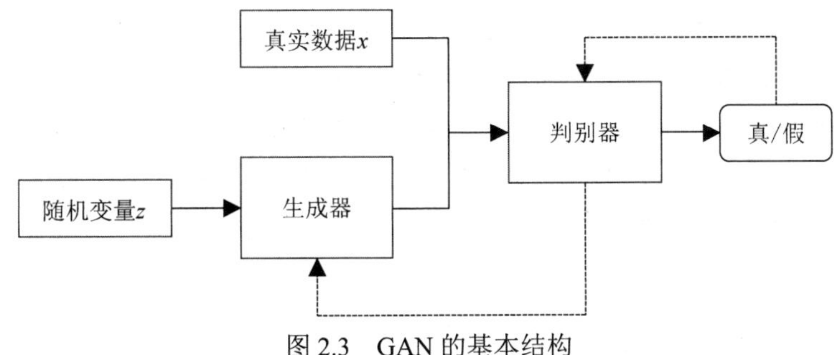

图 2.3 GAN 的基本结构

3）深度学习方法的优化技巧

（1）参数初始值的选择。参数初始化方式有多种，比如全零初始化、随机初始化、Xavier 初始化、He 初始化、随机初始化 With BN、Pre-train 初始化等。

（2）激活函数的选择。对于不同的任务，应该选择不同的激活函数。比如，对于二分类问题或多类分类问题，可以使用 sigmoid 函数；期望输出值在[-1,1]这个区间内时，可以使用 tanh 函数；对于多类分类问题，可以使用 softmax 函数等。

（3）避免过拟合的方法选择。过拟合最直观的表现是，在训练集上得到的误差和在测试集上得到的误差之间的差距非常大，产生这种现象的本质原因是训练数据少且简单，不足以完整表述所有情况。此时，模型由于学习能力太强，记住了所有的训练数据，但对数据背后的真正规律却不了解，导致对训练集以外的数据泛化能力差，表现为过拟合。为避免模型过拟合，可以采用的方法有多种，比如增大数据集、控制模型的容量及集成多种模型等。

以上这些深度学习方法的优化技巧都是研究者们针对不同的数据和实验情况而提出的，因此它们并不适用于所有情况。在面对实际问题时，只能结合已知的优化策略和思路去寻找合适的优化方法，或者研究新的优化方法。

4）深度学习的优点

（1）可自主学习和提取特征。与传统机器学习方法相比，深度学习可以自主提取相关的特征，从训练到测试再到验证，深度学习的表现非常好，并且在多个领域都有出色表现。

（2）数据驱动，上限高。深度学习高度依赖数据，数据量越大，其表现就越好。在图像识别、面部识别、自然语言理解等方面，部分任务的表现甚至已超过人类，同时可以通过调参进一步提高它的上限。

（3）可移植性好。有很多框架支持深度学习，并且这些框架可以兼容多个平台。

（4）可进行端到端的学习。从输入数据到输出结果，整个流程都可以利用深度学习来完成，因此可以利用它来解决很多复杂问题。

5）深度学习的缺点

（1）对计算资源要求高。深度学习对算法要求高，主流的算法几乎都要有图形处理器（Graphics Processing Unit，GPU）和张量处理器（Tensor Processing Unit，TPU）才能使用，普通消费级的 CPU 无法满足深度学习的要求。

（2）可解释性差。深度模型中神经元的可解释性几乎为零。对于某个神经元，很难说清楚其真正用途，这和树模型形成了鲜明的对比。深度学习网络通常比较复杂，很难解释清楚将一个样本数据输入一个神经网络中后，得到这样一个预测结果的原因。这也是为什么很多时候我们不清楚如何针对一个神经网络进行优化的原因。

（3）模型复杂。深度学习模型设计复杂，大部分研究者缺乏大量的人力、物力去开发新的深度学习网络，因此只能使用现成的深度学习模型进行应用开发。

（4）对数据质量要求高。如果训练数据包含较多的噪声或错误，甚至数据量较小，深度学习的效果就可能会受到很大的影响。此外，深度学习对数据的标记要求也较高，标记不准确的数据可能会影响模型的学习效果。

6．迁移学习

1）提出迁移学习方法的技术背景

（1）大数据与少标记的矛盾。当有新的领域或新的任务需要解决问题时，通常需要利用大量标记数据进行训练。而现实情况是有大量数据，但标记数据很少，导致解决新领域问题的研究进展比较缓慢。

（2）大数据与弱计算的矛盾。普通消费级的显卡无法拥有像大公司一样庞大的计算资源，从零开始训练模型对于大部分研究者不现实，因此需要借助于模型的迁移。

（3）普适化模型与个性化需求的矛盾。即使是解决同一个任务的问题，不同的研究者对模型的要求也不同，即一个模型通常难以满足每个人的个性化需求，比如特定的隐私设置，这就需要在不同的人之间开展模型的适配工作。

（4）特定应用中新模型缺乏原始数据的矛盾。比如推荐系统的冷启动问题，一个新的推荐系统，如果没有足够的用户数据，那么如何进行精准的推荐？一个崭新的图片标注系统，如果没有足够的标签，那么如何进行精准的服务？

2）迁移学习的定义

迁移学习就是一种把已经训练好的模型参数迁移至新的模型来加速新模型训练进程的机器学习方法。同时，迁移学习也是一种优化方法，因为它可以在对另一个任务建模时，加快并优化其学习效率，不用从零开始学习。迁移学习作为机器学习的重要分支之一，侧重于将已经学习过的知识迁移并应用于新的任务。利用迁移学习方法解决实际问题的核心是找到新问题和原问题之间的相似性，只有在新旧任务之间存在相似性时，才可能顺利地实现模型参数的迁移，从而加速模型训练进程。

3）迁移学习与传统机器学习的比较

迁移学习虽然是机器学习的一种，但它与传统机器学习还是有很大的差异。从数据分布、数据标记、模型个数三个维度对二者进行比较，所得结果如表 2.2 所示。

表 2.2　迁移学习与传统机器学习的比较结果

比较维度	传统机器学习	迁移学习
数据分布	训练数据和测试数据必须服从同一分布	训练数据和测试数据可以服从不同的分布
数据标记	需要大量标记数据	需要少量标记数据
模型个数	每个任务分别建立模型	一个模型可以应用于不同的任务

4）迁移学习的应用场景

（1）计算机视觉。

迁移学习已经在计算机视觉领域得到广泛的应用，包括图片分类、图片转换及图片翻译等。比如，当需要训练一个识别狗狗的分类器，但只有大量猫猫的图片和少量狗狗的图片时，如果直接利用少量猫猫的图片来训练分类器，那么显然会使这个分类模型的效果因为数据量少而在质量上大打折扣。根据迁移学习方法，可以使用大量猫猫的图片来训练一个模型，并在此基础上加入少量狗狗的图片来调整网络权重。这样一个识别狗狗的分类器就完成了。

（2）机器人控制。

在机器人控制任务中，迁移学习可以帮助机器人从旧任务中学习到技能和经验，进而快速适应新的任务环境。在实际的机器人上训练模型是非常缓慢和昂贵的，而让机器人从模拟环境中学习，并且将学习到的知识迁移至现实世界的机器人的方式则能缓解这个问题。

（3）NLP。

在 NLP 任务中，利用迁移学习方法可以将已有的语言模型应用于新的任务。例如，情感分析模型可以应用于垃圾邮件识别等文本分类任务，一个英文的机器翻译模型可以迁移到其他语言的翻译任务中等。

5）迁移学习的优点

（1）提高学习效果。通过利用已有的知识和模型，迁移学习可以帮助我们快速学习新任务，并提高学习的效果。

（2）减少样本需求。迁移学习可以减少对大量标记样本的依赖，通过利用已有知识进行学习，降低了新任务的样本需求。

（3）加速训练过程。利用已有的模型参数和知识，迁移学习可以加速新任务的训练过程，节省时间和计算资源。

6）迁移学习的缺点

（1）模型参数不易收敛。当基于模型进行迁移学习时，可能存在模型参数不易收敛的情况。

（2）容易过拟合。当基于特征进行迁移学习，将原领域和目标领域的数据从原始特征空间映射到新的特征空间时，比较难求解，容易产生过拟合现象。

（3）经验主义。当基于样本进行迁移学习时，样本权重的选择与相似度的度量依靠经验，可解释性差。

总结

本项目揭开了机器学习这一前沿技术的神秘面纱。机器学习作为人工智能的核心分支，展示了计算机如何在无须明确编程的情况下，从数据中自动学习并提升性能。通过学习本项目，学生可以了解机器学习的基本概念、发展历程及广泛的应用领域（如图像识别、NLP、推荐系统等），深刻体会到机器学习如何改变着人们的生活方式和工作模式。未来，随着技术的不断进步，机器学习将继续引领创新，并开启智能时代的新篇章。

项目考核

一、选择题

1．下列选项中，（　　）不是机器学习中的一个常见概念。

A．训练集　B．过拟合　C．随机森林　D．交叉验证

2．强化学习中的“奖励信号”是用来（　　）的。

A．评估模型的准确性

B．指导智能体如何行动以获得更好的结果

C．修正模型的预测错误

D．加快模型的训练速度

3．迁移学习主要适用于下列情况中的（　　）。

A．当源任务和目标任务完全相同时

B．当源任务和目标任务完全不同时

C．当源任务和目标任务相似，但数据集不同时

D．当模型需要从头开始训练时

4．深度学习中的“深度”指的是（　　）。

A．数据的维度　B．模型的计算复杂度

C．神经网络的层数　D．训练迭代次数能否完全取代人类

5．下列算法中，（　　）是机器学习中的分类算法。

A．线性回归　B．*k*-Means　C．决策树　D．PCA

二、填空题

1．在机器学习中，________是一种用于评估模型泛化能力的技术，可以通过将原始数据集划分为训练集和测试集来实现。

2．强化学习中的智能体利用与环境的交互来学习，这种交互通常涉及________、________和________三个基本要素。

3．迁移学习允许将从一个任务或领域中学到的知识应用到另一个________或________的任务中。

4．深度学习的典型应用之一是图像识别，其中 CNN 是一种常用的________神经网络。

5．在深度学习中，________层通常用于提取输入数据的低级特征，而________层则用于捕捉更高级、更抽象的特征。

三、简答题

1．请用自己的理解概括一下机器学习的定义。

2．机器学习任务通常由哪几个步骤完成？

3．根据数据集有无标签，可以将机器学习分为哪些类型？

4．深度神经网络有哪些？

5．强化学习的关键思想是什么？

四、综合任务

构建一个简单的机器学习模型来预测受顾客青睐的商品。

1．任务背景

随着技术的发展，机器学习已经成为我们生活中不可或缺的一部分。从门禁人脸识别到自动驾驶汽车，再到医疗诊断，机器学习都在发挥着巨大的作用。我们在掌握了与机器学习相关

的基本概念以后，就可以将知识应用到实际中，通过构建一个简单的机器学习模型来解决一个实际问题。

2．任务目标

（1）加深学生对机器学习基本概念的理解。

（2）培养学生的实践能力和解决问题的能力。

（3）引导学生体验机器学习的完整流程，包括数据收集、数据预处理、模型训练、模型评估和模型优化等。

3．任务描述

假设你是一家电商公司的数据分析师，公司要求你利用机器学习模型来预测哪些商品在即将到来的节日中会更受到顾客的青睐。你的任务是构建一个预测模型，并基于该模型的预测结果来为公司制定库存策略。

4．实现步骤

（1）数据收集。你需要从公司的数据库中收集历史销售数据，包括商品名称、价格、销售数量、销售时间等信息。

（2）数据预处理。对收集到的数据进行清洗和整理，去除异常值和重复数据，处理缺失值，并对数据进行适当的特征工程处理，以便更好地为模型提供有用的信息。

（3）模型选择。基于所学的知识，选择一个恰当的机器学习模型，如线性回归、决策树、随机森林、神经网络等。

（4）模型训练。使用预处理后的数据来训练你所选择的模型。

（5）模型评估及模型优化。使用适当的评估指标（如准确率、召回率、F_1分数等）来评估模型的性能。如果模型性能不佳，尝试调整模型参数或使用其他模型进行优化。

（6）模型预测。利用训练好的模型预测更受顾客青睐的商品，并根据预测结果为公司制定库存策略。

5．任务要求

（1）确保在整个过程中，充分理解每个步骤的意义和目的。

（2）在完成任务的过程中，注意数据的隐私和安全，确保不会泄露公司的敏感信息。

（3）鼓励创新和探索，尝试使用不同的方法和技术来提高模型的性能。

项目 3

机器学习环境搭建

项目介绍

在深入探讨算法和数据处理之前，首先需要确保有一个合适的工作环境，通过配置一个环境来运行 Python、Jupyter Notebook、相关库，以及运行本书所需的代码，以快速入门并获得动手学习经验。本项目将引导学生完成机器学习环境的搭建，确保学生有一个强大且灵活的、用于进行数据分析和模型训练的平台。本项目将从 Anaconda 的下载和使用开始介绍。Anaconda 是一个流行的 Python 发行版，集成了许多用于数据科学、机器学习和科学计算的库和工具。学生可以通过 Anaconda 轻松管理库依赖、环境配置，从而更加专注于机器学习项目的开发，而不是环境设置。

随后将介绍 sklearn。这是 Python 中极受欢迎的机器学习库之一。sklearn 提供了简单且有效的用于数据挖掘和数据分析的工具。它是基于 NumPy、SciPy 和 Matplotlib 构建的，支持各种监督和无监督学习算法。通过对本项目的学习，学生将获得使用 sklearn 进行数据处理和模型构建的基础知识，为后续的学习打下坚实的基础。

本项目的目的是确保学生具备开始机器学习旅程所必需的工具和知识。无论是对数据科学了解甚少的新手，还是希望将机器学习应用到项目中的开发者，通过对本项目的学习，都将获得一个稳固的起点。

知识目标

- 理解 Anaconda 的重要性和用途，掌握 Anaconda 的基本操作，了解 sklearn 的基本概念。

能力目标

- 安装并配置 Anaconda 环境，解决环境配置中的常见问题。

素养目标

- 培养自主学习和解决问题的能力。

任务1 认识Anaconda

认识 Anaconda

任务描述

本任务旨在使学生理解 Anaconda 是什么，并使学生学会安装和简单地使用 Anaconda。

知识准备

具备操作系统和 Python 的基础知识。

1. Anaconda 简介

Anaconda 是开源的 Python 和 R 语言的一个分发版，专门用于科学计算。它旨在简化包管理和部署。Anaconda 包括 Python、R 语言和一系列常用的库，以及一个用于安装、运行、升级软件包和环境管理的工具 Conda。

Anaconda 的一个主要优势是包含超过 1500 个科学包及其依赖项，这可以使用户轻松地进行科学计算、数据分析、机器学习等领域的工作。这些包有用于数据处理的 NumPy 和 Pandas，用于数据可视化的 Matplotlib 和 Bokeh，以及用于机器学习的 sklearn 和 Pytorch 等。

用户使用 Anaconda，可以创建隔离的环境，以避免不同项目之间包版本的冲突。这是通过 Conda 实现的。Conda 是 Anaconda 的一个重要组成部分，是一个跨平台的包管理和环境管理系统。用户可以使用 Conda 来创建环境，这些环境具有不同的 Python 版本和第三方包。这样，用户可以在不同的项目中使用不同版本的包，而不会导致依赖性冲突。

Anaconda 还提供了 Anaconda Navigator。这是一个图形用户界面工具，允许用户不使用命令行就能管理环境和包，启动应用程序，并访问各种工具和教程。

2. Anaconda 的下载与安装

首先，用户需要从 Anaconda 的官方网站下载 Anaconda 安装程序，步骤如下。

1）Anaconda 的下载

（1）访问 Anaconda 的官方网站。

（2）Anaconda 的主页面如图 3.1 所示，在其中选择“Free Download”。

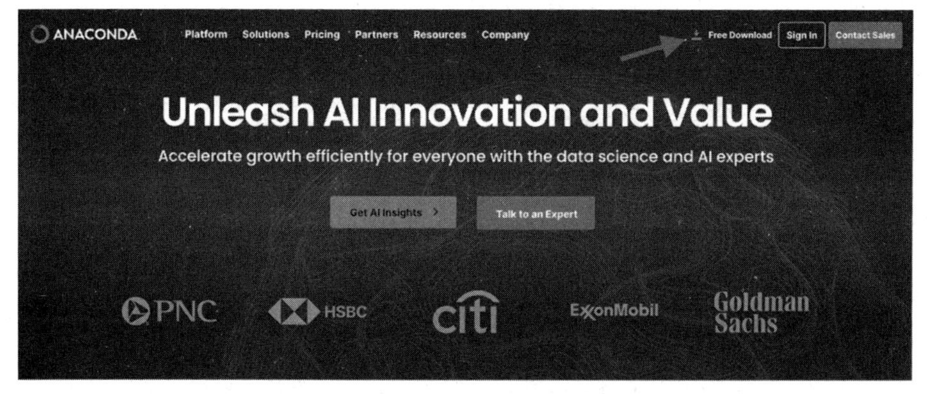

图 3.1 Anaconda 的主页面

（3）Anaconda 的下载页面如图 3.2 所示，根据操作系统（Windows、macOS 或 Linux）在

其中选择对应的安装程序并下载。

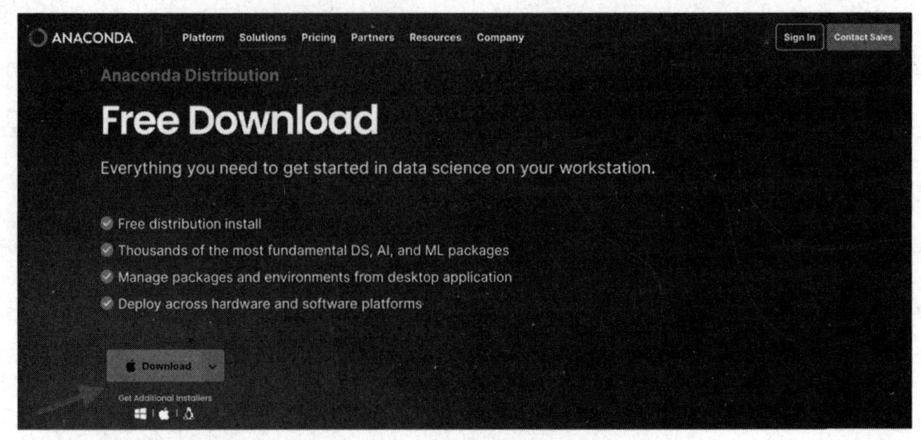

图 3.2　Anaconda 的下载页面

2）Windows 操作系统上的安装

（1）双击下载的.exe 安装文件。

（2）按照安装向导的指示进行操作，接受许可协议。

（3）在安装类型选择界面，可以选择“Just Me”（推荐）或“All Users”。

（4）选择安装位置。

（5）在“Advanced Installation Options”页面，建议勾选“Add Anaconda to my PATH environment variable”复选框（这样可以直接在命令行中访问 conda 命令），“Register Anaconda as the system Python 3.x”为可选项。

（6）完成安装。如有需要，可重启计算机。

3）macOS 操作系统上的安装

（1）双击下载的.pkg 安装文件。

（2）按照安装向导的指示进行操作，接受许可协议。

（3）选择安装位置。

（4）可能需要输入管理员密码来允许安装。

（5）安装完成后，可以通过启动终端并输入“conda list”来验证安装。

4）Linux 操作系统上的安装

（1）打开终端。

（2）使用 cd 命令导航到包含下载的 Anaconda 安装脚本的目录。

（3）执行安装脚本，例如：bash Anaconda3-202X.YY-Linux-x86_64.sh，请将 202X.YY 替换为您下载的版本号。

（4）阅读并接受许可协议。

（5）选择安装位置。

（6）在安装过程结束时，安装程序会询问是否要将 Anaconda 初始化到您的 shell 中。输入“yes”表示接受。

（7）重新启动终端或加载新的 shell 配置，以使更改生效。

3. Anaconda 的使用

1）验证安装

无论在哪个操作系统上，都可以通过先打开命令行或终端，再输入以下命令来验证 Anaconda 是否已成功安装：

```
conda list
```

如果显示已安装的包列表，则表示 Anaconda 已正确安装。

2）更新 Anaconda

建议更新 Anaconda，以确保所有的包都是最新的。可以利用以下命令进行更新：

```
conda update -all
```

3）创建和激活环境

使用 Anaconda，可以创建隔离的环境来管理不同项目的依赖性。例如，利用以下命令创建一个名为“myenv”的环境，并指定 Python 版本。

```
conda create --name myenv python=3.8
```

激活这个环境的命令如下：

```
conda activate myenv
```

4. Jupyter Notebook 的简单使用

Jupyter Notebook 是一个开源的 Web 应用程序，允许用户创建和共享包含实时代码、可视化和说明文本的文档。它支持多种编程语言，如 Python、R 和 Julia 等。Jupyter Notebook 特别适用于数据分析、科学计算、机器学习项目及教学目的分析，因为它可以直观地展示和执行代码，同时可以提供丰富的文档和可视化支持。

由于我们已经安装了 Anaconda，Jupyter Notebook 已经作为 Anaconda 的一部分被安装好了，所以可以直接启动并使用 Jupyter Notebook。

启动 Jupyter Notebook 非常简单。在命令行或终端中运行以下命令，便可启动 Jupyter Notebook。

```
jupyter notebook
```

这将在默认的 Web 浏览器中启动 Jupyter Notebook 服务器，并打开一个新的标签页，显示 Jupyter Notebook 的主页面，如图 3.3 所示。Jupyter Notebook 的主页面会显示当前目录的文件和文件夹，可以从这里创建新的笔记本或打开已有的笔记本。

图 3.3 Jupyter Notebook 的主页面

在 Jupyter Notebook 的主页面中，先单击右上角的“新建”按钮，再选择想要使用的笔记本类型（通常是 Python），将创建并打开一个新的 Jupyter Notebook，如图 3.4 所示。

在图 3.4 中可以看到一个空白行，名为“单元格”。Jupyter Notebook 的界面由一系列单元格组成。这些单元格可以包含代码、文本（使用 Markdown）、数学公式（使用 LaTeX）或富媒体内容。

图 3.4　新建的 Jupyter Notebook

我们可以先在代码单元格中输入代码，通过单击“运行”按钮来执行该单元格中的代码（运行结束的标志为代码前面的括号内出现数字）。执行结果将直接在代码单元格下方显示，同时在下面生成新的单元格，如图 3.5 所示。

图 3.5　运行 Jupyter Notebook 的代码单元格

单击工具栏中的“+”按钮可以添加新单元格，之后在工具栏中选择单元格类型“Markdown”，便可写文本。Markdown 支持普通文本、标题、列表、链接、图片等格式。同样地，可以通过单击“运行”按钮来渲染 Markdown 单元格，渲染结果如图 3.6 所示。

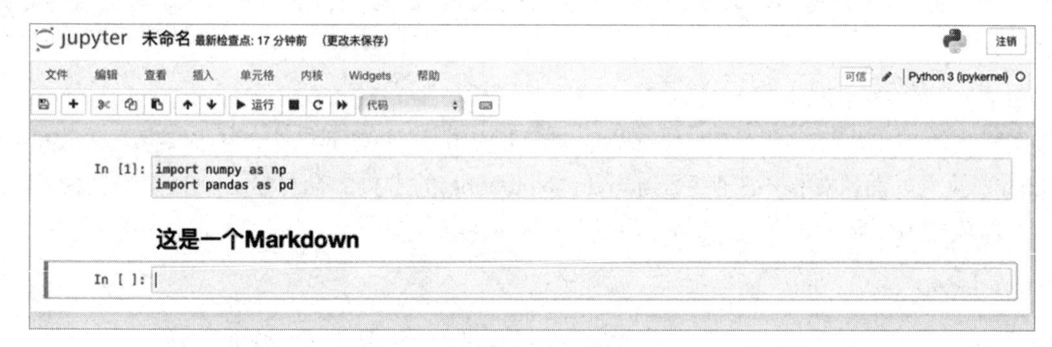

图 3.6　运行 Jupyter Notebook，渲染 Markdown 单元格

完成代码的编辑后，可以通过单击工具栏中的“保存”按钮或执行菜单栏中的“文件”→“保存，且作为一个检查点”命令来保存 Jupyter Notebook。Jupyter Notebook 会以.ipynb 格式保存。这种格式可以轻松地通过电子邮件、GitHub 或其他方式分享给其他人。

任务2 认识 sklearn

认识 sklearn

任务描述

本任务旨在使学生理解 sklearn 是什么，并使学生学会安装和简单地使用 sklearn。

知识准备

具备操作系统和 Python 的基础知识。

sklearn 是一个基于 Python 的开源机器学习库。它建立在 NumPy、SciPy 和 Matplotlib 等库之上，提供了一系列用于机器学习和统计建模的强大工具，可以用于分类、回归、聚类和降维等，同时支持 Python 数值和科学计算的相关库。简洁和易用设计使得它成为入门机器学习的首选库。

在 Anaconda 环境中，sklearn 可以通过下面的 conda 命令安装：

```
conda install scikit-learn
```

也可以通过下面的 pip 命令安装：

```
pip install scikit-learn
```

sklearn 的主要特点如下。

（1）拥有广泛的算法支持。sklearn 包含几乎所有常用的机器学习算法，包括但不限于线性模型、SVM、决策树、随机森林、梯度提升、*k*-NN、*k*-Means 等。

（2）具有数据预处理功能。sklearn 提供数据变换的实用工具，具有标准化、归一化、编码类别特征等功能。

（3）提供模型选择和评估工具。sklearn 提供交叉验证、各种度量指标及调参工具。这些工具都是机器学习实践中不可或缺的部分。

（4）拥有丰富的文档和社区支持。sklean 有详细的应用程序接口（Application Program Interface，API）文档和用户指南，社区支持也非常活跃。

下面通过一个完整的示例来展示如何使用 sklearn 进行数据的加载、预处理，以及模型的训练、评估和优化。这里以 sklearn 内置的鸢尾花数据集（Iris 数据集）为例。

1. 数据加载和预处理

```
from sklearn.datasets import load_iris
from sklearn.model_selection import train_test_split
from sklearn.preprocessing import StandardScaler
# 加载数据
iris = load_iris()
X, y = iris.data, iris.target
# 划分训练集和测试集
X_train, X_test, y_train, y_test = train_test_split(X, y, test_size=0.3,
random_state=42)
# 数据标准化
scaler = StandardScaler()
```

```
X_train_scaled = scaler.fit_transform(X_train)
X_test_scaled = scaler.transform(X_test)
```

2. 模型选择和训练（选择逻辑回归模型作为分类器）

```
from sklearn.linear_model import LogisticRegression
# 初始化逻辑回归模型
model = LogisticRegression(random_state=42)
# 训练模型
model.fit(X_train_scaled, y_train)
```

3. 模型评估（使用准确率评估模型的性能）

```
from sklearn.metrics import accuracy_score
# 预测测试集
y_pred = model.predict(X_test_scaled)
# 计算准确率
accuracy = accuracy_score(y_test, y_pred)
print(f"Model accuracy: {accuracy}")
```

4. 模型优化（利用网格搜索寻找最佳超参数）

```
from sklearn.model_selection import GridSearchCV
# 设置网格参数
param_grid = {'C': [0.1, 1, 10, 100], 'penalty': ['l1', 'l2']}
# 创建网格搜索对象
grid_search = GridSearchCV(model, param_grid, cv=5)
# 执行网格搜索
grid_search.fit(X_train_scaled, y_train)
# 输出最佳参数
print("Best parameters:", grid_search.best_params_)
print("Best cross-validation score:", grid_search.best_score_)
```

通过这个例子，可以看到从数据加载和预处理到模型优化的整个机器学习流程。sklearn 的简洁 API 和丰富的算法库使得它成为开展机器学习项目的理想选择。

总结

本项目主要介绍了机器学习环境搭建的两个关键方面：①Anaconda 的安装和使用；②sklearn 的简介。

Anaconda 是一个强大的 Python 环境管理器，简化了在不同操作系统上安装和管理 Python 包的过程。利用 Anaconda，可以轻松地创建和管理不同的 Python 环境，以及安装所需的与机器学习相关的包和工具。Anaconda Navigator 提供了一个直观的图形用户界面，可以使用户方便地管理 Python 包、环境和安装新的工具。

sklearn 是一个开源的 Python 机器学习库，建立在 NumPy、SciPy 和 Matplotlib 等库之上。sklearn 提供各种机器学习算法和工具，涵盖从数据加载和预处理到模型优化的整个机器学习流程。用户利用 sklearn 可以快速地构建和训练各种机器学习模型，执行分类、回归、聚类等任务。

在本项目中，学生可以了解如何利用 Anaconda 快速搭建机器学习环境，并可以通过对 sklearn 的学习，初步掌握机器学习的基本概念和工具使用方法。通过学习这些内容，学生能够更加轻松地进入机器学习领域，并为深入学习更复杂的机器学习算法和技术打下一定的基础。

项目考核

一、选择题

1. 在 Anaconda 中，用于创建和管理不同的 Python 环境的命令是（　　）。

   A. conda list　　B. conda activate

   C. conda env　　D. conda create

2. sklearn 是一个用于机器学习的 Python 库，主要用于（　　）。

   A. 数据可视化　　B. 数据预处理　　C. 模型评估　　D. 以上都是

二、填空题

1. sklearn 是一个开源的 Python 机器学习库，建立在 NumPy、SciPy 和________之上。
2. 在 Anaconda 环境中，可以使用________命令来更新所有的包。

三、简答题

请简要描述 Anaconda 的优点及其在机器学习环境搭建中的作用。

项目 4

线性模型

项目介绍

线性模型是机器学习领域中一种极为基础且易于理解的方法。其核心依据是一个简洁的假设：输入特征与目标输出之间遵循一种线性依赖关系。这个假设揭示了一个直观的事实，即在一个给定的坐标系内，若将各个数据点绘制出来，则这些点大体上会分布在某一直线或平面（在更高维空间中，则可能是超平面）附近。

具体来说，在一个二维的空间里，上述线性依赖关系可以通过一条简单的直线来描述；而当数据存在于更为复杂的高维空间中时，这种关系则可能需要通过一个平面或更高维的超平面来表达。线性模型的工作原理主要是通过调节模型参数（特征的权重）来调整每个输入特征对于最终输出结果的影响力度，从而达到对实际数据进行精确拟合的目的。

在训练线性模型的过程中，主要目标是寻找最为理想的一条直线（或一个高维情况下的平面/超平面），这条直线（或这个平面/超平面）应当尽可能准确地反映数据中的实际线性关系，以此来最小化模型预测值与真实值之间的差异。线性模型由于其简洁性和直观性，在处理某些具有明显线性特征的问题时，能够展现出良好的效果。然而，当面对那些包含更加复杂的非线性关系的数据时，仅仅依靠线性模型可能难以达到满意的效果，这就需要采用更为复杂的、能够捕捉到这些复杂关系的高级模型了。

知识目标

- 理解线性模型的核心思想，即输入特征与输出之间存在线性关系；了解线性模型的基本结构，包括权重和截距的作用；理解模型训练的目标，即通过最小化损失函数，使模型的预测接近实际。

能力目标

- 能够使用训练数据来调整模型的参数，使模型能够更好地拟合数据；能够应用线性模型解决实际问题，包括回归和分类问题；理解如何选择和处理特征，以提高模型性能。

素养目标

- 培养对线性模型的批判性思维，了解它在什么情况下有效，在什么情况下不适用。

任务 1 线性回归

任务描述

本任务旨在使学生理解线性回归的基本原理，能够识别现实世界中的哪些问题属于线性回归问题，以及能够利用线性回归解决实际问题。

知识准备

具备基础的微积分和线性代数知识。

线性回归（上）

1. 什么是线性回归

“回归”这个词源自英国的科学家和冒险家弗朗西斯·高尔顿（见图 4.1）。他在多个学科领域，包括人类学、地理学、数学、力学、气象学、心理学、统计学等，展现出广泛的学术兴趣。值得一提的是，他是著名科学家查尔斯·达尔文的表弟，因此深受查尔斯·达尔文的进化论思想的影响。弗朗西斯·高尔顿将这一思想引入人类研究领域，特别侧重于探究个体之间的差异。他从遗传角度研究了个体之间的差异形成的原因，进而开创了优生学这一学科。

弗朗西斯·高尔顿在研究中观察到人类的身高普遍趋向平均值，这一现象被他称为身高的均值回归。举例来说，如图 4.2 所示，最左侧是一位身材较矮的父亲，他儿子（位于他右侧）的身高会略高于他；而最右侧是一位身材较高的父亲，他儿子（位于他左侧）的身高则会稍矮一些。否则，高个子家族的身高会不断变得更高，而矮个子家族的身高会不断变得更矮，完全两极分化。

图 4.1 弗朗西斯·高尔顿

图 4.2 身高的均值回归

弗朗西斯·高尔顿的研究方法可用数学术语来描述。

首先，他对一些父子身高的样本数据进行抽样，抽样的数据如表 4.1 所示。

表 4.1　父亲身高与儿子身高对应表

父亲身高/m	儿子身高/m
1.67	1.72
1.70	1.73
1.72	1.74
1.75	1.76
1.78	1.77
1.80	1.79
1.82	1.80

根据表 4.1 中的数据，可以画一幅图，x 轴表示父亲身高，y 轴表示儿子身高，如图 4.3 所示。

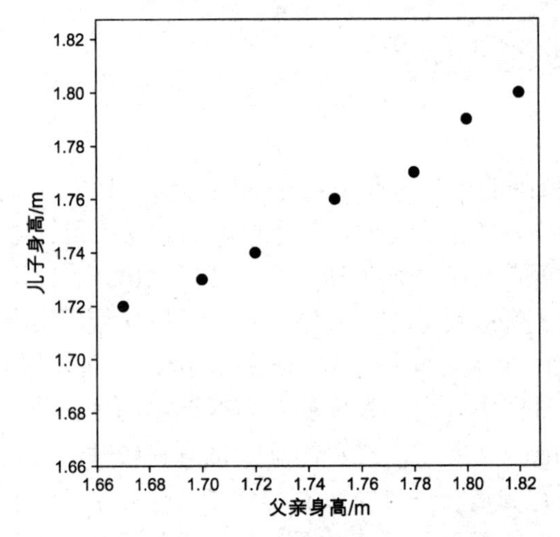

图 4.3　身高数据集 D

然后，他通过对数据集 D 进行拟合，得到了一条直线，如图 4.4 所示。

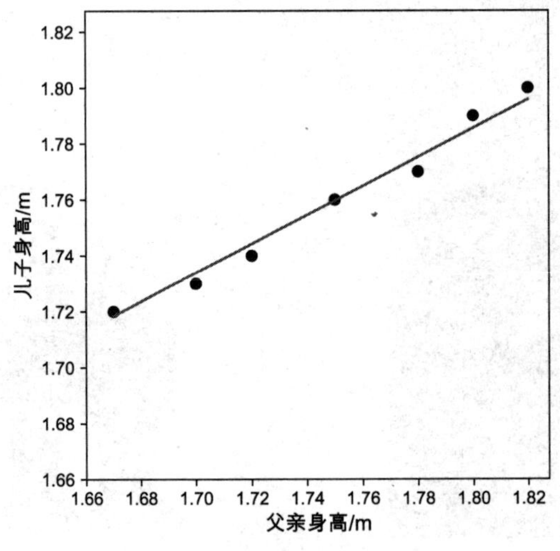

图 4.4　对数据集 D 进行拟合

最后，利用这条直线，他能够对某位父亲的儿子的身高进行预测，如图 4.5 所示。

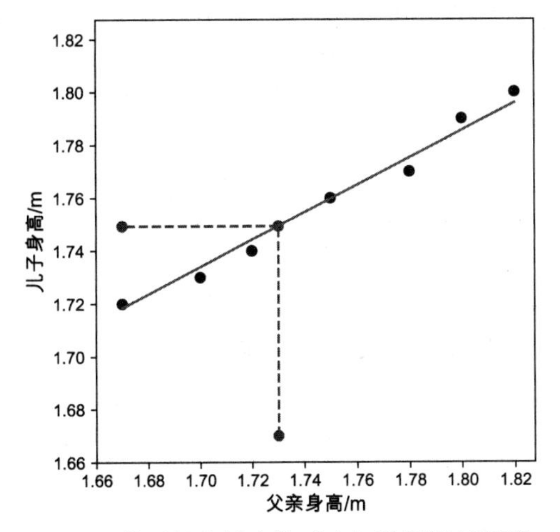

图 4.5 使用拟合的直线对未知数据进行预测

设父亲身高为 xm，儿子身高为 ym，弗朗西斯·高尔顿拟合的直线方程为

$$y = 0.516x + 0.8567$$

将该方程和 $y = x$ 联立，可得

$$x \approx 1.77,\ y \approx 1.77$$

也就是说，这两个方程所表示的直线会交于点（1.77, 1.77）。这说明，身高低于 1.77m 的父亲，他儿子的身高会高一些；而身高高于 1.77m 的父亲，他儿子的身高会矮一些，如图 4.6 所示。所以，这条拟合出来的直线其实就表示了均值回归现象。拟合直线的过程被称为线性回归。

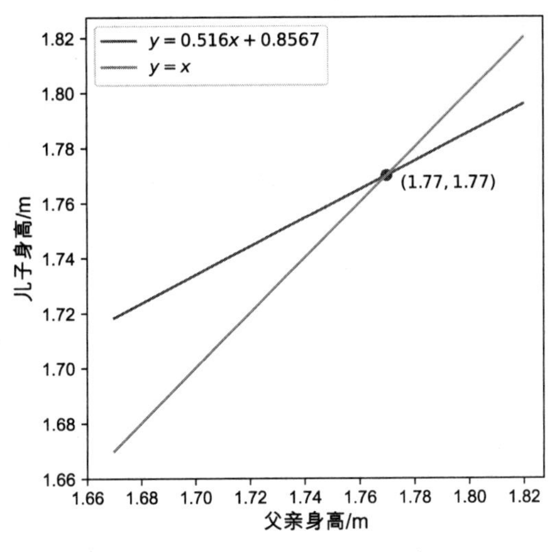

图 4.6 身高的均值回归现象

2. 线性回归的基本形式

假设现在需要制作一个房屋价格的评估系统。我们知道房屋价格会受到很多因素的影响，比如房屋面积、房间的数量（几室几厅）、地段、朝向等。为简单起见，我们假设房屋价格就是由房屋面积这一个变量影响的。

现在有一些房屋面积和对应房屋价格的数据，如表 4.2 所示。

表 4.2　房屋面积与房屋价格对应表

房屋面积/m²	房屋价格/万元
123	250
150	320
87	160
102	220
96	200
65	130

根据表 4.2 中的数据，可以画一幅图，x 轴表示房屋面积，y 轴表示房屋价格，如图 4.7 所示。

如果来了一个新的房源，我们想要预测它的价格，但是在销售记录中没有这个房源对应的房屋面积，我们该怎么办呢？我们可以用一条直线尽量准地拟合销售数据，如图 4.8 所示。之后如果有新的房屋面积数据，则可以将拟合直线上对应的房屋价格返回。

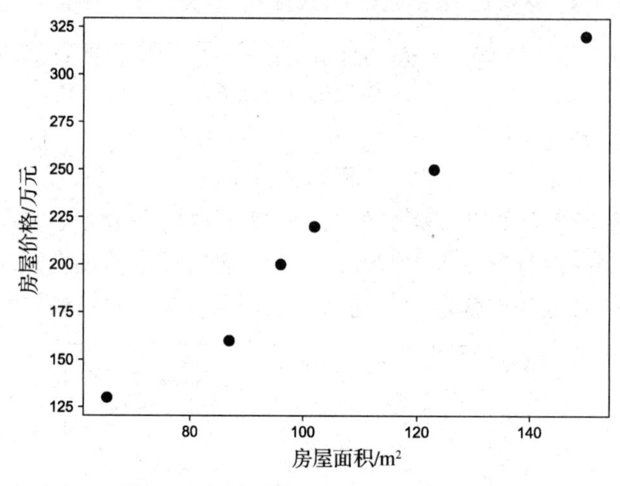

图 4.7　房屋面积与房屋价格对应数据

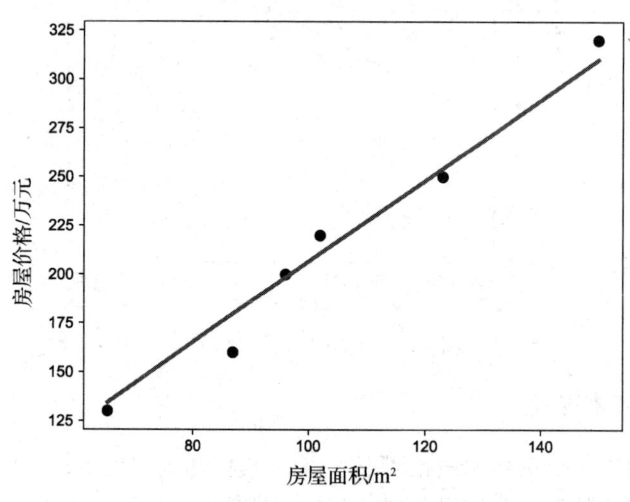

图 4.8　房屋面积与房屋价格拟合图

回归在数学上来说是指给定一个点集，用一条线拟合它。如果这条线是一条直线，那么拟合的过程就被称为线性回归；如果这条线是一条二次曲线，那么拟合的过程就被称为二次回归。

线性回归是回归的一种。线性回归假设目标值与特征之间线性相关，即满足一个多元一次方程。

线性回归模型试图学得一个利用属性的线性组合对目标进行预测的函数。表 4.3 所示为多属性线性相关示例数据。其中，x_1 和 x_2 是属性，y 是目标。

表 4.3　多属性线性相关示例数据

x_1	x_2	y
2.0	7.0	52.8
5.0	3.0	21.2
1.0	6.0	2.0
60	9.0	96.7

我们可以假设：

$$y = w_1x_1 + w_2x_2 + b = \boldsymbol{w}^{\mathrm{T}}\boldsymbol{x} + b$$

$$\boldsymbol{w} = \left[w_1, w_2\right]^{\mathrm{T}}$$

$$\boldsymbol{x} = \left[x_1, x_2\right]^{\mathrm{T}}$$

其中，$\boldsymbol{w}$ 代表每个特征的权重，体现各属性的重要性；b 为偏置。

模型只要用数据集中的 y 和 $\left[x_1, x_2\right]$ 计算出 $\boldsymbol{w}$ 和 b，就可以通过给定新的 $\left[x_1, x_2\right]$ 计算预测值 $\hat{y}$ 是多少了。因此，为了构建这个函数关系，需要利用已知的数据点，求解线性回归模型中的两个参数 $\boldsymbol{w}$ 和 b。

线性回归模型的一般预测公式为

$$\hat{y} = w_1x_1 + w_2x_2 + \cdots + w_nx_n + b = \boldsymbol{w}^{\mathrm{T}}\boldsymbol{x} + b$$

其中，$\boldsymbol{x}$ 为数据集中每个样本的特征值（属性），$\hat{y}$ 为模型计算出来的预测值。假设数据集中的样本只有一个特征，这个公式就变得非常简单了，如下所示。

$$\hat{y} = wx + b$$

3．线性回归的求解

线性回归（下）

1）线性回归的损失函数

线性回归求解示例数据如表 4.4 所示。假设数据集中的样本只有一个特征。

表 4.4　线性回归求解示例数据

x	7.0	10.0	3.0	6.0	4.0
y	52.8	96.7	21.2	45.0	?

线性回归模型试图学得

$$\hat{y} = wx + b$$

使得

$$\hat{y} \approx y$$

而如何确定 w 和 b，关键在于如何缩小 $\hat{y}$ 和 y 的差距。我们缩小差距的策略是均方误差最小化（最小二乘法），即

$$\min\sum_{i=1}^{m}\left(y_i-\hat{y}_i\right)^2=\min\sum_{i=1}^{m}\left(y_i-wx_i-b\right)^2$$

其中，x_i 和 y_i 分别表示第 i 个训练数据的特征和目标。这相当于找到一条直线，使所有样本到直线上的欧氏距离（图 4.9 中的虚线长度）的平方之和最小。所以，线性回归的策略是：利用训练集，找到目标值 y 和它的预测值 $\hat{y}$ 的差的平方之和最小时所对应的 w 和 b。

训练集中任意的属性 x 都有一个对应的预测值 $\hat{y}$，当数据量为 n 时（有 n 个训练数据），可以将损失函数定义为

$$L(w,b)=\frac{1}{2}\sum_{i=1}^{n}\left(y_i-\widehat{y_i}\right)^2=\frac{1}{2}\sum_{i=1}^{n}\left(y_i-wx_i-b\right)^2$$

损失函数越小代表预测值和真实值的差距越小，所以需要选择合适的 w 和 b 来使损失函数最小。

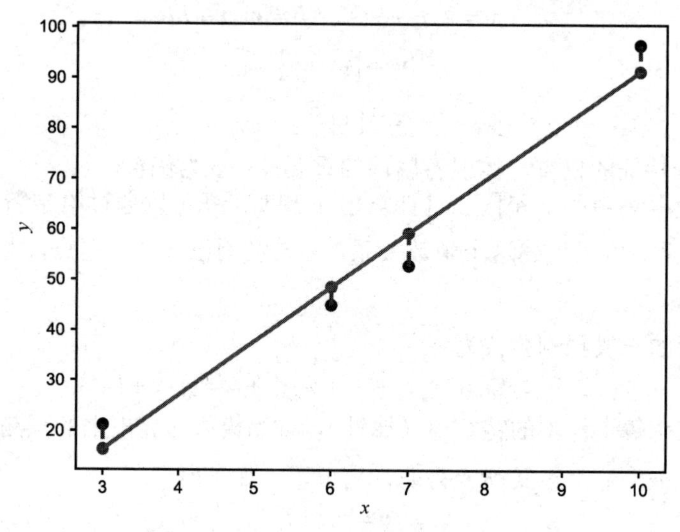

图 4.9　预测数据与真实数据的差距

2）梯度下降（选讲）

由前面的内容可知，需要选择合适的 w 和 b，以使损失函数最小，那么怎么选择 w 和 b 呢？答案是利用梯度下降算法。

假设损失函数为

$$L(w,b)=\frac{1}{2}\sum_{i=1}^{n}\left(y_i-\widehat{y_i}\right)^2=\frac{1}{2}\sum_{i=1}^{n}\left(y_i-wx_i-b\right)^2$$

损失函数的图像如图 4.10 所示。大多数情况下，损失函数的图像都属于高维空间，无法画出来。这里展示的图像是三维空间中最简单的，大多数损失函数的图像比这幅复杂得多。

由微积分知识可知，负梯度方向是向下最“陡”的方向，所以我们可以不断地向负梯度方向前进，使损失函数越来越小。现在的问题在于怎么求梯度。再由微积分知识可知，一个函数的梯度就是先分别对该函数的每个变量求偏导数，再由这些偏导数组成的向量。

前面的损失函数 L 对每个变量所求的偏导数为

$$\frac{\partial L}{\partial w}=-\sum_{i=1}^{n}\left(y_i-wx_i-b\right)x_i$$

$$\frac{\partial L}{\partial b}=-\sum_{i=1}^{n}\left(y_i-wx_i-b\right)$$

所以，损失函数 L 的梯度为

$$\left(\frac{\partial L}{\partial w},\frac{\partial L}{\partial b}\right)$$

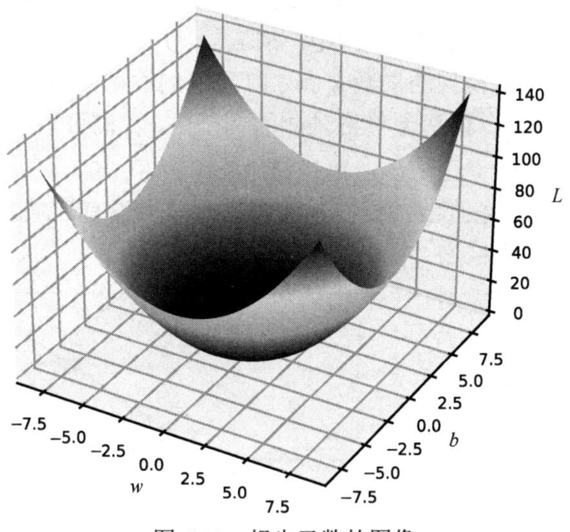

图 4.10　损失函数的图像

在求得损失函数 L 的梯度后，便可以通过更新 w 和 b（不断地向负梯度方向前进）对损失函数 L 进行优化了，更新规则为

$$w:=w-\alpha\frac{\partial L}{\partial w}=w+\alpha\sum_{i=1}^{n}\left(y_i-wx_i-b\right)x_i$$

$$b:=b-\alpha\frac{\partial L}{\partial b}=b+\alpha\sum_{i=1}^{n}\left(y_i-wx_i-b\right)$$

前面说过，梯度只是确定了方向，还需要确定在这个方向上能走多远，也就是步长，上式中的 α 就是步长。

不断重复以上优化规则来更新 w 和 b，就可以使损失函数 L 越来越小。

由上述更新规则可以看出，每更新一次 w 和 b 需要遍历所有训练数据，所以该更新规则被称为批量梯度下降（Batch Gradient Descent，BGD）。

而当训练数据量非常大时，每更新一次参数的代价是非常大的，所以出于对更新速度的考虑，又出现了随机梯度下降（Stochastic Gradient Descent，SGD）。SGD 的更新规则为

$$w:=w+\alpha\left(y_i-wx_i-b\right)x_i$$

$$b:=b+\alpha\left(y_i-wx_i-b\right)$$

可以看出，SGD 的优点是更新速度快，但是带来了一定的随机性。后来，在研究中发现，这种随机性有时反而会对模型的优化有一定的好处。

而出于对更新速度和随机性的权衡，又出现了小批量梯度下降（Mini-Batch Gradient Descent，MBGD）。MBGD 的更新规则为

$$w := w + \alpha \sum_{i=k}^{m} \left(y_i - wx_i - b \right) x_i$$

$$b := b + \alpha \sum_{i=k}^{m} \left(y_i - wx_i - b \right)$$

可以看出，每更新一次 w 和 b 需要遍历 $(m-k+1)$ 条训练数据。这 $(m-k+1)$ 条训练数据由我们从所有训练数据中随机选出。MBGD 和 BGD 相比，提高了更新速度；和 SGD 相比，减少了随机性。MBGD 也是目前最常用的优化算法。

上述更新规则到何时终止一般由我们自己决定。例如，可以在更新一次参数后，损失函数变化很小或梯度向量接近于零向量时终止梯度下降。

上述更新规则终止后，所得到的参数 w 和 b 就是我们求得的模型参数。我们可以根据这些参数获得一个模型。例如，在前面房屋价格预测的例子中，我们可以根据 w 和 b 确定一条直线：

$$\hat{y} = wx + b$$

如图 4.11 所示，根据这条直线，可以预测训练数据中没有记录的房屋价格。拟合直线预测面积为 115.0m² 的房屋的价格为 236.9 万元。

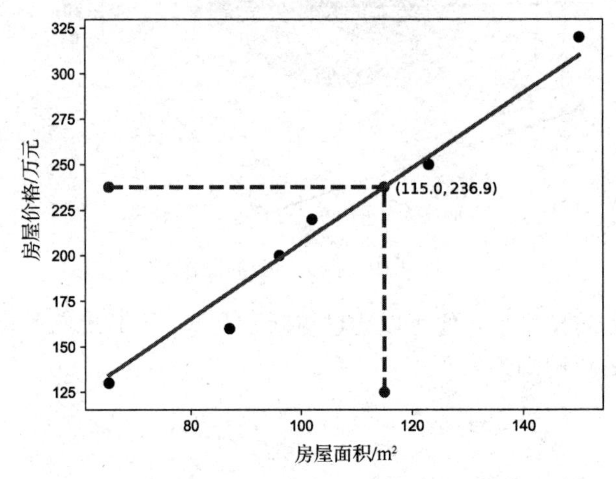

图 4.11　使用拟合的直线对未知的房屋价格进行预测

由上可知，实现线性回归模型的关键要素有以下 3 个。

（1）模型（也就是我们定义的线性函数）。

$$y = \boldsymbol{w}^{\mathrm{T}} \boldsymbol{x} + b$$

（2）策略（也就是定义一个损失函数，并且通过优化模型的参数最小化它）。

$$\min L(\boldsymbol{w}) = \frac{1}{2} \sum_{i=1}^{n} \left(y_i - \widehat{y_i} \right)^2 = \frac{1}{2} \sum_{i=1}^{n} \left(y_i - \boldsymbol{w}^{\mathrm{T}} \boldsymbol{x} - b \right)^2$$

（3）算法（也就是优化损失函数的具体方法，如梯度下降算法）。

模型、策略和算法被称为机器学习三要素，以上是它们在线性回归中的一个体现。

4．应用实例 1：调用线性回归算法拟合生成的数据

本应用实例的目标是通过调用线性回归算法，拟合生成的数据，得到线性回归模型，之后评估得到的线性回归模型。

（1）生成用于线性回归的有一个特征的数据集。

```
import numpy as np
```

```
#导入绘图工具
import matplotlib.pyplot as plt
#导入回归数据生成器
from sklearn.datasets import make_regression
#导入线性回归模型
from sklearn.linear_model import LinearRegression
#导入均方误差评估模块
from sklearn.metrics import mean_squared_error
#生成用于线性回归的数据集
X,y = make_regression(n_samples=50,n_features=1,n_informative=1, random_state=
3,noise=50)
```

（2）输出数据的维度。

```
print("X 的维度为", X.shape)
print("y 的维度为", y.shape)
```

输出：

```
X 的维度为 (50, 1)
y 的维度为 (50,)
```

（3）使用线性回归模型对数据进行拟合。

```
lr = LinearRegression()
lr.fit(X,y)
```

（4）画出线性回归模型的图形。

```
# z 是我们生成的等差数列，用来画出线性回归模型的图形
z = np.linspace(-3,3,100).reshape(-1,1)
plt.scatter(X,y,c='b',s=60)
plt.plot(z,lr.predict(z),c='purple')
# 设置字体的属性
plt.rcParams["font.sans-serif"] = "Arial Unicode MS"
plt.rcParams["axes.unicode_minus"] = False
# 设置图形的标题
plt.title('线性回归')
```

输出：

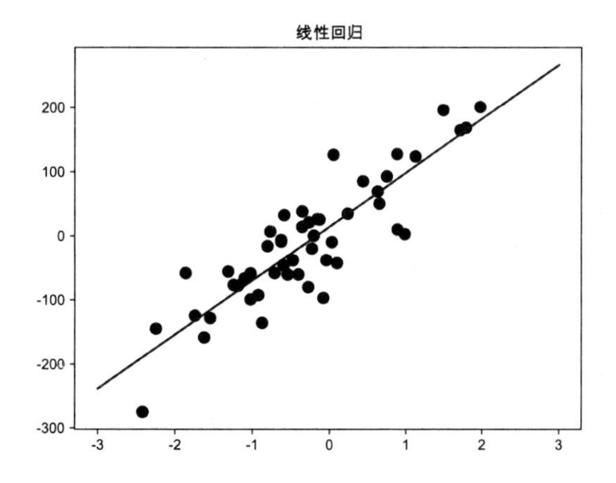

（5）输出线性回归模型的系数、截距和直线方程。

```
print('代码运行结果：')
print('================================')
print('直线的斜率是{:.2f}'.format(lr.coef_[0]))
print('直线的截距是 {:.2f}'.format(lr.intercept_))
print('直线方程为 y = {:.2f}'.format(lr.coef_[0]),'x','+ {:.2f}'.format
(lr.intercept_))
print('================================')
```

输出：

代码运行结果：

```
================================
直线的斜率是 84.16
直线的截距是 14.48
直线方程为 y = 84.16 x + 14.48
================================
```

（6）生成用于线性回归的有两个特征的数据集。

```
#导入数据集拆分工具
from sklearn.model_selection import train_test_split
#生成用于线性回归的有两个特征的数据集
X,y = make_regression(n_samples=100,n_features=2,n_informative=2,
random_state=38)
```

（7）使用线性回归模型对数据进行拟合，并输出线性回归模型的系数、截距。

```
#将数据集拆分为训练集和测试集
X_train,X_test,y_train,y_test = train_test_split(X,y,random_state=8)
#训练模型
lr2 = LinearRegression().fit(X_train,y_train)
#预测数据
y_predict = lr2.predict(X_test)
print('')
print('================================')
print('lr2.coef_:{}'.format(lr2.coef_[:]))
print('lr2.intercept_: {}'.format(lr.intercept_))
print('================================')
```

输出：

```
================================
lr2.coef_:[70.38592453  7.43213621]
lr2.intercept_: 14.475840238473038
================================
```

（8）线性回归模型的性能评估。

```
#均方误差评估
mse = mean_squared_error(y_test, y_predict)
```

```
print('')
print('================================')
print("均方误差：\n", mse)
print('================================')
```

输出：

```
================================
均方误差：
 1.8765645388675814e-27
================================
```

5. 应用实例 2：糖尿病患者病情预测

本应用实例使用 sklearn 内置的糖尿病患者病情数据集（diabetes）作为训练集。该数据集包括 442 个病人的生理数据（年龄、性别、体重指数、平均血压和 6 次血清测量值）及一年后的病情发展情况（由某个数值表示）。我们希望使用线性回归模型对该数据集进行拟合，使拟合后的线性回归模型可以预测糖尿病患者一年后的病情发展情况。

（1）数据集探索。

```
#导入糖尿病患者病情模块
from sklearn.datasets import load_diabetes
#导入数据集拆分工具
from sklearn.model_selection import train_test_split
#导入绘图模块
import matplotlib.pyplot as plt
#导入均方误差评估模块
from sklearn.metrics import mean_squared_error
#导入数据集
diabetes = load_diabetes()
#输出糖尿病数据集中的键
diabetes.keys()
```

输出：

```
dict_keys(['data', 'target', 'frame', 'DESCR', 'feature_names',
'data_filename', 'target_filename', 'data_module'])

#输出数据的维度
diabetes['data'].shape
```

输出：

```
(442, 10)

#输出数据的详细描述
print(diabetes['DESCR'])
```

（2）用线性回归模型拟合数据，并对测试数据进行预测和评估。

```
#导入特征变量
```

```
X = diabetes['data']
#导入目标变量
y = diabetes['target']
#将数据集拆分为训练集和测试集
X_train,X_test,y_train,y_test = train_test_split(X,y,random_state=8)
#创建线性回归模型对象
diabetes_lr = LinearRegression()
#训练模型
diabetes_lr.fit(X_train,y_train)
#预测数据
y_predict = diabetes_lr.predict(X_test)

mse = mean_squared_error(y_test, y_predict)
print("均方误差：\n", mse)
print('')
print('==============================')
print('coef_:{}'.format(diabetes_lr.coef_[:]))
print('intercept_: {}'.format(diabetes_lr.intercept_))
print('==============================')
```

输出：

```
均方误差：
 3108.051630822179
==============================
coef_:[   11.51226671  -282.51443231   534.2084846    401.73037118
 -1043.90460259   634.92891045   186.43568421   204.94157943
   762.46336088    91.95399832]
intercept_: 152.5625670974632
==============================
```

（3）绘制病情的真实进展与预测进展走势图。

```
# 创建画布
plt.figure()
# 设置字体的属性
plt.rcParams["font.sans-serif"] = "Arial Unicode MS"
plt.rcParams["axes.unicode_minus"] = False
# 绘图
x = np.arange(1, y_predict.shape[0] + 1)
# 真实值的走势
plt.plot(x, y_test, marker="o", linestyle=":", markersize=5)
# 预测值的走势
plt.plot(x, y_predict, marker="*", markersize=5)
# 添加图例
plt.legend(["病情的真实进展走势", "病情的预测进展走势"])
# 添加标题
plt.title("病情的真实进展与预测进展走势图")
# 展示
```

```
plt.show()
```

输出：

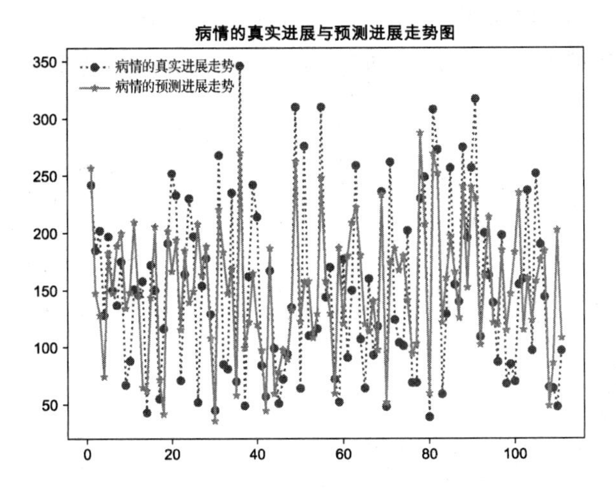

任务 2 逻辑回归

逻辑回归

任务描述

本任务旨在使学生理解逻辑回归的基本原理，能够识别现实世界中的哪些问题属于逻辑回归问题，以及能够利用逻辑回归解决实际问题。

知识准备

具备基础的微积分和线性代数知识。

1. 什么是逻辑回归

首先回顾分类问题，分类问题除输出是离散的数值之外，其他地方和回归问题（如线性回归）没有什么不同。在此我们聚焦于二分类问题，即输出 y 只能取两个值 0 和 1。当然，可以很容易地把二分类问题推广到多分类问题。

例如，我们想做一个垃圾邮件分类器，用 x 代表邮件的特征。如果邮件是垃圾邮件，则 $y=0$ 。否则，$y=1$ 。在这里，我们一般称 0 为负类、1 为正类。有时，我们用符号“-”和“+”分别表示负类和正类。对于一个输入特征（属性）x_i ，相应的输出 y_i 我们称之为标签。

假设在分类问题中，我们忽略 y_i 是离散的事实，使用线性回归模型来根据特征 x 预测 y 。因为 $y \in \{0,1\}$ ，所以线性回归模型的输出 $\hat{y}$ 大于 1 或小于 0 都是没有意义的。这也是将线性回归用在分类任务上不恰当的原因。

为了解决这个问题，可以改变一下 $\hat{y}$ 的形式。为了表示得更加准确，下面用 $h_{\boldsymbol{w},b}(\boldsymbol{x})$（$\boldsymbol{w}$、$b$ 代表模型的未知参数）表示 $\hat{y}$，所以决策函数可以写为

$$h_{\boldsymbol{w},b}(\boldsymbol{x}) = \hat{y} = g\left(\boldsymbol{w}^{\mathrm{T}}\boldsymbol{x} + b\right) = \frac{1}{1+\mathrm{e}^{-\left(\boldsymbol{w}^{\mathrm{T}}\boldsymbol{x}+b\right)}}$$

其中

$$g(z)=\frac{1}{1+\mathrm{e}^{-z}}$$

$g(z)$ 叫作逻辑函数或sigmoid函数，其图像如图4.12所示。从图4.12中得知，当 $\boldsymbol{w}^{\mathrm{T}}\boldsymbol{x}+b$ 越大时，$g(\boldsymbol{w}^{\mathrm{T}}\boldsymbol{x}+b)$ 越接近1；当 $\boldsymbol{w}^{\mathrm{T}}\boldsymbol{x}+b$ 越小时，$g(\boldsymbol{w}^{\mathrm{T}}\boldsymbol{x}+b)$ 越接近0。

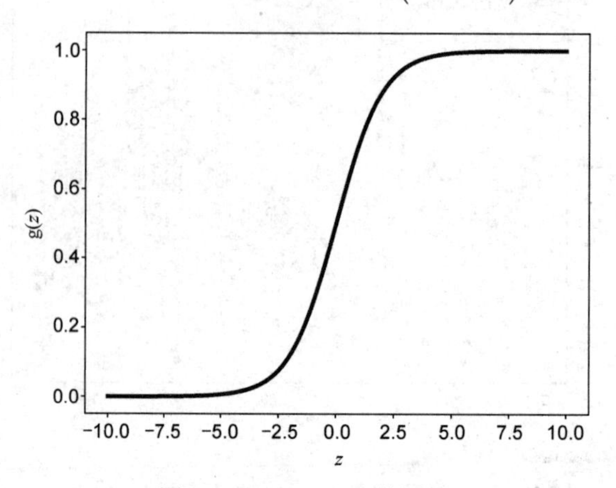

图4.12　sigmoid函数图像

我们想用逻辑回归来解决分类问题，所以可以很自然地假设

$$P(y=1|\boldsymbol{x};\boldsymbol{w},b)=h_{\boldsymbol{w},b}(\boldsymbol{x})$$

$$P(y=0|\boldsymbol{x};\boldsymbol{w},b)=1-h_{\boldsymbol{w},b}(\boldsymbol{x})$$

其中，$P(y=1|\boldsymbol{x};\boldsymbol{w},b)$ 表示模型的未知参数为 $\boldsymbol{w}$ 与 b、输入为 $\boldsymbol{x}$ 时，预测结果为1的概率。

已知 $P(y=1|\boldsymbol{x};\boldsymbol{w},b)+P(y=0|\boldsymbol{x};\boldsymbol{w},b)=1$，所以如果 $P(y=1|\boldsymbol{x};\boldsymbol{w},b)>P(y=0|\boldsymbol{x};\boldsymbol{w},b)$，那么可以预测 $\hat{y}=1$。反之，$\hat{y}=0$。

2．逻辑回归的求解

现在我们已经知道了逻辑回归模型，下一个问题是怎样选择合适的参数 w 和 b。

和线性回归类似，我们需要定义一个损失函数。根据信息论中交叉熵的启发，在这里，我们直接给出一个损失函数：

$$L(\boldsymbol{w},b)=-\sum_{i=1}^{n}y_i\ln\hat{y}+(1-y_i)\ln(1-\hat{y})$$

其中

$$\hat{y}=h_{\boldsymbol{w},b}(\boldsymbol{x})=g(\boldsymbol{w}^{\mathrm{T}}\boldsymbol{x}+b)=\frac{1}{1+\mathrm{e}^{-(\boldsymbol{w}^{\mathrm{T}}\boldsymbol{x}+b)}}$$

之后，便可以使用梯度下降算法对逻辑回归的损失函数进行优化（选择合适的 $\boldsymbol{w}$、b，使损失函数越来越小），经过梯度计算，优化规则为

$$w:=w+\alpha\sum_{i=1}^{n}(y_i-\hat{y})x_i$$

$$b:=b+\alpha\sum_{i=1}^{n}(y_i-\hat{y})$$

可以看出，逻辑回归的优化规则和线性回归完全一样，这不是巧合，因为它们都是广义线性模型的特例。

根据机器学习三要素，即模型、策略和算法，可以把逻辑回归总结为以下几点。

（1）模型。

$$h_{w,b}(\boldsymbol{x}) = \hat{y} = g\left(\boldsymbol{w}^{\mathrm{T}}\boldsymbol{x} + b\right) = \frac{1}{1+\mathrm{e}^{-\left(\boldsymbol{w}^{\mathrm{T}}\boldsymbol{x}+b\right)}}$$

（2）策略（也就是定义一个损失函数，并且通过优化模型的参数最小化它）。

$$\min L(\boldsymbol{w},b) = -\sum_{i=1}^{n} y_i \ln \hat{y} + (1-y_i)\ln(1-\hat{y})$$

（3）算法：梯度下降算法。

3. 应用实例 1：预测考试是否及格

本应用实例的目标是通过调用逻辑回归算法，拟合往年的考试数据，得到逻辑回归模型，之后评估得到的逻辑回归模型。

（1）数据准备（往年的调查结果数据）。

```
import numpy as np
# 训练集，格式为（学习时长,学习效率），其中学习时长的单位为小时
# 效率为[0,1]区间内的小数，数值越大表示效率越高
X_train = np.array([(0,0), (2,0.9), (3,0.4), (4,0.9), (5,0.4),
                    (6,0.4), (6,0.8), (6,0.7), (7,0.2), (7.5,0.8),
                    (7,0.9), (8,0.1), (8,0.6), (8,0.8)])
# 0 表示考试不及格，1 表示考试及格
y_train = np.array([0, 0, 0, 1, 0, 0, 1, 1, 0, 1, 1, 0, 1, 1])
print('复习情况 X_train: \n', X_train)
```

输出：

```
复习情况 X_train:
 [[0.  0. ]
 [2.  0.9]
 [3.  0.4]
 [4.  0.9]
 [5.  0.4]
 [6.  0.4]
 [6.  0.8]
 [6.  0.7]
 [7.  0.2]
 [7.5 0.8]
 [7.  0.9]
 [8.  0.1]
 [8.  0.6]
 [8.  0.8]]
```

（2）创建并训练逻辑回归模型。

```
from sklearn.linear_model import LogisticRegression
logistic = LogisticRegression(solver='lbfgs', C=10)
logistic.fit(X_train, y_train)
```

```
# 测试数据
X_test = [(3,0.9), (8,0.5), (7,0.2), (4,0.5), (4,0.7)]
y_test = [0, 1, 0, 0, 1]
score = logistic.score(X_test, y_test)
print('测试模型得分：', score)
```

输出：

```
测试模型得分： 0.8
```

（3）预测单个学生的考试结果，并输出预测结论。

```
# 预测学生的学习时长为8，学习效率为0.9
learning = np.array([(8, 0.9)])
result = logistic.predict(learning)
result_proba = logistic.predict_proba(learning)
print('复习时长为{0}，效率为{1}'.format(learning[0,0], learning[0,1]))
print('不及格的概率为{0:.2f}，及格的概率为{1:.2f}'.format(result_proba[0,0],
result_proba[0,1]))
print('综合判断期末考试结果：{}'.format('及格' if result==1 else '不及格'))
```

输出：

```
复习时长为8.0，效率为0.9
不及格的概率为0.03，及格的概率为0.97
综合判断期末考试结果：及格
```

4．应用实例2：判断肿瘤是良性还是恶性

本应用实例使用sklearn内置的乳腺肿瘤数据集作为训练集。该数据集包括569个病人的生理数据（30个属性）及是否患有肿瘤的标签（标签0表示没有肿瘤，标签1表示有肿瘤），我们希望使用逻辑回归模型对数据集进行拟合，使拟合后的逻辑回归模型可以预测病人是否患有肿瘤。

（1）导入乳腺肿瘤数据集。

```
import numpy as np
# 导入breast_cancer数据集
from sklearn.datasets import load_breast_cancer
# 加载breast_cancer数据集
cancer = load_breast_cancer()
# “data”是特征数据
X = cancer.data
# “target”是目标变量数据（肿瘤的类别标签）
y = cancer.target
# 查看特征数据的维度
print('breast_cancer数据集的维度为', X.shape)
# 查看肿瘤的类别标签
print('breast_cancer数据集的类别标签为', np.unique(y))
# 打印数据集中标注好的肿瘤分类
print('肿瘤分类：', cancer['target_names'])
```

输出：

```
breast_cancer 数据集的维度为(569, 30)
breast_cancer 数据集的类别标签为[0 1]
肿瘤分类： ['malignant' 'benign']
```

（2）将 breast_cancer 数据集划分为训练集和测试集。

```
# 导入数据集拆分工具
from sklearn.model_selection import train_test_split
# 将数据集拆分为训练集和测试集
X_train, X_test, y_train, y_test = train_test_split(X, y, test_size=0.2,
random_state=23)
# 打印训练集中的数据形态
print('训练集中的数据形态：', X_train.shape)
# 打印训练集中的标签形态
print('训练集中的标签形态：', y_train.shape)
# 打印测试集中的数据形态
print('测试集中的数据形态：', X_test.shape)
# 打印测试集中的标签形态
print('测试集中的标签形态：', y_test.shape)
```

输出：

```
训练集数据形态： (455, 30)
训练集标签形态： (455,)
测试集数据形态： (114, 30)
测试集标签形态： (114,)
```

（3）对数据集进行标准化处理。对数据集进行标准化处理，可以加快模型的优化效率，并且使优化结果更好。

```
# 导入 StandardScaler
from sklearn.preprocessing import StandardScaler
# 对训练集拟合生成规则
scaler = StandardScaler().fit(X_train)
# 对训练集数据进行转换
X_train_scaled = scaler.transform(X_train)
# 对测试集数据进行转换
X_test_scaled = scaler.transform(X_test)
print('标准化前训练集数据的最小值和最大值：{0}, {1}'.format(X_train.min(),
X_train.max()))
print('标准化后训练集数据的最小值和最大值：{0:.2f},
{1:.2f}'.format(X_train_scaled.min(), X_train_scaled.max()))
print('标准化前测试集数据的最小值和最大值：{0}, {1}'.format(X_test.min(),
X_test.max()))
print('标准化后测试集数据的最小值和最大值：{0:.2f},
{1:.2f}'.format(X_test_scaled.min(), X_test_scaled.max()))
```

输出：

```
标准化前训练集数据的最小值和最大值：0.0, 3432.0
标准化后训练集数据的最小值和最大值：-3.09, 11.68
标准化前测试集数据的最小值和最大值：0.0, 4254.0
标准化后测试集数据的最小值和最大值：-2.39, 12.08
```

（4）构建逻辑回归模型，并对其进行训练。

```
# 导入逻辑回归模型
from sklearn.linear_model import LogisticRegression
# 构建模型对象
log_reg = LogisticRegression(solver='lbfgs')
# 对模型进行训练
log_reg.fit(X_train_scaled, y_train)
print('训练集得分：{:.2f}'.format(log_reg.score(X_train_scaled, y_train)))
```

输出：

```
训练集得分：0.99
```

（5）逻辑回归模型分析与评估。

```
# 查看模型各特征的相关系数、截距和迭代次数
print('模型各特征的相关系数：\n', log_reg.coef_)
print('模型的截距：', log_reg.intercept_)
print('模型的迭代次数：', log_reg.n_iter_)
```

输出：

```
模型各特征的相关系数：
 [[-0.27606602 -0.30310086 -0.29072665 -0.3524495  -0.08887332  0.69489667
  -0.83159164 -0.90390551  0.04029888  0.36520447 -1.19757111  0.35202956
  -0.74109251 -0.97521346 -0.27495612  0.6191506   0.25707841 -0.35592781
   0.17637931  0.52153286 -0.87737574 -1.40343681 -0.76559961 -0.90697874
  -0.79031648 -0.01037606 -0.93300924 -0.95154361 -0.90587541 -0.17442082]]
模型的截距： [0.10606283]
模型的迭代次数： [32]

# 测试集的准确率
test_score = log_reg.score(X_test_scaled, y_test)
# 预测类别标签
test_pred = log_reg.predict(X_test_scaled)
# 类别的概率估计
test_prob = log_reg.predict_proba(X_test_scaled)
print('测试集的准确率：{:.2f}'.format(test_score))
print('预测测试集的前 5 个结果：', test_pred[:5])
print('测试集前 5 个对应类别的概率：\n', np.round(test_prob[:5], 3))
```

输出：

```
测试集的准确率：0.98
预测测试集的前 5 个结果： [1 0 0 1 0]
测试集前 5 个对应类别的概率：
```

```
[[0.004 0.996]
[0.54  0.46 ]
[1.    0.   ]
[0.034 0.966]
[0.998 0.002]]
```

任务 3 Lasso 回归

Lasso 回归和岭回归

任务描述

本任务旨在使学生理解 Lasso 回归的基本原理，以及能够利用 Lasso 回归解决实际问题。

知识准备

具备基础的微积分和线性代数知识。

1. 过拟合与欠拟合

过拟合与欠拟合是机器学习和统计学中常见的两种现象，描述了模型对训练数据和未知数据的拟合程度。

过拟合发生在模型对训练数据学习得太好时，以至于模型开始捕捉到训练数据中的噪声和异常点，而不仅是底层的数据分布。这意味着模型在训练数据上表现得非常好，但在新的、未见过的数据上表现得较差，因为它无法很好地泛化。

欠拟合发生在模型未能充分学习训练数据中的结构，即模型太简单，不能捕捉基本的数据关系时。这通常是由模型不够复杂，无法捕捉数据中所有的信号造成的。结果是，模型在训练数据上表现不佳，在新的、未见过的数据上也表现不佳。

过拟合与欠拟合图像示例如图 4.13 所示。我们称图 4.13（a）中的拟合线是欠拟合的，可以看出该图中点的结构并没有被这条直线真正学习到。相反，我们称图 4.13（c）中的拟合线是过拟合的，可以看到它开始捕捉训练数据中的噪声和异常点，而不仅是底层的数据分布。相比之下，图 4.13（b）中曲线的拟合情况是较好的。

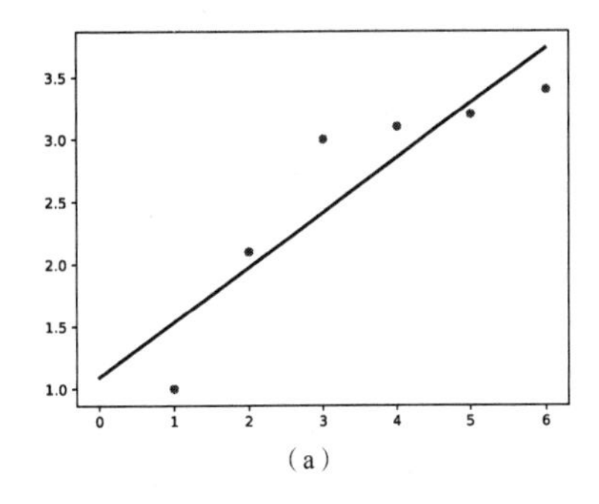

（a）

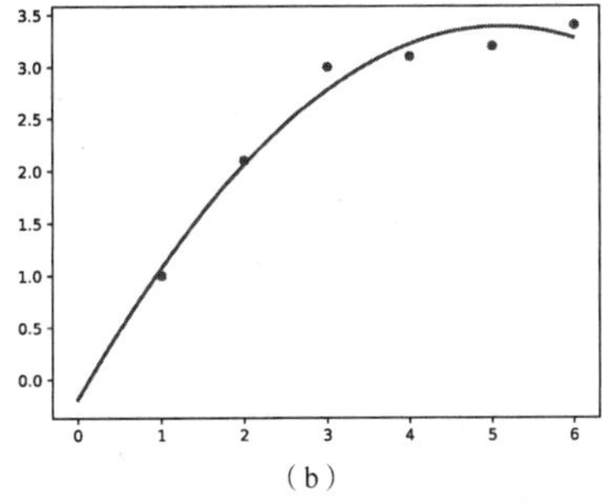

（b）

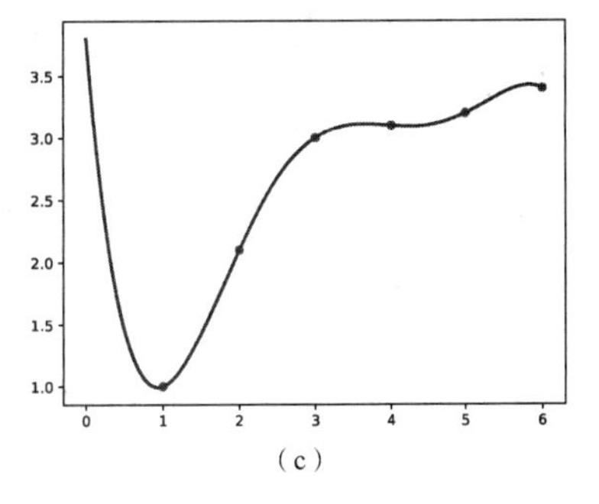

（c）

图 4.13 过拟合与欠拟合图像示例

一般而言，影响过拟合和欠拟合的最大因素是模型的复杂度。模型越复杂，就越容易出现过拟合的情况；模型越简单，就越容易出现欠拟合的情况。我们可以理解为：模型越复杂，它的表示能力就越强，甚至可以“死记硬背”所有的数据，而不是“学习”；而模型越简单，它的表示能力就越弱，甚至没有能力“学习”数据中的知识！

2．什么是 Lasso 回归

前面我们说了，模型太复杂，容易出现过拟合的情况；而模型太简单，则容易出现欠拟合的情况。那么我们应该怎样选择一个恰当的模型呢？

一般而言，我们的做法是先选择一个稍微复杂的模型，再在训练模型时控制它的复杂度。这种控制模型复杂度的方法被称为正则化。Lasso 回归其实就是对线性回归模型的 L_1 正则化。

3．Lasso 回归的求解

前面我们说了，Lasso 回归就是对线性回归模型的 L_1 正则化，那么什么是 L_1 正则化呢？

假设 $\boldsymbol{x}=\left[x_1,x_2,\cdots,x_n\right]^{\mathrm{T}}$，那么将 $\boldsymbol{x}$ 的 p 范数定义为

$$\|\boldsymbol{x}\|_p=\left(\sum_{i=1}^{n}|x_i|^p\right)^{\frac{1}{p}}\quad(1\leqslant p<+\infty)$$

例如，$\boldsymbol{x}$ 的 1 范数为

$$\|\boldsymbol{x}\|_1=\sum_{i=1}^{n}|x_i|$$

Lasso 回归的模型与策略与线性回归模型基本相同，唯一的区别在于 Lasso 回归在线性回归模型的原始损失函数的基础上加了一个模型参数的 1 范数（对模型的 L_1 正则化）。所以，Lasso 回归的损失函数为

$$L(\boldsymbol{w})=\frac{1}{2}\sum_{i=1}^{n}\left(y_i-\widehat{y_i}\right)^2+\lambda\|\boldsymbol{w}\|_1\quad(\lambda>0)$$

其中，$\hat{y}=\boldsymbol{w}^{\mathrm{T}}\boldsymbol{x}+b=w_1x_1+w_2x_2+\cdots+w_nx_n+b$，$\boldsymbol{w}=\left[w_1,w_2,\cdots,w_n,b\right]^{\mathrm{T}}$，$\boldsymbol{x}=\left[x_1,x_2,\cdots,x_n,1\right]^{\mathrm{T}}$，这里把参数 b 也放入了参数 $\boldsymbol{w}$，在 $\boldsymbol{x}$ 的最后加了一个 1，这种表示方式更加简洁；λ 为惩罚系数，用于调整正则化项与训练误差的比例。

下面就可以使用梯度下降算法对损失函数 $L(\boldsymbol{w})$ 进行优化了。优化结束后，可以找到一个模型参数 $\boldsymbol{w}$。

根据机器学习三要素，即模型、策略和算法，可以把 Lasso 回归总结为以下几点。

（1）模型。

$$h_w(\boldsymbol{x})=\hat{y}=\boldsymbol{w}^{\mathrm{T}}\boldsymbol{x}$$

（2）策略（也就是定义一个损失函数，并且通过优化模型的参数最小化它）。

$$\min L(\boldsymbol{w})=\frac{1}{2}\sum_{i=1}^{n}\left(y_i-\widehat{y_i}\right)^2+\lambda\|\boldsymbol{w}\|_1\quad(\lambda>0)$$

（3）算法：梯度下降算法。

4．应用实例：调用 Lasso 回归算法拟合生成的数据

本应用实例的目标是通过调用 Lasso 回归算法，拟合生成的数据，得到 Lasso 回归模型，之后评估得到的 Lasso 回归模型。

（1）生成用于 Lasso 回归模型的有两个特征的数据集。

```
#导入数据集拆分工具
from sklearn.model_selection import train_test_split
```

```
#导入线性模型模块
from sklearn import linear_model
#导入回归数据生成器
from sklearn.datasets import make_regression
#生成用于回归分析的有两个特征的数据集
X,y = make_regression(n_samples=100,n_features=2,n_informative=2, random_state
=38)
```

（2）使用 Lasso 回归模型对数据进行拟合，并输出 Lasso 回归模型的系数、截距。

```
#拆分数据
X_train,X_test,y_train,y_test = train_test_split(X,y,random_state=8)
#创建 Lasso 回归模型实例
sk_lasso = linear_model.Lasso(alpha=0.1)
#训练模型
sk_lasso.fit(X_train, y_train)
#预测数据
y_predict = sk_lasso.predict(X_test)
print('')
print('==============================')
print('sk_lasso.coef_:{}'.format(sk_lasso.coef_[:]))
print('sk_lasso.intercept_: {}'.format(sk_lasso.intercept_))
print('==============================')
```

输出：

```
==============================
sk_lasso.coef_:[70.31203832  7.35499821]
sk_lasso.intercept_: 0.03263837572072603
==============================
```

（3）Lasso 回归模型的性能评估。

```
#导入均方误差评估模块
from sklearn.metrics import mean_squared_error
#均方误差评估
mse = mean_squared_error(y_test, y_predict)
print('')
print('==============================')
print("均方误差: \n", mse)
print('==============================')
```

输出：

```
==============================
均方误差:
 0.012899170247699461
==============================
```

任务 4　岭回归

任务描述

本任务旨在使学生理解岭回归的基本原理，以及能够利用岭回归解决实际问题。

知识准备

具备基础的微积分和线性代数知识。

1．什么是岭回归

岭回归也是一种控制模型复杂度，避免模型过拟合的方法。和 Lasso 回归不同的是，岭回归使用的是 L_2 正则化，就是对线性回归模型的 L_2 正则化。而在原始损失函数上加一个模型参数的 2 范数就是对模型的 L_2 正则化。

2．岭回归的求解

由向量范数的定义可知，$\boldsymbol{x}=\left[x_1,x_2,\cdots,x_n\right]^{\mathrm{T}}$ 的 2 范数为

$$\|\boldsymbol{x}\|_2=\left(\sum_{i=1}^{n}x_i^2\right)^{\frac{1}{2}}$$

所以，岭回归的损失函数为

$$L(\boldsymbol{w})=\frac{1}{2}\sum_{i=1}^{n}\left(y_i-\widehat{y_i}\right)^2+\lambda\|\boldsymbol{w}\|_2\quad(\lambda>0)$$

其中，$\hat{y}=\boldsymbol{w}^{\mathrm{T}}\boldsymbol{x}=w_1x_1+w_2x_2+\cdots+w_nx_n+b$，$\boldsymbol{w}=\left[w_1,w_2,\cdots,w_n,b\right]^{\mathrm{T}}$，$\boldsymbol{x}=\left[x_1,x_2,\cdots,x_n,1\right]^{\mathrm{T}}$；$\lambda$ 为正则化系数，用于调整正则化项与训练误差的比例。

下面就可以使用梯度下降算法对损失函数 $L(\boldsymbol{w})$ 进行优化了。优化结束后，可以找到一个合适的模型参数 $\boldsymbol{w}$。

根据机器学习三要素，即模型、策略和算法，可以把岭回归总结为以下几点。

（1）模型。

$$h_w(\boldsymbol{x})=\hat{y}=\boldsymbol{w}^{\mathrm{T}}\boldsymbol{x}$$

（2）策略（也就是定义一个损失函数，并且通过优化模型的参数最小化它）。

$$\min L(\boldsymbol{w})=\frac{1}{2}\sum_{i=1}^{n}\left(y_i-\widehat{y_i}\right)^2+\lambda\|\boldsymbol{w}\|_2\quad(\lambda>0)$$

（3）算法：梯度下降算法。

3．应用实例：调用岭回归算法拟合生成的数据

本应用实例的目标是通过调用岭回归算法，拟合生成的数据，得到岭回归模型，之后评估得到的岭回归模型。

（1）生成用于岭回归模型的有两个特征的数据集。

```
#导入数据集拆分工具
from sklearn.model_selection import train_test_split
```

```
#导入线性模型模块
from sklearn import linear_model
#导入回归数据生成器
from sklearn.datasets import make_regression
#生成用于回归分析的有两个特征的数据集
X,y = make_regression(n_samples=100,n_features=2,n_informative=2,
random_state=38)
```

（2）使用岭回归模型对数据进行拟合，并输出岭回归模型的系数、截距。

```
#拆分数据
X_train,X_test,y_train,y_test = train_test_split(X,y,random_state=8)
#创建岭回归模型实例
sk_ridge = linear_model.Ridge(alpha=0.1)
#训练模型
sk_ridge.fit(X_train, y_train)
#预测数据
y_predict = sk_ridge.predict(X_test)
print('')
print('================================')
print('sk_ridge.coef_:{}'.format(sk_ridge.coef_[:]))
print('sk_ridge.intercept_: {}'.format(sk_ridge.intercept_))
print('================================')
```

输出：

```
================================
sk_ridge.coef_:[70.31051444  7.43060218]
sk_ridge.intercept_: 0.019568050884441135
================================
```

（3）岭回归模型的性能评估。

```
#导入均方误差评估模块
from sklearn.metrics import mean_squared_error
#均方误差评估
mse = mean_squared_error(y_test, y_predict)
print('')
print('================================')
print("均方误差：\n", mse)
print('================================')
```

输出：

```
================================
均方误差：
 0.003946870637940167
================================
```

总结

在本项目中，我们深入研究了机器学习中的线性模型。这是一类强大而直观的工具，用于描述输入特征与输出变量之间的关系。关于机器学习中的线性模型，我们重点探讨了以下几个方面的内容。

（1）线性回归模型是一种用于解决回归问题的基本模型。通过假设输入特征与输出变量之间存在线性关系，我们研究了如何通过最小化损失函数来找到最佳拟合直线。线性回归为理解和预测数值型变量之间的关系提供了简单而强大的工具。

（2）逻辑回归模型是处理分类问题的线性模型。尽管其名字中带有“回归”，但其实际上用于估计概率，并通过逻辑函数将线性组合的结果映射到[0,1]区间内，用于表示属于某个类别的概率。逻辑回归在二分类和多分类问题中都有广泛的应用。

（3）Lasso 回归引入了正则化项，通过最小化损失函数和正则化项的和来找到最佳模型。其中，L_1 正则化有助于产生稀疏权重，从而对特征进行选择。这对于处理高维数据和特征选择问题非常有用。

（4）岭回归是另一种应用正则化的线性回归方法，使用 L_2 正则化项。与 Lasso 回归不同，岭回归在权重的平方和上施加惩罚，有助于处理共线性问题和提高模型的泛化性能。

在本项目中，学生不仅能够学习这些线性模型的基本原理，还能够了解它们的应用场景和优劣势。这些知识将为学生在实际问题中选择和调整线性模型提供有力的依据，并为学生深入学习更复杂的机器学习模型打下一定的基础。

项目考核

一、选择题

1．线性回归的主要用途是（　　）。

A．对数据进行分类　　B．预测数值型响应变量的值

C．降低数据维度　　D．增强数据的对比度

2．逻辑回归通常用于解决（　　）问题。

A．数值预测　　B．数据聚类　　C．分类　　D．特征选择

3．Lasso 回归在优化过程中使用的是（　　）正则化项。

A．L_1 范数　　B．L_2 范数

C．L_1 和 L_2 范数的和　　D．最小二乘误差

4．岭回归的特点是（　　）。

A．产生稀疏模型，即许多系数为 0

B．不能处理多重共线性问题

C．能对系数进行 L_2 范数惩罚，以处理共线性问题

D．只适用于非线性模型

5．在逻辑回归中，输出变量的范围是（　　）。

A．0～1　　B．任意实数

C．−1～1　　D．0 或 1

6．在岭回归中，增大惩罚系数 λ 的效果是（　　）。

A．提高了模型的复杂度　　B．降低了模型的复杂度

C．增大了模型的偏差　　D．减小了模型的偏差

二、填空题

1．在线性回归中，模型试图通过最小化_________来拟合数据，这个量度是实际观测值和模型预测值之间差异的平方和。

2．逻辑回归与线性回归不同。前者使用了_________函数，将线性方程的输出映射到[0,1]区间内，使其可以进行概率预测。

3．Lasso 回归通过引入_________正则化项进行变量选择和正则化，有助于生成一个稀疏模型，其中一些系数可以被压缩至 0。

4．岭回归中的惩罚系数 λ 控制了对系数的惩罚强度。当 λ 值增大时，模型的复杂度_________，有助于防止过拟合。

三、简答题

1．为什么逻辑回归适合处理分类问题？

2．岭回归与 Lasso 回归在处理过拟合问题方面有何不同？

四、综合任务

1．背景

个人信贷是银行等金融机构提供的一种服务，它们需要评估申请人的信贷风险，以决定是否批准贷款及贷款的条款。使用机器学习模型可以帮助这些金融机构实现信贷风险评估过程的自动化，提高决策的准确性和效率。通过这个综合任务，学生将有机会在现实世界的问题上应用不同的线性模型，从数据预处理到模型训练、评估和优化，全面体验机器学习项目的工作流程。这不仅有助于加深学生对理论知识的理解，还能提高学生解决实际问题的能力。

2．数据来源

使用公开可用的德国信贷数据集来完成此任务。这个数据集是在机器学习和信贷风险评估领域广泛使用的标准数据集，包含关于贷款申请人及其贷款申请的各种特征，以及贷款是否违约的标签。本数据集提供了 20 个属性（13 个类别属性+7 个数字属性）、1000 个实例。

3．数据预处理

（1）数据清洗。检查并处理缺失值，可能需要填充缺失值或删除缺失数据的记录。

（2）数据转换。对类别变量进行编码（例如使用独热编码处理非数值特征），以及对数值特征进行标准化或归一化处理，使其更适合用于模型训练。

（3）数据分割。将数据集分割为训练集和测试集，通常分割的比例为 70%的训练集和 30%的测试集，以确保模型能在未见过的数据上进行评估。

4．机器学习建模

（1）信贷额度预测（线性回归）。

目标与方法：使用线性回归模型，根据申请人的个人和财务信息预测可能获批的信贷额度。

模型训练与评估：训练模型，并使用均方误差或均方根误差来评估模型在测试集上的性能。

（2）贷款违约预测（逻辑回归）。

目标与方法：基于相同的特征集，使用逻辑回归模型预测申请人违约的概率。

模型训练与评估：除了需要计算准确率，还需要计算召回率、精确率和 F_1 分数，以全面评估模型性能。

（3）特征选择与优化（Lasso 回归）。

目标与方法：应用 Lasso 回归来确定对于预测违约概率最重要的特征。

特征选择：通过调整 Lasso 回归的惩罚系数 λ，观察不同的特征如何被模型选中或排除。

模型优化：根据 Lasso 回归的结果优化逻辑回归模型，仅使用选中的特征重新训练模型，并与优化前的逻辑回归模型比较性能。

（4）处理多重共线性问题（岭回归）。

目标与方法：如果发现数据特征间存在多重共线性问题，则使用岭回归模型来改善信贷额度预测过程。

模型训练与调参：通过调整岭回归中的惩罚系数 λ，并利用交叉验证找到最优值，以最小化测试集上的预测误差。

性能评估：比较岭回归模型与原始线性回归模型的性能，特别是在预测误差和模型稳定性方面。

项目 5

感知机与 SVM

项目介绍

在中国，智慧城市的建设已经成为城市发展的重要方向。感知机和 SVM 等技术可以应用于智慧城市的各个方面。例如，通过分析交通流量数据，可以预测交通拥堵情况，优化交通管理；通过分析环境数据，可以预测空气质量，提醒市民采取相应的防护措施。这样的技术不仅能提高城市管理的效率和质量，还能让市民享受到更加便捷和舒适的生活。

知识目标

- 掌握感知机的基本原理和算法实现方法，理解其在线性分类问题中的应用；熟悉 SVM 的基本概念和分类原理，包括核函数的选择和应用；了解感知机与 SVM 之间的联系和区别，以及它们在机器学习领域的重要性。

能力目标

- 能够运用感知机算法解决简单的线性分类问题，完成数据的二分类任务；能够根据具体问题选择合适的核函数，构建和训练 SVM，实现非线性数据的分类。

素养目标

- 理解技术的社会责任和伦理道德，明确人工智能技术在社会发展中的正面和负面影响，具备科技素养和社会责任感。

任务 1　感知机

任务描述

通过本任务，学生将学习并实现感知机算法，掌握其在二分类问题中的应用，并学会评估模型性能。

知识准备

了解感知机的工作原理，具备 Python 编程基础知识，了解机器学习的基本概念和评估指标。

1. 重要名词解释

1）超平面

超平面是一个纯粹的数学概念，用于将线性空间分割成不相交的几部分。在二维空间中，直线将平面分割成两个部分；在三维空间中，平面将空间分割成两个部分。而超平面是更高维度的直线或平面，可以用于解决许多数学和物理问题。

2）线性可分

线性可分指的是在某个或多个维度上，数据的两个或多个类别可以被一条直线、一个平面或一个超平面分开。这意味着，在这个或这些维度上，不同类别的数据点在空间中的位置是不同的，它们被分成了两个或多个互不重叠的区域。

例如，在一个二维空间中，两个类别可以通过一条直线分开。如果一个点与其中一个类别在这条直线的同一侧，那么这个点就属于该类别；如果一个点与其中一个类别分别在这条直线的两侧，那么这个点就属于另一个类别。

如果存在一个或多个维度，可以使数据在这个或这些维度上被一条直线、一个平面或一个超平面分开，就可以称这个数据集是线性可分的。

3）线性不可分

线性不可分对应线性可分，不存在可以将两类样本完全分开的直线、平面或超平面。例如，在二维空间中，我们无法用一条直线将一个不规则的三角形和一个圆形分开。

4）sign 符号函数

sign 符号函数是一种常见的数学函数，可以将一个实数映射为它的符号，即将正数映射为 1、负数映射为-1、0 映射为 0，在数学、工程、计算机科学等领域中都有广泛的应用。

sign 符号函数是一种分段函数，具体定义如下。

$$\mathrm{sign}(x)=\begin{cases}1 & (x>0)\\ 0 & (x=0)\\ -1 & (x<0)\end{cases}$$

5）学习率

学习率是指导我们如何利用损失函数的梯度调整网络权重的超参数。通过设置学习率，可以控制参数更新的速度。在训练神经网络时，参数权重是通过不断训练得出的，这个参数每一次增加或减少的数值是通过学习率来控制的。合适的学习率能够使目标函数在合适的时间内收敛到局部最小值。

2. 什么是感知机

感知机的概念与原理

感知机是由 Rosenblatt（见图 5.1）于 1957 年提出的一种简单的二分类模型。其输入为实例的特征向量，输出为实例的类别（类别结果为+1 或−1）。它是一种线性模型，可以视为最简单形式的 FNN。感知机的目标是找到一个将输入的特征向量分为正、负两类的分离超平面。该超平面将输入空间划分为两个区域，使得正例和反例位于不同的区域。

图 5.1 感知机提出者 Rosenblatt

感知机具有下列优势。

（1）计算简单。感知机的计算相对简单，尤其是对于大规模数据集的处理。由于感知机的构造简单，因此它只需要进行一些基本的线性运算即可得出结果。

（2）可解释性强。感知机是一个二元线性分类模型。其决策边界可以直观地解释为超平面。这使得其结果易于理解和解释，而不需要像深度学习模型那样解释 CNN 等的复杂结构。

（3）可以解决线性可分问题。感知机只适用于解决线性可分问题，这类问题在实际应用中广泛存在。对于线性不可分问题，感知机则无法得出正确的结果。

（4）能够有效处理大规模数据集。对于大规模数据集，感知机可以快速地训练，并且可以高效地预测。

（5）具有广泛的应用领域。感知机不仅在二分类问题上有广泛的应用，还可以扩展到多分类问题上和其他机器学习任务中。

3. 感知机的求解

感知机的求解

感知机简单易懂，易于训练和实现，因此在机器学习和人工智能领域得到了广泛应用。同时，感知机也是其他更复杂的神经网络模型（如深度神经网络和 SVM 等）的基础。

感知机的基本思想为：假设输入 x 表示实例的特征向量，对应输入空间的点；输出 y 表示实例的类别。

为了求解对训练数据进行线性划分的分离超平面，需要引入基于误分类的损失函数。具体而言，如果一个实例被误分类，那么损失函数的值就会增大。因此，损失函数可以表示为误判点到分离超平面的距离。

感知机算法的大致步骤如下。

（1）对每个训练样本进行初始化。

（2）对每个样本进行迭代更新，以最小化损失函数。具体而言，损失函数最小化问题可以转化为求解超平面问题，也就是要找到使损失函数最小的 $\boldsymbol{w}$、b。在这个过程中，需要计算梯度，并使用梯度下降算法进行参数更新。

感知机算法的原始形式可以像下面这样表示。

输入：包含 n 条训练数据的训练集 $D=(\boldsymbol{x}_1,y_1),(\boldsymbol{x}_2,y_2),\cdots,(\boldsymbol{x}_n,y_n)$，学习率为 η（$0<\eta\leqslant 1$）。

输出：最终模型 $f(x)=\text{sign}(\boldsymbol{w}^{\text{T}}\boldsymbol{x}+b)$。

步骤：

（1）选定参数初始值 $\boldsymbol{w}_0$、b_0。

（2）在训练集中选取训练数据 $(\boldsymbol{x}_i,y_i)$。

（3）如果 $y_i(\boldsymbol{w}^{\text{T}}\boldsymbol{x}_i+b)\leqslant 0$，则

$$\boldsymbol{w} = \boldsymbol{w} + \eta y_i \boldsymbol{x}_i$$
$$b = b + \eta y_i$$

（4）跳转至第（2）步，直至训练集中没有误分类点。

下面我们来对该算法进行解释。感知机属于线性分类模型。它所适用的数据集特征为线性可分的，比如最简单的任务：用一条直线将一组二维向量区分开。区分的方式有多种，感知机的目标是找到其中一种区分方式。

假设我们有一组训练集 $D = (\boldsymbol{x}_1, y_1), (\boldsymbol{x}_2, y_2), \cdots, (\boldsymbol{x}_n, y_n)$，我们的目标是找到一个超平面 $\boldsymbol{w}^{\mathrm{T}}\boldsymbol{x} + b$，而 $\boldsymbol{w}$、b 则是我们需要确定的参数。从数学角度出发，$\boldsymbol{w}$ 是我们所寻找的超平面的法向量，b 则是该超平面的截距。

因为我们求解的是分类任务，所以我们更加关注的是分类错误的点，以此构建我们的损失函数。当分类错误时，我们可以得到 $y_i(\boldsymbol{w}^{\mathrm{T}}\boldsymbol{x}_i + b) \leqslant 0$。因为在一般的模型学习过程中，我们习惯求解损失函数的最小值，所以变换形式，如 $-y_i(\boldsymbol{w}^{\mathrm{T}}\boldsymbol{x}_i + b) > 0$，可以将需要求解的目标转换为

$$\min_{\boldsymbol{w},b} = \sum_{i=1}^{n} -y_i(\boldsymbol{w}^{\mathrm{T}}\boldsymbol{x}_i + b)$$

最后，我们使用学习率为 η 的梯度下降算法来求解该最小化问题。

在 sklearn 中，可以使用 Perceptron 类来实现感知机算法。感知机是一种线性分类器，基于输入特征的加权求和与阈值的比较来做出二分类决策。以下是在 sklearn 中使用感知机的简单示例。

首先，导入必要的库和模块。

```
    from sklearn.datasets import make_classification    # 用于生成模拟分类数据集
    from sklearn.model_selection import train_test_split  # 用于将数据集划分为训练
集和测试集
    from sklearn.preprocessing import StandardScaler    # 用于数据标准化
    from sklearn.linear_model import Perceptron         # 感知机分类器
    from sklearn.metrics import accuracy_score          # 用于计算模型的准确率
```

然后，对数据进行一些处理，提升训练效果。

```
    # 生成模拟数据集
    X, y = make_classification(n_samples=100, n_features=2, n_informative=2,
n_redundant=0, random_state=42)
    '''
    n_samples=100：生成 100 个样本。
    n_features=2：每个样本都有两个特征。
    n_informative=2：两个特征都是信息性的，即都对分类有贡献。
    n_redundant=0：没有冗余特征。
    random_state=42：设置随机数生成器的种子，以确保每次运行代码时都生成相同的数据集。
    '''

    # 将数据集划分为训练集和测试集
    X_train, X_test, y_train, y_test = train_test_split(X, y, test_size=0.2,
random_state=42)
    '''
    test_size=0.2：将数据集划分为训练集（占 80%）和测试集（占 20%）。
    random_state=42：用于确保划分的一致性。
```

```
'''

# 数据标准化（对感知机来说不是必需的，但通常是一个好习惯）
scaler = StandardScaler()
X_train_scaled = scaler.fit_transform(X_train)
X_test_scaled = scaler.transform(X_test)
'''
StandardScaler：将数据标准化，使其均值为 0、标准差为 1。
fit_transform(X_train)：用训练数据拟合 scaler，并转换训练数据。
transform(X_test)：用训练数据拟合得到的 scaler 转换测试数据。
'''

#print(X_train_scaled,X_test_scaled)
```

通过打印标准化处理后的训练与测试数据，可以得到如下结果。

```
[[-1.17499051 -1.24938488]
 [-1.39167206  0.26806057]
 [ 0.55921952 -1.15449099]
 [-0.34595337  1.36057778]
 [ 0.9943245   0.69455834]
 [-1.06248917 -1.36835759]
 [ 0.32001766  0.59438557]
 [ 0.97947403 -0.81986218]
 [ 0.2617604  -1.5715904 ]
 [-0.76351031  0.88392376]
 [ 0.1159698   0.47781655]
...
```

接着，创建并训练感知机。

```
# 创建感知机分类器实例
perceptron = Perceptron(max_iter=100, tol=1e-3, random_state=42)

# 训练感知机
perceptron.fit(X_train_scaled, y_train)
'''
max_iter=1000：将最大迭代次数设置为 1000 次。
tol=1e-3：将收敛容忍度设置为 0.001，即当权重更新的幅度小于这个值时，算法停止迭代。
random_state=42：设置随机数生成器的种子。
fit(X_train_scaled, y_train)：用标准化的训练数据和对应的标签来训练感知机。
'''
```

最后，用训练好的感知机对测试集数据进行预测，并评估该模型的准确率。

```
# 预测测试集
y_pred = perceptron.predict(X_test_scaled)

# 计算准确率
```

```
accuracy = accuracy_score(y_test, y_pred)
print(f"Accuracy: {accuracy}")
'''
predict(X_test_scaled)：使用训练好的感知机对测试集进行预测。
accuracy_score(y_test, y_pred)：计算预测结果 y_pred 与真实标签 y_test 之间的准确率。
print(f"Accuracy: {accuracy}")：打印出模型的准确率。
'''
```

打印结果如下：

```
Accuracy: 1.0
```

感知机是一种简单的二分类的线性模型，有许多局限性，具体如下。

（1）无法处理非线性分类问题。当数据的分布状态不是线性可分时，感知机无法正确地进行分类。

（2）无法处理多类别的分类问题。感知机只能处理二分类问题，对于多类别的分类问题，需要使用其他模型或策略进行处理。

（3）对数据预处理的要求较高。对于特征值较大的数据，需要进行归一化处理，以避免由于特征值大小不同而导致的分类不准确问题。

（4）无法处理缺失数据。在训练和使用感知机时，需要确保数据的完整性。对于缺失的数据，需要填充或进行其他处理。

（5）对噪声数据较为敏感。当数据中存在噪声数据时，感知机的分类性能可能会受到影响，导致分类准确率下降。

（6）无法处理连续输入的数据。感知机只能处理离散输入的数据。对于连续输入数据，需要进行离散化处理，这可能会对分类结果产生影响。

（7）训练时间较长。对于大规模数据集，感知机的训练时间可能会较长，需要使用高效的算法和计算资源。

因此，在选择使用感知机算法处理分类问题时，需要根据具体的数据集和问题来评估其可行性和效果。感知机适合处理线性可分的数据集的二分类问题，如网站某个广告位的点击预估、垃圾邮件的识别等。对于线性不可分的数据集或复杂问题，感知机的能力有限。

4．感知机的应用实例

Iris 数据集是一个常用于多元变量分析的资料集。这个数据集包含 150 个样本，150 个样本被划分为 3 个类别，每个类别都包含 50 个样本，每个样本都有 4 个特性。这些特性用来预测和描述鸢尾花的 4 个属性：花萼长度、花萼宽度、花瓣长度和花瓣宽度。

Iris 数据集以真实的鸢尾花属性为基础，因此在归类任务中的使用非常频繁。这个数据集是由 3 个不同品种的鸢尾花提供的 50 个样本数据所构成的。在这些数据中，有 1 个品种的鸢尾花与另外 2 个品种在图形上是线性可分的，而剩下的两个品种在图形上则是线性不可分的。

Iris 数据集的属性包括 4 个特征属性、1 个标签属性，如表 5.1 所示。

表 5.1　Iris 数据集的属性

Sepal Length	Sepal Width	Petal Length	Petal Width	Label
花萼长度	花萼宽度	花瓣长度	花瓣宽度	标签/分类

在 Iris 数据集中，标签的枚举值如下：山鸢尾（Iris-Setosa）、变色鸢尾（Iris-Versicolor）及维吉尼亚鸢尾（Iris-Virginica）。我们选取线性可分的品种山鸢尾、变色鸢尾进行实践应用。

要根据 4 个特征属性，将鸢尾花区分为山鸢尾和变色鸢尾两个品种。我们选取其中的花萼长度、花萼宽度两个特征进行训练和验证，在后续讲解 PCA 降维时，我们会说明为什么仅选取两个维度也是可行的。代码实现的具体过程如下。

首先，引入相关包，并加载 Iris 数据集。

```
import pandas as pd
import numpy as np
from sklearn.datasets import load_iris
import matplotlib.pyplot as plt
from sklearn.linear_model import Perceptron

#加载 Iris 数据集
iris = load_iris()
df = pd.DataFrame(iris.data, columns=iris.feature_names)
df['label'] = iris.target
df.columns = ['sepal length', 'sepal width', 'petal length', 'petal width',
'label']
df.label.value_counts()
```

输出如下：

```
0    50
1    50
2    50
Name: label, dtype: int64
```

然后，用上述数据训练一个感知机。

```
#数据集和标签划分
data = np.array(df.iloc[:100, [0, 1,-1]])  #选取前 100 行数据，并选取前两个特征
（花萼长度、花萼宽度）+标签
X, y = data[:, :-1], data[:, -1]  #X 为特征，y 为标签
y = np.array([1 if i == 1 else -1 for i in y])

#sklearn 感知机实现
pcp = Perceptron(fit_intercept=True, max_iter=1000, shuffle=True, eta0=0.1,
tol=None)
pcp.fit(X, y)  #使用 SGD 训练模型

#画出感知机分类器
x_ponits = np.arange(4, 8)
y_ = -(pcp.coef_[0][0] * x_ponits + pcp.intercept_) / pcp.coef_[0][1]
plt.plot(x_ponits, y_)
```

画出的感知机分类器如图 5.2 所示。

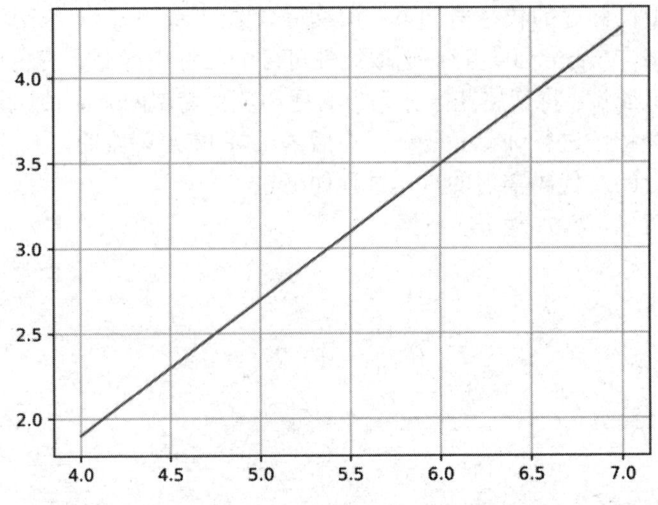

图 5.2　画出的感知机分类器

接着，用测试集看一下该分类器的准确率。

```
plt.plot(data[:50, 0], data[:50, 1], 'bo', color='blue', label='0')
plt.plot(data[50:100, 0], data[50:100, 1], 'bo', color='orange', label='1')
plt.xlabel('sepal length')
plt.ylabel('sepal width')
plt.legend()
plt.grid()
plt.show()
```

最后，输出图 5.3 所示的感知机分类结果。

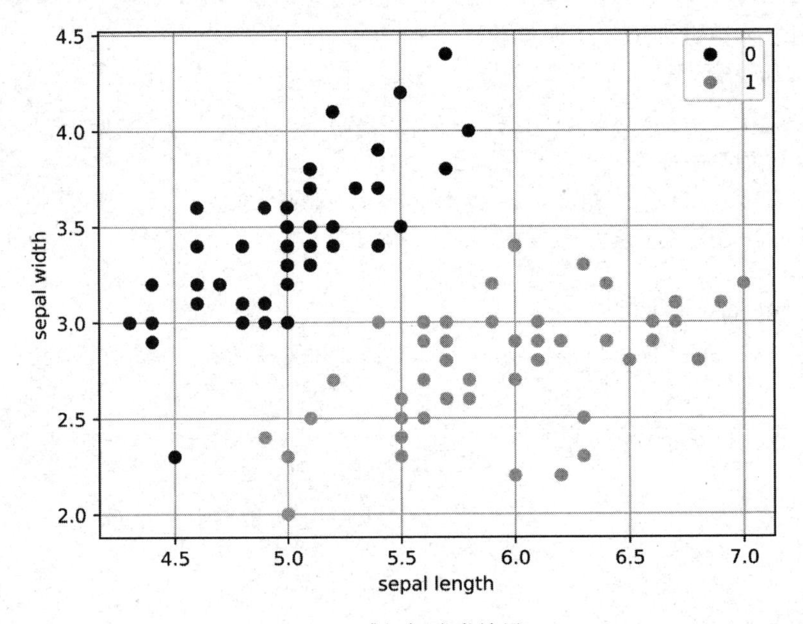

图 5.3　感知机分类结果

任务 2 硬间隔 SVM

硬间隔 SVM 的概念与原理

任务描述

本任务将使用 Python 实现硬间隔 SVM，对给定的数据集进行分类，并展示分类边界和支持向量。

知识准备

熟悉硬间隔 SVM 的基本概念和数学模型，了解 Python 的基本语法和常用库，了解分类问题和评估指标。

1. 什么是 SVM

SVM 算法是一种监督学习算法，由 V.N. Vapnik 等在 1964 年提出，用于对数据进行二分类。它通过构建最大边距超平面来实现分类。这个超平面是通过学习样本的最优解计算出来的。

SVM 使用铰链损失函数来计算经验风险，并在优化过程中加入了正则化项，以控制模型的复杂度和避免过拟合。这种结构风险最小化策略有助于提高模型的泛化性能。

此外，SVM 还可以通过核方法扩展到非线性分类问题中。通过使用适当的核函数，SVM 可以将输入空间映射到高维特征空间，并在该空间中构建最大边距超平面来实现分类。

SVM 的优势如下。

（1）能够有效地处理高维数据集。SVM 能够有效地处理高维数据集，不受维度灾难的影响。这是因为它可以将数据映射到高维空间中，使数据更容易被分离，从而提高分类准确率。

（2）泛化能力强。SVM 采用结构风险最小化策略进行模型的选择，可以有效地避免过拟合现象的发生，从而使模型具有较强的泛化能力。

（3）能够更好地处理小样本数据。由于 SVM 采用间隔最大化原则进行分类，所以当训练样本的数量较少时，它能够更好地处理数据分布不均匀的情况。

（4）能够处理非线性问题。通过选择不同的核函数，SVM 可以将非线性问题转化为线性问题进行处理。例如，通过选择高斯核函数，SVM 可以将数据映射到无限维空间中，从而实现对非线性问题的分类。

（5）鲁棒性和可解释性好。SVM 对异常点的鲁棒性较好，可以有效地避免异常点对分类结果的影响。此外，SVM 的分类结果具有较好的可解释性，能够清晰地描述不同类别之间的区别。

SVM 可以分为三类：硬间隔 SVM、软间隔 SVM、非线性 SVM。

感知机和 SVM 的区别如下。

感知机和 SVM 都是二分类模型，但在起源、适用范围、损失函数、应用领域与算法复杂性、对数据的假设等方面存在显著的差异。

（1）起源。感知机是由 Rosenblatt 在 1957 年提出的，主要用于判断输入数据点的类别。而 SVM 是在感知机的基础上发展起来的，由 Vapnik 在 1964 年提出。

（2）适用范围。感知机只适用于线性可分数据集。而 SVM 不仅适用于线性可分数据集，在借助核方法和软间隔最大化时还适用于线性不可分数据集。

（3）损失函数。感知机的解不唯一，以及感知机追求最大限度地正确划分和最小化误分类样本个数，很容易造成过拟合。而 SVM 的解是唯一的，追求在大致正确分类的同时，最大化几何间隔，在一定程度上避免了过拟合。

（4）应用领域与算法复杂性。感知机属于神经网络的范畴，而 SVM 属于机器学习领域。感知机的训练基于其收敛定理，通过收敛算法进行学习。而 SVM 则是先通过拉格朗日乘子法，得出一个对偶问题；再进行凸二次优化求解，得到最优分类超平面。

2. 什么是硬间隔 SVM

硬间隔 SVM 是 1963 年提出的，是最早提出的一类 SVM。与前面讲到的感知机不同，硬间隔 SVM 最终仅会输出一个最优间隔的分割超平面。下面我们来深入理解硬间隔 SVM 的细节。

硬间隔 SVM 是 SVM 的一种特殊形式，主要用于处理线性可分的数据集。

在硬间隔 SVM 中，模型的目标是利用最大化间隔（或分类间隔）找到一个最优的超平面，这个超平面可以将数据集中的正、负样本完全分开。间隔是指正、负样本到超平面的最小距离，间隔最大化是为了使分类结果更加准确和鲁棒。对于给定的训练集，硬间隔 SVM 首先通过线性规划求解出一个最优的超平面，使得正、负样本到该超平面的距离最大。这个最优的超平面是在特征空间中寻找到的，通过使用拉格朗日乘子法和 KKT 条件，可以解决线性规划问题。如果训练集中的数据完全线性可分，则硬间隔 SVM 可以找到一个唯一的分离超平面将正、负样本完全分开。这个分离超平面是硬间隔 SVM 的学习结果。

硬间隔 SVM 具有简单、易于理解与计算的优势，在很多实际应用中都得到了广泛的使用，如手写数字识别、文本分类等。但是，当数据存在噪声或不是完全线性可分的时，硬间隔 SVM 的表现可能会受到影响。

3. 硬间隔 SVM 的求解

硬间隔 SVM 的基本思想是：找到一个超平面，使得不同类别之间的间隔最大化。这个超平面是通过优化目标函数和约束条件来确定的。硬间隔 SVM 的目标是在特征空间中找到一个超平面，使得正、负样本之间有最大的间隔。间隔的大小通常用样本到超平面的距离来度量。对于硬间隔 SVM，间隔最大化的最优解可以直接通过求解约束优化问题来得到。硬间隔 SVM 的约束条件是 $y(\boldsymbol{w}^{\mathrm{T}}\boldsymbol{x}_i+b)\geqslant 1$ 对于所有的 i 都成立。其中，y 是样本的标签，$\boldsymbol{w}$ 是超平面的法向量，b 是超平面的截距。这个条件保证了所有样本都被正确分类，并且间隔是最大化的。

为了求解硬间隔 SVM，可以采用拉格朗日乘子法来转化问题。首先，需要将原始的目标函数和约束条件转化为等效的拉格朗日函数；然后，通过对偏导数进行计算，得到一个与间隔相关的优化函数；最后，通过求解这个优化函数，得到最优解。其步骤大致如下。

（1）定义带有不等式约束的目标函数。

$$\max_{w,b}\frac{\left|\boldsymbol{w}^{\mathrm{T}}+b\right|}{\|\boldsymbol{w}\|}$$

$$\text{s.t.}\begin{cases}\boldsymbol{w}^{\mathrm{T}}+b\geqslant 0 & (y=1)\\ \boldsymbol{w}^{\mathrm{T}}+b\leqslant 0 & (y=-1)\end{cases}$$

（2）使用KKT条件、拉格朗日定理、对偶化方法对目标函数进行简化，得到简化后的目标函数：

$$\max_{\lambda}\left[\sum_{i=1}^{n}\lambda_i-\frac{1}{2}\sum_{i=1}^{n}\sum_{j=1}^{n}\lambda_i\lambda_j y_i y_j(\boldsymbol{x}_i^{\mathrm{T}}\boldsymbol{x}_j)\right]$$

$$s.t.\ \sum_{i=1}^{n}\lambda_i y_i=0,\quad (\lambda_i\geqslant 0)$$

（3）用序列最小优化（Sequential Minimal Optimization，SMO）算法迭代求解λ，通过下列式子得到$\boldsymbol{w}$、b，超平面得以确定。

$$\boldsymbol{w}=\sum_{i=1}^{n}\lambda_i y_i\boldsymbol{x}_i$$

$$b=y-\sum_{i=1}^{n}\lambda_i\boldsymbol{x}_i^{\mathrm{T}}\boldsymbol{x}_i$$

硬间隔SVM同样有局限性，具体表现为如下几点。

（1）当特征维度远远大于样本数时，表现可能一般。

（2）不适用于线性不可分问题与非线性问题的处理。

（3）对缺失数据敏感。

（4）对多分类问题的表现可能不理想。

SVM在中小型复杂数据集的分类任务中表现良好。

4. 硬间隔SVM的应用实例

首先，使用random生成一组随机的二维数据，并使用sklearn自带的硬间隔分类器对其进行分类。svm.SVC中的参数kernel代表所选用的核的类型；linear代表硬间隔，即线性可分。

```
# 导入所需的库
import numpy as np  # 导入NumPy库，用于数值计算
import pandas as pd  # 导入Pandas库，用于数据处理和分析，但在这段代码中未使用
from sklearn import datasets  # 导入sklearn中的datasets模块，用于加载数据集，但在这段代码中未使用
from sklearn import svm  # 导入sklearn中的svm模块，用于SVM分类
from matplotlib import pyplot as plt # 导入Matplotlib中的pyplot模块，用于绘图

# 设置随机种子，确保每次运行的结果一致
np.random.seed(0)

# 生成两组二维随机数据，并分别赋予标签0和1
X = np.r_[np.random.randn(20, 2) - [3, 3], np.random.randn(20, 2) + [3, 3]]
Y = 20 * [0] + 20 * [1]

# 创建一个线性SVM分类器实例
clf = svm.SVC(kernel='linear')

# 使用生成的数据训练SVM分类器
clf.fit(X, Y)
```

```
# 获取分类器的权重和截距
w, b = clf.coef_[0], clf.intercept_[0]

# 获取支持向量
s = clf.support_vectors_

# 计算直线的斜率和截距
k, b0 = -w[0] / w[1], -b / w[1]

# 计算两个支持向量的截距
b1 = (w[0] * s[0][0] + w[1] * s[0][1]) / w[1]
b2 = (w[0] * s[2][0] + w[1] * s[2][1]) / w[1]
```

然后，绘制该分类器。

```
# 绘制图形
plt.title('SVM')                                # 将标题设置为“SVM”
plt.xlabel('X')                                 # 将 X 轴标签设置为“X”
plt.ylabel('Y')                                 # 将 Y 轴标签设置为“Y”

# 生成 X 轴上的等距点，用于绘制直线
XX = np.linspace(-5, 5)

# 根据计算出的斜率和截距绘制直线
YY0 = k * XX + b0
YY1 = k * XX + b1
YY2 = k * XX + b2
plt.plot(XX, YY0, '-m')  # 绘制决策边界线，颜色为洋红色
plt.plot(XX, YY1, '-c')  # 绘制第一个支持向量的边界线，颜色为青色
plt.plot(XX, YY2, '-k')  # 绘制第二个支持向量的边界线，颜色为黑色

# 添加图例
plt.legend(loc='upper left')

# 绘制数据点，红色表示标签为 0，蓝色表示标签为 1
plt.scatter(X[0:20, 0], X[0:20, 1], s=10, c='r')
plt.scatter(X[20:40, 0], X[20:40, 1], s=10, c='b')

# 绘制支持向量，绿色表示支持向量，边缘为黄色
for i in s:
    plt.scatter(i[0], i[1], s=20, c='g', linewidths=2, edgecolors='y')

# 显示网格
plt.grid()
```

```
# 显示图形
plt.show()
```

在上述代码中，我们使用 sklearn 自带的硬间隔 SVM 对随机生成的数据集进行分类，可以画出图 5.4 所示的硬间隔 SVM。

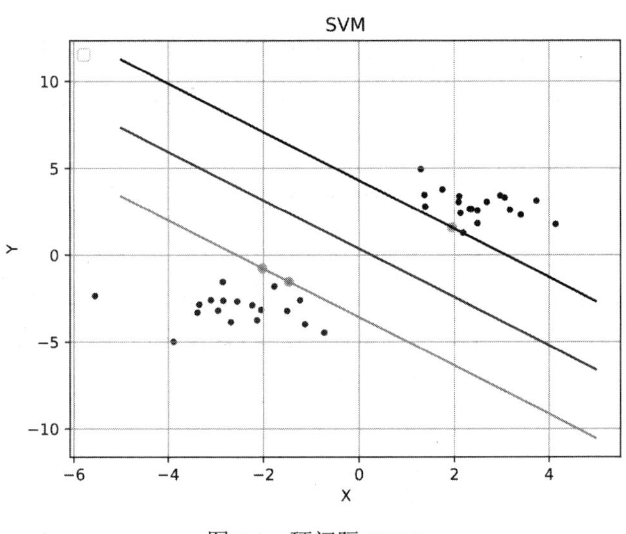

图 5.4 硬间隔 SVM

任务 3 软间隔 SVM

软间隔 SVM 的概念与原理

任务描述

本任务将使用 Python 实现软间隔 SVM，引入软间隔 SVM 来处理分类问题，并展示其在数据集上的分类效果。

知识准备

了解软间隔 SVM 的原理，熟悉软间隔 SVM 的数学模型、松弛变量和正则化项的作用；具备基本的 Python 编程能力，能够编写简单的算法和数据处理代码；能够进行数据集处理，了解如何加载、预处理和分割数据集，以及评估模型性能的基本方法。

1．什么是软间隔 SVM

软间隔 SVM 是一种更灵活的 SVM 变种，适用于更广泛的数据集。软间隔指的是在原始输入空间中，没有一条直线或超平面能够将所有的正样本和负样本完全分开。在这种情况下，即使使用硬间隔 SVM，也无法保证一定能找到最优的超平面。

软间隔 SVM 在硬间隔 SVM 的基础上引入了松弛变量。软间隔 SVM 允许在一定程度上违反分类条件，即为每个样本点都引入一个松弛变量 ξ，这个松弛变量可以理解为分类错误的程度。软间隔 SVM 通过这种方式，能够更好地适应噪声数据。

当数据存在噪声或不是完全线性可分的时，可以使用软间隔 SVM 对其进行处理。在软间隔 SVM 中，为每个样本点都引入松弛变量后，需要为这个松弛变量支付一个代价。代价的大小与松弛变量ξ的值成正比，而C（惩罚系数）越大，对误分类的惩罚就越大；C越小，对误分类的惩罚就越小。通过调整 C 的大小，可以控制模型对于训练数据的拟合程度，避免过拟合或欠拟合。

2．软间隔 SVM 的求解

软间隔 SVM 的基本思想是：当数据集为线性不可分的时，假设其为线性可分的，并允许其在分类时犯一些错误，即在最优化时增加一些由于分类错误而导致的损失作为优化的对象。优化函数可以写作

$$\min_{\boldsymbol{w},b}\frac{1}{2}\boldsymbol{w}^{\mathrm{T}}\boldsymbol{w}+\text{loss}$$

$$\text{s.t. } y_i(\boldsymbol{w}^{\mathrm{T}}\boldsymbol{x}_i+b)\geqslant 1$$

这里的 loss 可以设置为$1-y_i(\boldsymbol{w}^{\mathrm{T}}\boldsymbol{x}_i+b)$，表示不满足间隔条件的误差点，这个损失一般被称为合页损失。对应地，引入一个松弛变量$\xi=1-y_i(\boldsymbol{w}^{\mathrm{T}}\boldsymbol{x}_i+b)$及惩罚系数$C$（$C$越大，对误分类点的惩罚就越大，迫使所有样本点均满足条件，即尽量将两类数据分开），将原有的优化问题调整如下：

$$\min_{\boldsymbol{w},b}\frac{1}{2}\boldsymbol{w}^{\mathrm{T}}\boldsymbol{w}+C\sum_{i=1}^{n}\xi_i$$

$$\text{s.t. }\ y_i(\boldsymbol{w}^{\mathrm{T}}\boldsymbol{x}_i+b)\geqslant 1-\xi_i$$

$$\xi_i\geqslant 0$$

和硬间隔 SVM 类似，我们使用拉格朗日乘子法、KKT 条件及对偶化方法，对原问题进行简化，最终得到下列简化式：

$$\max_{\lambda}\left[\frac{1}{2}\sum_{i=1}^{n}\lambda_i-\frac{1}{2}\sum_{i=1}^{n}\sum_{j=1}^{n}\lambda_i\lambda_j y_i y_j(\boldsymbol{x}_i^{\mathrm{T}}\boldsymbol{x}_j)\right]$$

$$\text{s.t. }\sum_{i=1}^{n}\lambda_i y_i=0$$

$$\lambda_i\geqslant 0$$

使用 SMO 算法求解，得到λ后，我们可以得到$\boldsymbol{w}$、b，从而取得超平面。

软间隔 SVM 的局限性包括以下几点。

（1）当观测样本很多时，软间隔 SVM 的效率可能不高。

（2）对于非线性问题，软间隔 SVM 没有通用的解决方案，找到合适的核函数可能比较困难。

（3）对于高维特征空间，软间隔 SVM 的解释力可能不强。

（4）软间隔 SVM 对于缺失数据比较敏感。

（5）软间隔 SVM 的参数 C 的选择对模型的性能有影响。C 值过小，会导致模型过于稀疏；而C值过大，则可能导致过拟合。

3．软间隔 SVM 的应用实例

我们仍然使用 Iris 数据集来应用软间隔 SVM，并使用 sklearn.svm 提供的 LinearSVC。其中，参数 C 是可供我们设定的惩罚系数。我们先设定一个非常大的惩罚系数，这会使模型非常接近硬间隔 SVM，代码实现的具体过程如下。

首先，导入必要的库，加载数据集，并进行数据标准化。

```
# 导入必要的库
import matplotlib.pyplot as plt                 # 导入绘图库
import numpy as np                              # 导入数值计算库
from sklearn import datasets                    # 导入数据集库
from sklearn.preprocessing import StandardScaler    # 导入数据标准化工具
from sklearn.svm import LinearSVC               # 导入线性 SVM 分类器
from matplotlib.colors import ListedColormap        # 导入自定义颜色映射

# 加载 Iris 数据集
iris = datasets.load_iris()
X = iris.data                                   # 特征数据
y = iris.target                                 # 标记数据

# 只选取 setosa 和 versicolor 两类数据，并只使用前两个特征
X = X[y<2,:2]
y = y[y<2]

# 数据标准化
standardScaler = StandardScaler()               # 创建标准化对象
standardScaler.fit(X)                           # 用数据拟合标准化对象
X_std = standardScaler.transform(X)             # 对数据进行标准化处理
```

然后，创建线性 SVM 分类器对象，并将惩罚系数 C 的值设置为 1×10^9（10 亿）。

```
svc = LinearSVC(C=1e9)
svc.fit(X_std,y)  # 使用标准化后的数据训练分类器
```

最后，查看该分类器的效果。

```
#定义绘制决策边界的函数
def plot_svc_decision_boundary(model, axis):
    # 生成网格数据
    x0, x1 = np.meshgrid(np.linspace(axis[0], axis[1], int((axis[1]-
axis[0])*100)).reshape(-1, 1),
                         np.linspace(axis[2], axis[3], int((axis[3]-axis[2])*
100)).reshape(-1, 1),)
    X_new = np.c_[x0.ravel(), x1.ravel()]     # 将网格数据转换为二维数组
    y_predict = model.predict(X_new)          # 使用模型预测网格数据的标签
    zz = y_predict.reshape(x0.shape)          # 将预测结果重塑为与网格数据相同的形状

    # 自定义颜色映射
    custom_cmap = ListedColormap(['#EF9A9A','#FFF59D','#90CAF9'])

    # 绘制决策边界
    plt.contourf(x0, x1, zz, linewidth=5, cmap=custom_cmap)
```

```
        # 绘制间隔区域的上、下两根线
        w = model.coef_[0]  # 获取模型的权重
        b = model.intercept_[0]  # 获取模型的截距
        plot_x = np.linspace(axis[0],axis[1],200)  # 生成x轴上的数据点
        up_y = -w[0]/w[1] * plot_x - b/w[1] + 1/w[1]  # 计算间隔区域上边界的y值
        down_y = -w[0]/w[1] * plot_x - b/w[1] - 1/w[1]  # 计算间隔区域下边界的y值
        up_index = (up_y >= axis[2]) & (up_y <= axis[3])  # 找到位于指定范围内的上边
界数据点
        down_index = (down_y >= axis[2]) & (down_y <= axis[3])  # 找到位于指定范围
内的下边界数据点

        # 绘制间隔区域的上、下两根线
        plt.plot(plot_x[up_index], up_y[up_index], color='black')
        plt.plot(plot_x[down_index], down_y[down_index], color='black')

    # 调用绘制决策边界的函数
    plot_svc_decision_boundary(svc, axis=[-3, 3, -3, 3])

    # 绘制数据点
    plt.scatter(X_std[y==0,0], X_std[y==0,1])  # 绘制setosa类的数据点
    plt.scatter(X_std[y==1,0], X_std[y==1,1])  # 绘制versicolor类的数据点

    # 显示图形
    plt.show()
```

将惩罚系数设定为10亿（极大），可以得到图5.5所示的软间隔SVM，这样的软间隔SVM和硬间隔SVM十分类似。

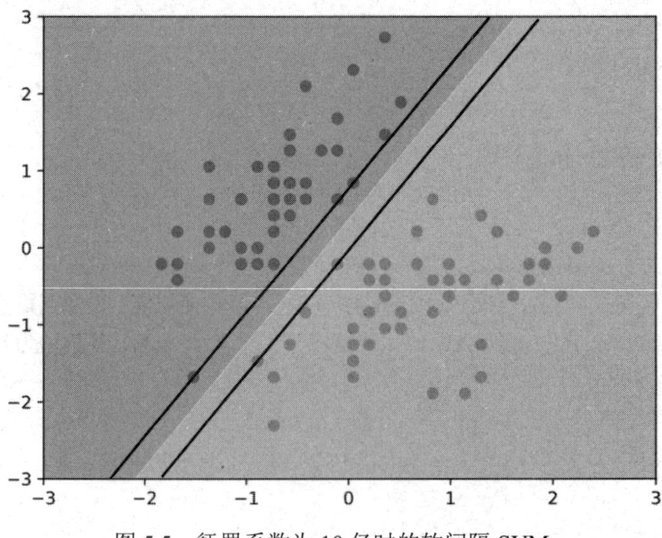

图5.5　惩罚系数为10亿时的软间隔SVM

将惩罚系数设定为 1（极小），所得到的软间隔 SVM 可以容纳更多的误分类点，如图 5.6 所示。

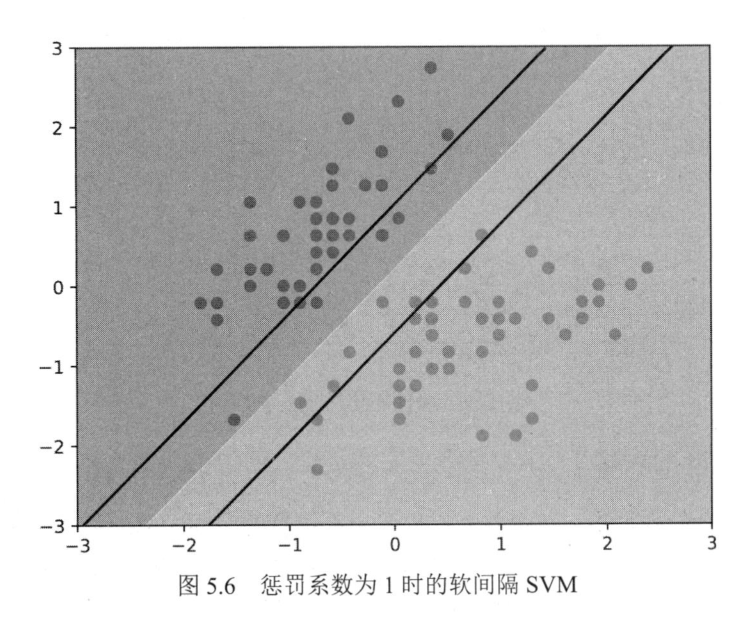

图 5.6 惩罚系数为 1 时的软间隔 SVM

任务 4 非线性 SVM

非线性 SVM 的概念与原理

任务描述

本任务将使用 Python 实现非线性 SVM，利用核技巧处理非线性分类问题，并展示其在数据集上的分类效果。

知识准备

理解核函数的作用，了解数据划分和预处理，熟悉基本的模型评估指标，学习使用 Matplotlib 进行可视化操作。

1. 什么是非线性 SVM

非线性 SVM 的基本思想是：在高维特征空间中找到一个超平面，将不同类别的样本分隔开来。非线性 SVM 与线性 SVM 的主要区别在于，前者使用核技巧将输入数据从原始空间映射到高维特征空间，使数据在特征空间中变得线性可分。这种方法通常用于处理线性不可分的数据集，而无须对输入数据进行复杂的特征工程处理。

针对无法使用线性模型进行分类的数据集，如图 5.7 所示的数据集，可以使用非线性 SVM 算法进行分类。非线性 SVM 能够处理那些不能直接用线性模型进行分类的数据集。核函数是非线性 SVM 中的一个关键组成部分。核函数是一种函数，可以将输入空间映射到新的特征空间。常用的核函数包括线性核函数、多项式核函数、高斯核函数等。这个映射过程使得在特征空间中更容易找到数据的非线性边界。

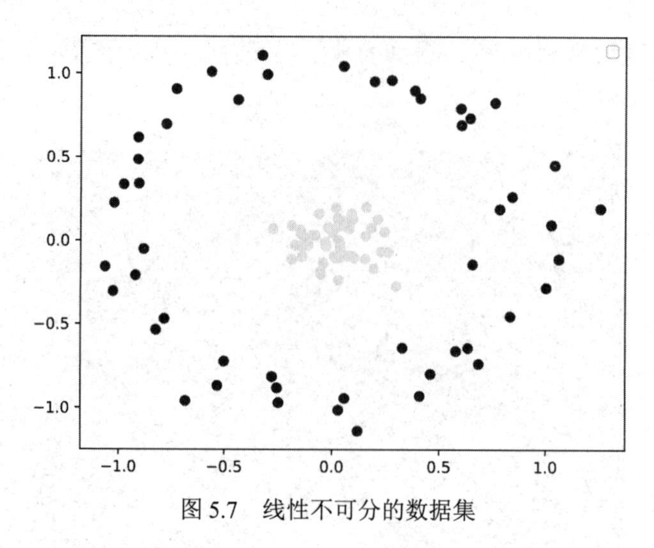

图 5.7 线性不可分的数据集

2. 非线性 SVM 的求解

对于线性不可分的数据集，可以将其映射到更高维度的空间，从而使数据集变得线性可分。

设 $\boldsymbol{x}$ 是数据集中原有的点，在将该点映射到更高维度的空间后，用 $\phi(\boldsymbol{x})$ 代表映射后的向量，用于分隔数据点的超平面为 $f(\boldsymbol{x})=\boldsymbol{w}^{\mathrm{T}}\phi(\boldsymbol{x})+b$，优化问题变为

$$\max_{\lambda}\left\{\sum_{i=1}^{n}\lambda_i-\frac{1}{2}\sum_{i=1}^{n}\sum_{j=1}^{n}\lambda_i\lambda_j y_i y_j\left[\phi(\boldsymbol{x}_i)\cdot\phi(\boldsymbol{x}_j)\right]\right\}$$

$$\text{s.t.}\ \sum_{i=1}^{n}\lambda_i y_i=0,\quad (\lambda_i\geqslant 0)$$

在将数据点映射到高维空间后，由于维度可能会很高，甚至会达到无穷维，所以会导致点乘运算变得非常复杂。可以引入核函数。核函数一般写作 $k(\boldsymbol{x}_i,\boldsymbol{x}_j)$，用来表示高维空间的点乘，并可建立高维空间点乘运算与低维空间点乘运算间的关联关系。常见的核函数有以下几种。

1）线性核函数

$$k\left(\boldsymbol{x}_i,\boldsymbol{x}_j\right)=\boldsymbol{x}_i^{\mathrm{T}}\boldsymbol{x}_j$$

2）多项式核函数

$$k\left(\boldsymbol{x}_i,\boldsymbol{x}_j\right)=\left(\boldsymbol{x}_i^{\mathrm{T}}\boldsymbol{x}_j\right)^d$$

3）高斯核函数

$$k\left(\boldsymbol{x}_i,\boldsymbol{x}_j\right)=\exp\left(-\frac{\left\|\boldsymbol{x}_i-\boldsymbol{x}_j\right\|^2}{2\sigma^2}\right)$$

另外，可以通过核函数的组合得到新的核函数，如不同核函数之间的线性组合等。

非线性 SVM 的局限性包括以下几点。

（1）对于特征维度远远大于样本数的情况，非线性 SVM 的表现可能一般。

（2）在样本数非常大、核函数映射的维度非常高时，非线性 SVM 的计算量可能会过大，导致其不适合使用。

（3）非线性问题的核函数的选择没有通用标准，因此难以选择一个合适的核函数。

（4）非线性 SVM 对缺失数据敏感。

3. 非线性 SVM 的应用实例

针对环形数据，可以通过定义新维度，将二维数据点映射到三维空间中。

```
from sklearn.datasets import make_circles
import matplotlib.pyplot as plt
from sklearn.svm import SVC
import numpy as np
from mpl_toolkits import mplot3d

#创建环形数据
X,y = make_circles(100, factor=0.1, noise=.1, random_state=10)
X.shape
y.shape

#定义一个由 x 计算出来的新维度 r，将二维数据点映射到三维空间中
r = np.exp(-(X**2).sum(1))

# 定义一个用于绘制三维图像的函数
# elev 表示上下旋转的角度
# azim 表示平行旋转的角度
def plot_3D(elev=30,azim=30,X=X,y=y):
    ax = plt.subplot(projection="3d")
    ax.scatter3D(X[:,0],X[:,1],r,c=y,s=50)
    ax.view_init(elev=elev,azim=azim)
    ax.set_xlabel("x")
    ax.set_ylabel("y")
    ax.set_zlabel("r")
    plt.show()

plot_3D()
```

映射后，可以得到图 5.8 所示的三维数据点。

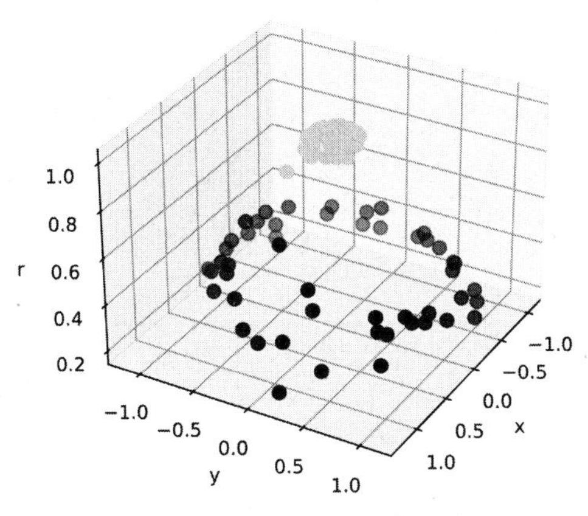

图 5.8 映射后的三维数据点

利用这样的技术，可以使用高斯核函数拟合线性不可分的数据点。

```
import numpy as np  # 导入NumPy库，通常用于科学计算
import matplotlib.pyplot as plt  # 导入Matplotlib的pyplot模块，用于绘图
from sklearn import svm  # 导入sklearn的SVM模块

# 使用NumPy库的meshgrid函数创建一个网格，其x轴和y轴的坐标值在-3～3之间均匀分布，共有500个点
xx, yy = np.meshgrid(np.linspace(-3, 3, 500),
                     np.linspace(-3, 3, 500))

# 将NumPy库的随机种子设置为0，确保每次生成的随机数相同，从而使实验可重复
np.random.seed(0)

# 生成一个形状为(300, 2)的随机数据集X，其值来自标准正态分布
X = np.random.randn(300, 2)

# 使用逻辑异或运算生成标签Y。如果X的第一列大于0且第二列不大于0，或者第一列不大于0且第二列大于0，则Y为True，否则为False
Y = np.logical_xor(X[:, 0] > 0, X[:, 1] > 0)
```

此时，可以打印生成的 X 与 Y，内容如下。

```
[[ 1.76405235  0.40015721]
 [ 0.97873798  2.2408932 ]
 [ 1.86755799 -0.97727788]
 [ 0.95008842 -0.15135721]
 [-0.10321885  0.4105985 ]
 [ 0.14404357  1.45427351]
 [ 0.76103773  0.12167502]
 [ 0.44386323  0.33367433]
 [ 1.49407907 -0.20515826]
 [ 0.3130677  -0.85409574]
 [-2.55298982  0.6536186 ]
 ...]
```

接下来，对模型进行训练，并绘制图像。

```
# 使用NuSVC分类器进行拟合，其中将gamma参数设置为"auto"，表示会自动选择gamma的值。NuSVC是SVM的一种变体，其中Nu参数控制了支持向量的上界和误差的下界
clf = svm.NuSVC(gamma='auto')
clf.fit(X, Y)

# 对网格上的每个点计算决策函数值，即这些点被分类为正类或负类的置信度
Z = clf.decision_function(np.c_[xx.ravel(), yy.ravel()])

# 将决策函数值重新整形为与网格相同的形状
Z = Z.reshape(xx.shape)
```

```
# 使用 imshow 函数显示决策函数的值，其中使用“nearest”插值方法，并将颜色映射设置为 PuOr_r
（紫色到橙色）
plt.imshow(Z, interpolation='nearest',
           extent=(xx.min(), xx.max(), yy.min(), yy.max()), aspect='auto',
           origin='lower', cmap=plt.cm.PuOr_r)

# 使用 contour 函数绘制决策边界，其中只绘制决策边界（levels=[0]），并将线宽设置为 2
contours = plt.contour(xx, yy, Z, levels=[0], linewidths=2)

# 使用 scatter 函数绘制原始数据点，其中颜色由标签 Y 决定，并使用 Paired 颜色映射
plt.scatter(X[:, 0], X[:, 1], s=30, c=Y, cmap=plt.cm.Paired)


# 不显示 x 轴和 y 轴的刻度
plt.xticks(())
plt.yticks(())

# 将 x 轴和 y 轴的数值范围设置为[-3, 3]
plt.axis([-3, 3, -3, 3])

# 显示图形
plt.show()
```

使用非线性 SVM 对数据点进行分类的结果如图 5.9 所示。

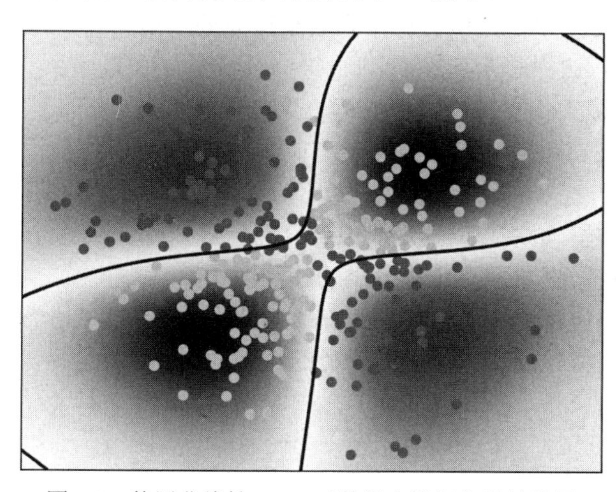

图 5.9　使用非线性 SVM 对数据点进行分类的结果

总结

在本项目中，我们深入研究了机器学习中的感知机与 SVM，并重点探讨了以下几个方面的内容。

（1）SVM 是一种监督学习算法，主要用于解决分类问题。它通过构造一个最大间隔超平面，将不同类别的数据分隔开。SVM 可以处理线性可分和线性不可分的数据，其中非线性 SVM 通过使用核技巧将数据映射到高维空间中，从而学习到非线性的分类边界。

（2）硬间隔 SVM 和软间隔 SVM 都是 SVM 的变种。硬间隔 SVM 要求所有样本都被正确分类，而软间隔 SVM 则允许少数样本被错误分类。软间隔 SVM 通过引入松弛变量和惩罚系数来控制错误分类的样本数和间隔大小。

（3）非线性 SVM 是 SVM 的一种扩展形式，通过使用核技巧和选择适当的核函数，将数据映射到新的特征空间中，从而学习到非线性的分类边界。非线性 SVM 可以处理那些线性模型无法处理的数据，但仍然存在一些局限性，例如对于特征维度远远大于样本数的情况，非线性 SVM 的表现可能一般，并且它对缺失数据敏感。

在本项目中，学生不仅能够学习这些感知机与 SVM 的基本原理，还能够了解它们的应用场景和优劣势。这些知识将为学生在实际问题中选择和调整感知机与 SVM 提供有力的依据，并为学生深入学习更复杂的机器学习模型打下一定的基础。

项目考核

一、选择题

1．感知机算法主要用于解决（　　）问题。

A．线性回归　　B．非线性分类　　C．线性分类　　D．聚类

2．关于 SVM，下列描述中准确的是（　　）。

A．SVM 仅适用于线性可分的数据集

B．SVM 的目标是最小化所有样本到决策边界的距离

C．SVM 的决策边界总是线性的

D．SVM 试图最大化支持向量与决策边界之间的距离

3．感知机算法和 SVM 算法都属于（　　）算法。

A．监督学习　　B．无监督学习　　C．半监督学习　　D．强化学习

4．在感知机算法中，如果数据集是线性可分的，那么感知机算法最终会（　　）。

A．找到一个将数据集完全正确分类的超平面

B．无法找到任何将数据集完全正确分类的超平面

C．找到无数个将数据集完全正确分类的超平面

D．以上都不对

二、填空题

1．感知机算法的学习策略是__________。

2．在 SVM 中，用于处理非线性问题的常见技巧是引入__________。

3．在感知机算法中，如果数据集不是线性可分的，那么算法可能无法找到一个将数据集完全正确分类的超平面，这种情况通常采用的策略是__________。

4．在 SVM 中，核函数的作用是__________，通过将原始数据映射到更高维度的特征空间，使其变得线性可分。常见的核函数有线性核函数、多项式核函数、__________核函数等。

三、简答题

1. 请描述感知机算法的基本原理，并说明其为什么可能不适用于线性不可分的数据集。
2. 请解释支持向量机中的“支持向量”是什么，并说明它们在模型中的作用。此外，讨论SVM如何处理非线性分类问题。

四、综合任务

具体任务为手写数字识别。手写数字识别是机器学习中的一个经典问题。在这个任务中，你将使用感知机和SVM两种模型进行手写数字识别，并比较它们的性能。

1. 数据预处理

使用MNIST数据集。这是一个包含大量手写数字0～9的图片数据集，其中每张图片都是28像素×28像素的灰度图。

步骤：从MNIST数据集中加载训练和测试数据；将每张28像素×28像素的图片展平成一个长度为784的向量；对数据进行归一化处理，例如将像素值从0～255缩放到0～1。

2. 训练感知机

使用感知机算法训练一个分类器。在训练集上训练模型，并记录训练时间；在测试集上评估模型的准确率。

3. 训练SVM

使用SVM算法，特别是线性SVM算法或核SVM算法，训练一个分类器。同样地，在训练集上训练模型，并记录训练时间；在测试集上评估模型的准确率。

4. 模型比较

（1）比较感知机和SVM在测试集上的准确率。
（2）比较两种模型的训练时间。
（3）分析两种模型在性能上的差异，并讨论可能的原因。

项目 6

决策树与随机森林

项目介绍

决策树模型诞生的故事

心理学家兼计算机科学家 Hunt 在 1962 年提出了最初的决策树算法——概念学习系统（Concept Learning System，CLS），充分利用了心理学对人类学习过程的理解，将其转化为计算机可执行的算法，为机器学习领域的发展做出了重要的贡献。

Hunt 在对人类概念学习过程的研究中发现，人们通常通过一种"分而治之"的策略来学习和理解新的概念。这种策略首先将复杂的问题分解为更小、更易于管理的子问题，然后逐个解决这些子问题，最终将各种解决方案组合起来，以解决原始问题。受这一发现的启发，Hunt 开始探索如何将这种策略应用于计算机算法中。

在 CLS 算法的设计中，Hunt 将决策树引入其中。决策树是一种图形化的决策支持工具，通过树状图展示了决策过程中可能出现的各种情况及其可能的结果。在 CLS 算法中，Hunt 利用决策树的结构来模拟人类的"分而治之"学习策略。CLS 算法从根节点开始，根据待分类样本的属性值选择相应的分支，逐步向下遍历决策树，直至到达叶节点，从而得到样本的分类结果。

CLS 算法的诞生标志着决策树算法领域的开端，为后来的机器学习领域的发展奠定了坚实的基础。尽管在 CLS 算法之后，决策树算法经历了多次改进和优化，但其基本的"分而治之"学习策略仍然沿用至今。

"随机森林"这个术语最早由统计学家 Leo Breiman 和 Adele Cutler 在 1984 年提出。随机森林算法的核心思想是：利用多棵决策树对样本进行训练并预测，以提高分类或回归的准确性。

在提出随机森林算法之前，Leo Breiman 和 Adele Cutler 已经对决策树算法进行了深入的研究。他们发现，单棵决策树往往容易过拟合训练数据，导致在未知数据上的预测性能不佳。为了解决这个问题，他们提出了集成学习的思想，即利用多棵决策树对样本进行训练，并对它们的预测结果进行集成，从而提高预测的准确性。

随机森林模型诞生的故事

随机森林算法由于在分类和回归任务中表现出了优异的性能，因此很快成了机器学习领域中极受欢迎的算法之一。为了保护自己的研究成果，Leo Breiman 和 Adele Cutler 将"随机森林"这个术语注册成了商标，以确保其算法的合法使用和传播。随着随机森林算法的广泛应用和发展，越来越多的学者和工程师开始对其进行研究和改进。

总之，随机森林算法的提出和发展是机器学习领域中的一个重要里程碑。它不仅提高了分类和回归任务的准确性，还推动了集成学习算法的发展和应用。而 Leo Breiman 和 Adele Cutler 的卓越贡献和创新精神也为机器学习领域的发展注入了新的活力。

知识目标

- 理解决策树模型的基本原理和构造过程，包括特征选择、树的生成和剪枝等。
- 掌握随机森林模型的基本概念和原理，理解其如何通过集成学习来提高模型的稳定性和泛化能力。
- 了解决策树模型和随机森林模型在各个领域的应用，如商业决策、投资决策、个人发展等。

能力目标

- 能够使用决策树模型进行数据分析和预测，并解决实际问题；能够使用随机森林模型执行特征选择和分类或回归任务，提高模型的预测准确率。
- 具备使用 Python 等编程语言搭建决策树模型和随机森林模型的能力。
- 能够根据实际问题选择合适的模型，并进行模型的优化和调整。

素养目标

- 培养良好的数据分析和解决问题的能力，能够独立思考和创新。
- 具备团队合作精神，能够与他人协作完成复杂的任务。
- 注重实践和应用，能够将理论知识转化为实际操作能力。
- 遵守职业道德和规范，保护数据隐私和安全。

任务 1 决策树概述

任务描述

通过本任务，学生将学习决策树的相关概念，以及决策树模型构造的基本流程。

知识准备

了解数据分析和数据挖掘的基础知识，熟悉数据预处理的步骤。

决策树算法是一种多功能的机器学习算法，无论是分类任务，还是回归任务，都可以使用它。它适用于非常复杂的数据集，运用树形结构对数据进行分类或预测。在决策树中，对象属性和对象值之间存在映射关系，因此对象之间的联系就构成了一个类似于树的模型。该模型拥有根节点、分支、叶节点等组成部分。

决策树模型构造的基本流程是：首先从根节点开始，对数据集进行划分；然后根据信息增益、基尼系数等指标，选择一个最佳属性进行划分；再对划分的子集自上而下重复进行以上步骤；直到满足停止条件，形成一棵决策树。

任务 2　决策树的相关概念

任务描述

通过本任务，学生将学习树的概念，了解决策树的根节点、叶节点、内部节点等的含义；学习基尼系数和熵的计算方法，以此来衡量决策树模型特征的不纯度和不确定性；学习决策树的种类、构造过程、优缺点，以及决策树模型的使用步骤。

知识准备

掌握基本的数据结构概念，如数组、链表、栈、队列等，并对树形结构有初步的认识；理解概率的基本概念，如均值、方差、标准差等。

1．树的概念

树是一种直观运用概率分析的图解法，包含节点和边的分层抽象结构。其中，每个节点都代表一个对象，边和节点构成路径。一个对象到另一个对象的预测过程从根节点开始，沿着划分属性进行分枝，直到到达叶节点，将叶节点存放的类别作为决策结果。图 6.1 所示为一棵树的完整结构，其中包含根节点、叶节点、内部节点等。

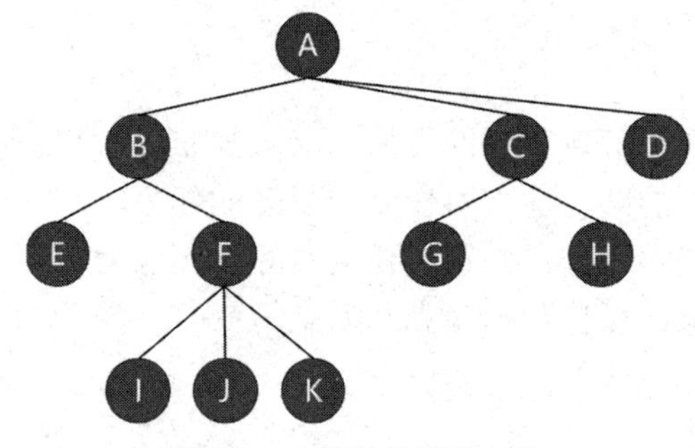

图 6.1　一棵树的完整结构

（1）根节点。树由顶点处开始分枝，这个顶点即为根节点。一棵树有且仅有一个根节点。图 6.1 中的 A 为根节点。

（2）叶节点。叶节点即树的末端节点。叶节点没有子节点，因此不可以继续向下拓展。图 6.1 中的 D、E、G、H、I、J、K 为叶节点。

（3）内部节点。内部节点也叫非叶节点或分支节点。除根节点和叶节点之外，树的其他节点都叫内部节点。图 6.1 中的 B、C、F 都为内部节点。

（4）父节点和子节点。父节点和子节点直接相连，父节点为子节点的上一阶节点。例如，图 6.1 中，B 为 F 的父节点，F 为 B 的子节点。

（5）兄弟节点。拥有同一父节点的子节点互为兄弟节点。例如，图 6.1 中的 E、F 节点同为 B 节点的子节点，则 E、F 节点互为兄弟节点。

2．熵和基尼系数的概念

决策树的最终结果具有基尼系数和熵属性。熵和基尼系数都是用于衡量决策树模型特征的不纯度和不确定性的指标。

在决策树中，熵是用于衡量随机变量的不确定性的度量，描述一个特征的不平衡度。如果一个特征的取值非常集中，也就是说，大多数样本在该特征上的取值相同，那么这个特征的熵就低，表示该特征的不确定性小。相反，如果一个特征的取值非常分散，也就是说，多数样本在该特征上的取值各不相同，那么这个特征的熵就高，表示该特征的不确定性较大。同理，对于一个特定的特征，如果所有样本在该特征上的取值都相同，那么该特征的熵就为 0，表示该特征没有任何不确定性；如果所有样本在该特征上的取值都不同，那么该特征的熵就为 1，表示该特征具有最大的不确定性。

基尼系数是另一种用于衡量分类树模型性能的指标，它代表样本在某个特征上的不平衡程度，也被称为不纯度。如果训练样本全部归为一类，或者偏差很小，则可以将训练数据定义为纯数据。它的基尼系数越小，数据的纯度就越高，表明数据集的属性也越好。

1）熵的计算

数据集 S 的熵 $H(S)$的计算方法为

$$H(S)=I(S)=-\sum_{i}P_i\log_2 P_i$$

其中，P_i 是属于 i 类的例子的比例。

信息增益的计算方法为

$$\text{Gain}(S|A)=H(S)-H(S|A)$$

其中，$H(S)$是数据集 S 的熵，$H(S|A)$是在 A 情况下满足条件的数据的熵。

上述计算使用的是熵属性，熵的值越小，分类效果就越纯粹，数据的偏差也越小。纯度的度量被称为信息增益，也是熵的减少程度。信息增益越大，数据的属性就越好。

2）基尼系数的计算

基尼系数的计算方法为

$$\text{Gini}(p)=\sum_{k=1}^{K}p_k(1-p_k)=1-\sum_{k=1}^{K}{p_k}^2$$

基尼系数越小，代表数据的分类效果越纯粹，数据的偏差也越小，这样数据的属性就越好。其中，最理想的结果为 $\text{Gini}(p)=0$。

接下来，分析一个案例，这个案例的数据集被称为 S。其参考属性分别为天气、温度、湿度、起风这 4 类，结果决定了明天是否打球。

使用 S 来学习如何计算熵和信息增益，以及将数据重组为决策树。

根据天气、温度、湿度、起风这 4 类属性，对表 6.1 中的数据进行分类，每个类型都对应明天是否打球的一个结果。

表 6.1 明天是否打球

天气	温度	湿度	起风	明天是否打球（是—“√”，否—“×”）
晴天	炎热	高	无风	×
晴天	炎热	高	有风	×
阴天	炎热	高	无风	√
雨天	温和	高	无风	√
雨天	凉爽	正常	无风	√

续表

天气	温度	湿度	起风	明天是否打球（是—"√"，否—"×"）
雨天	凉爽	正常	有风	×
阴天	凉爽	正常	有风	√
晴天	温和	高	无风	×
晴天	凉爽	正常	无风	√
雨天	温和	正常	无风	√
晴天	温和	正常	有风	√
阴天	温和	高	有风	√
阴天	炎热	正常	无风	√
雨天	温和	高	有风	×

（1）根据天气决定明天是否打球（见图 6.2）。

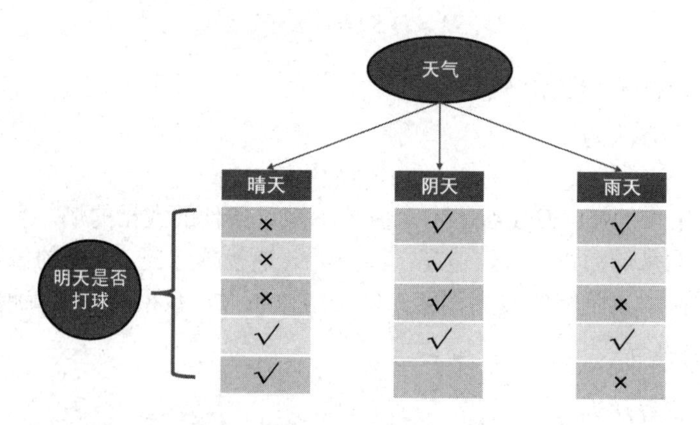

图 6.2　根据天气决定明天是否打球

可以看到，图 6.2 把根据天气决定明天是否打球的数据重组成了一棵简单的决策树。依据这棵决策树计算 $H(S)$。在图 6.2 所示的 14 天的数据中，有 5 天不打球，9 天打球，因此根据天气决定明天是否打球的熵的计算方法为

$$H(S)=-\frac{5}{14}\log_2\frac{5}{14}-\frac{9}{14}\log_2\frac{9}{14}\approx 0.940$$

对天气里面包含的晴天、阴天、雨天分别进行分析。总共 14 天，晴天为 5 天，阴天为 4 天，雨天为 5 天，所以

$$H(S\,|\,\text{天气})=\frac{5}{14}H(S\,|\,\text{晴天})+\frac{4}{14}H(S\,|\,\text{阴天})+\frac{5}{14}H(S\,|\,\text{雨天})$$

① 当天气=晴天时，一共有 5 条数据。其中，2 条数据为打球，3 条数据为不打球。因此，$H(S|\text{晴天})$的计算方法为

$$H(S\,|\,\text{晴天})=-\frac{2}{5}\log_2\frac{2}{5}-\frac{3}{5}\log_2\frac{3}{5}\approx 0.971$$

② 当天气=阴天时，一共有 4 条数据。其中，4 条数据均为打球。因此，$H(S|\text{阴天})$的计算方法为

$$H(S\,|\,\text{阴天})=-\frac{4}{4}\log_2\frac{4}{4}=0$$

③ 当天气=雨天时，一共有 5 条数据。其中，3 条数据为打球，2 条数据为不打球。因此，$H(S|\text{雨天})$的计算方法为

$$H\left(S\,|\,\text{雨天}\right)=-\frac{3}{5}\log_2\frac{3}{5}-\frac{2}{5}\log_2\frac{2}{5}\approx 0.971$$

$H(S|\text{天气})$的值为

$$H\left(S\,|\,\text{天气}\right)=\frac{5}{14}H\left(S\,|\,\text{晴天}\right)+\frac{4}{14}H\left(S\,|\,\text{阴天}\right)+\frac{5}{14}H\left(S\,|\,\text{雨天}\right)$$

$$\approx 0.971\times\frac{5}{14}+0\times\frac{4}{14}+0.971\times\frac{5}{14}\approx 0.694$$

根据天气决定明天是否打球的信息增益为

$$\text{Gain}=H(S)-H(S|\text{天气})\approx 0.940-0.694=0.246$$

（2）根据温度决定明天是否打球（见图 6.3）。

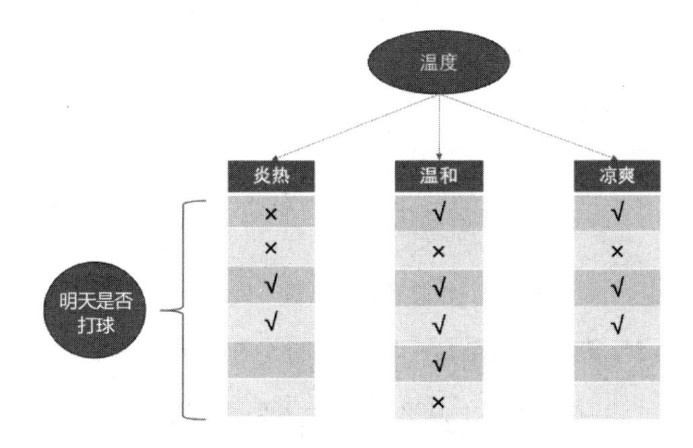

图 6.3　根据温度决定明天是否打球

参考图 6.3，根据温度决定明天是否打球的熵的计算方法为

$$H\left(S\right)=-\frac{5}{14}\log_2\frac{5}{14}-\frac{9}{14}\log_2\frac{9}{14}\approx 0.940$$

对温度里面包含的炎热、温和、凉爽分别进行分析。总共 14 天，炎热为 4 天，温和为 6 天，凉爽为 4 天，所以

$$H\left(S\,|\,\text{温度}\right)=\frac{4}{14}H\left(S\,|\,\text{炎热}\right)+\frac{6}{14}H\left(S\,|\,\text{温和}\right)+\frac{4}{14}H\left(S\,|\,\text{凉爽}\right)$$

① 温度 = 炎热。

$$H\left(S\,|\,\text{炎热}\right)=-\frac{2}{4}\log_2\frac{2}{4}-\frac{2}{4}\log_2\frac{2}{4}=1$$

② 温度 = 温和。

$$H\left(S\,|\,\text{温和}\right)=-\frac{2}{6}\log_2\frac{2}{6}-\frac{4}{6}\log_2\frac{4}{6}\approx 0.918$$

③ 温度 = 凉爽。

$$H\left(S\,|\,\text{凉爽}\right)=-\frac{1}{4}\log_2\frac{1}{4}-\frac{3}{4}\log_2\frac{3}{4}\approx 0.811$$

$H(S|\text{温度})$的值为

$$H(S|\text{温度})=\frac{4}{14}H(S|\text{炎热})+\frac{6}{14}H(S|\text{温和})+\frac{4}{14}H(S|\text{凉爽})$$
$$\approx\frac{4}{14}\times1+\frac{6}{14}\times0.918+\frac{4}{14}\times0.811$$
$$\approx0.911$$

根据温度决定明天是否打球的信息增益为

$$\text{Gain}=H(S)-H(S|\text{温度})\approx0.940-0.911=0.029$$

（3）根据湿度决定明天是否打球（见图 6.4）。

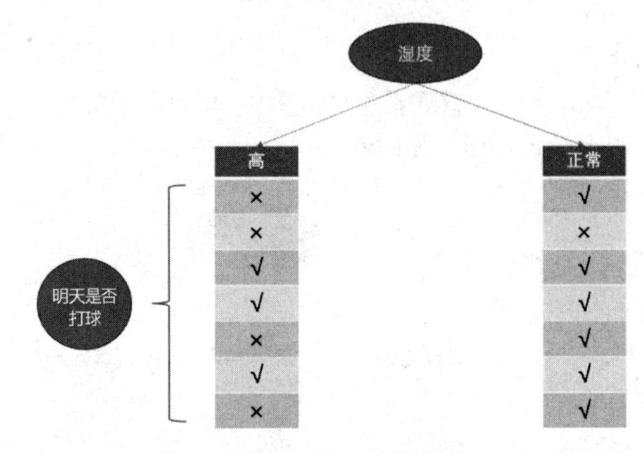

图 6.4　根据湿度决定明天是否打球

参考图 6.4，根据湿度决定明天是否打球的熵的计算方法为

$$H(S)=-\frac{5}{14}\log_2\frac{5}{14}-\frac{9}{14}\log_2\frac{9}{14}\approx0.940$$

对湿度里面包含的高、正常分别进行分析。总共 14 天，湿度高、湿度正常均为 7 天，所以

$$H(S|\text{湿度})=\frac{7}{14}H(S|\text{高})+\frac{7}{14}H(S|\text{正常})$$

① 湿度 = 高。

$$H(S|\text{高})=-\frac{4}{7}\log_2\frac{4}{7}-\frac{3}{7}\log_2\frac{3}{7}\approx0.985$$

② 湿度 = 正常。

$$H(S|\text{正常})=-\frac{1}{7}\log_2\frac{1}{7}-\frac{6}{7}\log_2\frac{6}{7}\approx0.592$$

$H(S|\text{湿度})$的值为

$$H(S|\text{湿度})=\frac{7}{14}H(S|\text{高})+\frac{7}{14}H(S|\text{正常})$$
$$\approx\frac{7}{14}\times0.985+\frac{7}{14}\times0.592$$
$$=0.7885$$

根据湿度决定明天是否打球的信息增益为

$$\text{Gain}=H(S)-H(S|\text{湿度})\approx0.940-0.7885\approx0.152$$

（4）根据是否起风决定明天是否打球（见图 6.5）。

参考图 6.5，根据是否起风决定明天是否打球的熵的计算方法为

$$H(S)=-\frac{5}{14}\log_2\frac{5}{14}-\frac{9}{14}\log_2\frac{9}{14}\approx 0.940$$

对起风里面包含的有风、无风分别进行分析。总共 14 天，无风为 8 天，有风为 6 天，所以

$$H(S\mid 起风)=\frac{8}{14}H(S\mid 无风)+\frac{6}{14}H(S\mid 有风)$$

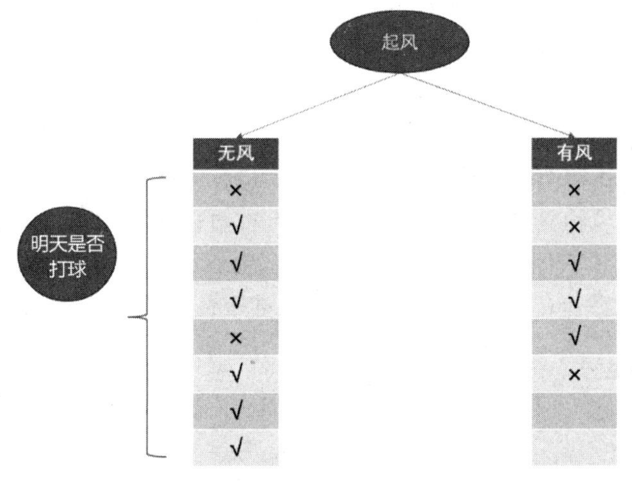

图 6.5　根据是否起风决定明天是否打球

① 起风 ＝ 无风。

$$H(S\mid 无风)=-\frac{2}{8}\log_2\frac{2}{8}-\frac{6}{8}\log_2\frac{6}{8}\approx 0.811$$

② 起风 ＝ 有风。

$$H(S\mid 有风)=-\frac{3}{6}\log_2\frac{3}{6}-\frac{3}{6}\log_2\frac{3}{6}=1$$

$H(S|起风)$的值为

$$H(S\mid 起风)=\frac{8}{14}H(S\mid 无风)+\frac{6}{14}H(S\mid 有风)$$

$$\approx\frac{8}{14}\times 0.811+\frac{6}{14}\times 1$$

$$=0.892$$

根据起风决定明天是否打球的信息增益为

$$\text{Gain}=H(S)-H(S|起风)\approx 0.940-0.892=0.048$$

3. 决策树的分类

决策树根据所处理数据的类型可以分为两种：分类树和回归树。

分类树用于处理离散变量，通过对数据特征的分析和比较，将数据划分成不同的类别。常见的分类树算法有 ID3、C4.5 和 CART 等。

回归树用于处理连续变量，通过建立一棵树形结构来预测连续变量的取值。在回归树中，每个内部节点都是一个特征属性，每个分支都代表一个可能的属性值，每个叶节点都是目标变量的取值。常见的回归树算法有 CART 和 MART 等。

4．决策树模型的构造过程

无论是分类树还是回归树，构造决策树模型的过程都是自上而下的递归过程。首先从根节点开始，对每个特征属性进行测试，选择最优的划分标准，将数据集划分成若干子集；然后对每个子集进行递归处理，直到满足停止条件。

决策树模型的构造过程可以概括为以下几个步骤。

（1）特征选择。从数据集中选择一个最能代表数据类别的特征，将其作为决策树的根节点。

（2）决策树生成。先根据选择的特征将数据集划分为若干子集，再对每个子集进行递归处理，直到满足停止条件，生成决策树。

（3）决策树剪枝。决策树生成后，通常需要对其进行剪枝处理。根据数据集的实际情况来选择合适的剪枝策略，以达到防止过拟合的目的。剪枝过程包括预剪枝和后剪枝两种。预剪枝是在决策树生成过程中提前停止树的生长，以避免产生过于复杂的树形结构；后剪枝是在决策树生成后，通过对树的各个部分进行评估，将那些对分类效果影响较小的分枝剪去。

5．决策树的优缺点

1）决策树的优点

（1）直观易懂。决策树的结果可以直观地呈现为树的形状，使里面所包含的关系容易被人理解。

（2）预处理简单。相比其他模型，决策树模型不需要太多的数据预处理，比如特征选择、标准化等。

（3）解释性强。决策树模型是一种解释性强的模型，可以清楚地看到每个节点的决策规则和结果。

（4）对数据异常值不敏感。在训练决策树的过程中，在每个节点处划分数据时，都只考虑最佳划分点，因此不会受到异常值的影响。

2）决策树的缺点

（1）容易过拟合。决策树是通过不断地将数据集划分为更小的子集来学习的，所以很容易出现过拟合的问题。

（2）受连续属性影响较大。对于连续的数据属性，决策树需要选择一个具体的阈值来划分数据，这可能会影响模型的准确性。

（3）对多变量和多目标的处理效果不佳。决策树模型对于多变量和多目标的处理不如其他模型好。

（4）对大规模数据集的处理速度较慢。决策树模型是通过对数据分别进行处理的方式来训练的，因此在处理大规模数据集时，决策树模型的训练速度会相对较慢。

6．决策树模型的使用步骤

1）数据收集

需要明确项目的目标和范围，并收集相关的数据。这些数据可能包括历史数据、已知的属性数据、结果数据等。

2）数据清洗和预处理

在收集到数据后，需要进行数据清洗和预处理。这包括删除无效或缺失的数据、处理异常值、标准化数据等。

3）特征选择

选择属性或特征对决策树模型来说极为重要。可以通过一些指标，如信息增益、基尼系数等，来帮助选择。

4）构造决策树模型

利用选择的特征和数据，构造决策树模型。这包括决策树的生成和剪枝等步骤。

5）模型评估

使用已知的结果数据对构造的决策树模型进行评估，检查它的准确性和可靠性。

6）模型优化

如果发现决策树模型的表现不佳，则可以尝试调整模型参数、特征选择方法等，以优化模型的表现。

7）部署和监控

在决策树模型经过评估和优化后，可以将其部署到实际环境中，并对模型进行实时监控，以便及时调整和优化模型。

任务 3 决策树的应用

决策树模型的案例分析

任务描述

通过本任务，学生将学习 sklearn 决策树模型的参数意义，以及如何在 Iris 数据集和加州房价数据集的实例中运用决策树模型。

知识准备

了解决策树模型的概念，掌握 Python 编程和调用 sklearn 的方法。

1．sklearn 决策树模型的参数介绍

1）决策树分类器模型

sklearn.tree.DecisionTreeClassifier 是 sklearn 中用于分类任务的一个决策树分类器。这个分类器基于决策树算法，能够处理分类问题，通过构造决策树模型来学习简单的决策规则，从而进行预测。下面是该分类器的主要参数及其说明。

sklearn.tree.DecisionTreeClassifier(*,criterion='gini',splitter='best',max_depth=None,min_samples_split=2,min_samples_leaf=1,min_weight_fraction_leaf=0.0,max_features=None,random_state=None, max_leaf_nodes=None, min_impurity_decrease=0.0, class_weight=None,ccp_alpha=0.0)

（1）criterion：特征选取方法。

criterion{"gini", "entropy", "log_loss"}, default="gini"

criterion 有 3 种选择，分别为 gini（基尼系数）、entropy（熵）、log_loss（对数损失函数），criterion 的默认参数是 gini。

（2）splitter：特征划分点选择方法。

splitter{"best", "random"}, default="best"

splitter 是指在每个节点上选择分支的策略。best 支持的策略是选择最佳分裂的“最佳”策略，random 支持的策略是选择最佳随机分裂的“随机”策略。决策树在进行分枝时会更加随机，树往下延展得会更深，有降低过拟合的效果。

（3）max_depth：树的最大深度。

max_depth : int, default = None

max_depth 的默认参数为 None，即支持不输入，树的节点会一直往下扩展，直到所有的叶节点都能被完全分类，这就代表树的深度没有被限制。一般在样本少、特征也少的情况下，将 max_depth 参数设为 None 比较好。但在样本过多或特征过多的情况下，需要设定一个上限，结合实际情况探索一个合适的树的最大深度。

（4）min_samples_split：分裂节点的最小样本数。

min_samples_split : int or float, default = 2

min_samples_split 的默认参数为 2。如果 min_samples_split 的参数为 int，则设置的最小样本数为整数；如果 min_samples_split 的参数为 float，则设置的最小样本数为分数。当所有叶节点包含的样本数小于 min_samples_split 时，树停止向下扩展和分裂。

（5）min_samples_leaf：叶节点的最小样本数。

min_samples_leaf : int or float, default = 1

如果叶节点上所需的样本数达不到 min_samples_leaf，则同一父节点的所有叶节点均被剪枝，所以 min_samples_leaf 是一个防止过拟合的参数。

（6）min_weight_fraction_leaf：叶节点所需权重总和的最小加权分数。

min_weight_fraction_leaf : float, default = 0.0

当样本没有提供权重时，所有输入样本都具有相等的权重。

（7）max_features：寻找最佳分割方式时需要考虑的特征数。

max_features:int, float or {"auto", "sqrt", "log2"}, default=None

max_features 参数可以设置为 int（整数型）、float（浮点数型）、auto（自动型）、sqrt（开方）、log2（对数 2）这几种类型。

（8）random_state：决策树分枝中随机模式的参数。

random_state : int, RandomState instance or None, default = None

即使将 splitter 参数设置为“best”，在每次拆分数据集时，特征总是会被随机排列。当 max_features < n_features 时，算法将在每次分割样本时随机选择需要考虑的特征数 max_features，然后从中寻找最佳分割。但是，即使在 max_features=n_features 的情况下，找到的最佳分割也可能在不同的运行次数下有所不同。如果 criterion 在几次不同分裂下的改进情况是相同的或过于理想化，那么此时就必须选择其中一次分裂为随机模式。而且为了在拟合过程中减少不确定性，必须将 random_state 参数设定为整数。

（9）max_leaf_nodes：最多叶节点数。

max_leaf_nodes : int, default = None

利用设置的 max_leaf_nodes 参数以最佳优先的方式生成树。如果一个节点的不纯度总是相对依次减少的，那么它就被称为最佳节点。max_leaf_nodes 的默认参数为 None，即不限制叶节点的数量。

（10）min_impurity_decrease：节点划分最小不纯度。

min_impurity_decrease : float, default = 0.0

如果分裂的不纯度减少的量大于或等于设定的 min_impurity_decrease 参数值，那么这个节点就会分裂。

（11）class_weight：分类权重。

class_weight:dict, list of dict or "balanced", default=None

分类的类别与权重以 {class_label: weight} 的方式联系起来。如果 class_weight = None，那么所有分类的权重都默认为 1。

（12）ccp_alpha：花费最小成本剪枝的复杂度参数。

ccp_alpha : non − negative float, default = 0.0

如果子树所花费的最大复杂度成本小于 ccp_alpha，那么这棵子树就会被选择。当 ccp_alpha = 0.0 时，不会执行剪枝操作。

2）决策树回归模型

决策树回归模型与决策树分类器模型的参数几乎相同，不同点是决策树回归模型没有 class_weight 这个参数，因为在回归类的案例中不存在分类标签是否分布均衡这个问题。

sklearn.tree.DecisionTreeRegressor(*,criterion='squared_error',splitter='best',max_depth=None, min_samples_split=2,min_samples_leaf=1,min_weight_fraction_leaf=0.0,max_features=None,random_state=None, max_leaf_nodes=None, min_impurity_decrease=0.0, ccp_alpha=0.0)

criterion：特征选取方法。

criterion{"squared_error", "friedman_mse", "absolute_error", "poisson"}, default= "squared_error"

决策树回归模型的 criterion 有 4 种不同的计算方法，分别为 squared_error（均方误差）、friedman_mse（费尔德曼均方误差）、absolute_error（绝对误差）和 poisson（泊松偏差）。criterion 的默认参数是 squared_error。

2．决策树的应用实例

1）分类树案例

（1）数据集简介。

Iris 数据集是一个在机器学习和模式识别领域广泛使用的经典多元变量数据集。该数据集包含 150 个样本，这些样本代表 3 种鸢尾花：山鸢尾、变色鸢尾和维吉尼亚鸢尾。每个样本都有 4 个特征值：花萼长度、花萼宽度、花瓣长度和花瓣宽度。这些特征可以用来描述和区分不同的鸢尾花种类。图 6.6 所示为鸢尾花样本。

图 6.6 鸢尾花样本

Iris 数据集最初由 Ronald Fisher 在 1936 年的一篇名为“The use of multiple measurements in taxonomic problems”的论文中提出，并由他收集、整理而成。从那时起，Iris 数据集就在机器学习和模式识别的教学和研究领域广泛使用，成了一个非常经典的例子。

在 Iris 数据集中，每个类别都有 50 个实例，这意味着每类鸢尾花都有 50 个样本。每个样本都有完整的 4 个特征值，这些特征值都是在实验中测量得到的。此外，每种鸢尾花的样本都可以通过这 4 个特征值来区分。例如，可以通过比较花萼长度和花瓣长度等特征值来区分不同的鸢尾花种类。

（2）代码实现。

加载数据集

```
from sklearn.datasets import load_iris
from sklearn.model_selection import train_test_split
# 加载 Iris 数据集
iris = load_iris()
iris_feature = iris.data    # 特征数据
iris_target = iris.target   # 分类数据
print('种类',iris.target_names)
print('特征',iris.feature_names)
# 将数据集划分为训练集和测试集。数据集中共有 150 条数据。其中，测试集占 1/3，即有 50 条数据；训练集占 2/3，即有 100 条数据
feature_train, feature_test, target_train, target_test = 
train_test_split(iris_feature, iris_target, test_size=0.33, random_state=42)

种类['setosa' 'versicolor' 'virginica']
特征['sepal length (cm)', 'sepal width (cm)', 'petal length (cm)', 'petal 
width (cm)']
```

构造决策树分类器模型，并训练该模型

```
#构造决策树分类器模型
from sklearn.tree import DecisionTreeClassifier
from sklearn.metrics import accuracy_score
# 训练该模型
dt_model = DecisionTreeClassifier(criterion='entropy', random_state=42)
dt_model.fit(feature_train,target_train)
```

模型评估

```
# 使用模型对训练集进行预测
train_predict_results = dt_model.predict(feature_train)
print('训练集的精确率(Precision)为',accuracy_score(train_predict_results, 
target_train))
# 使用模型对训练集进行预测
test_predict_results = dt_model.predict(feature_test) # 使用模型对测试集进行预测
print('测试集的精确率(Precision)为',accuracy_score(test_predict_results, 
target_test))

训练集的精确率(Precision)为 1.0
测试集的精确率(Precision)为 0.98
```

```
模型结果可视化
from sklearn.tree import export_graphviz
export_graphviz(dt_model, out_file="tree_iris.dot", class_names=["setosa",
"versicolor", "virginica"],
feature_names=iris.feature_names, impurity=False, filled=True)
import graphviz
with open("tree_iris.dot") as f:
    dot_graph = f.read()
display(graphviz.Source(dot_graph))
```

代码输出结果：

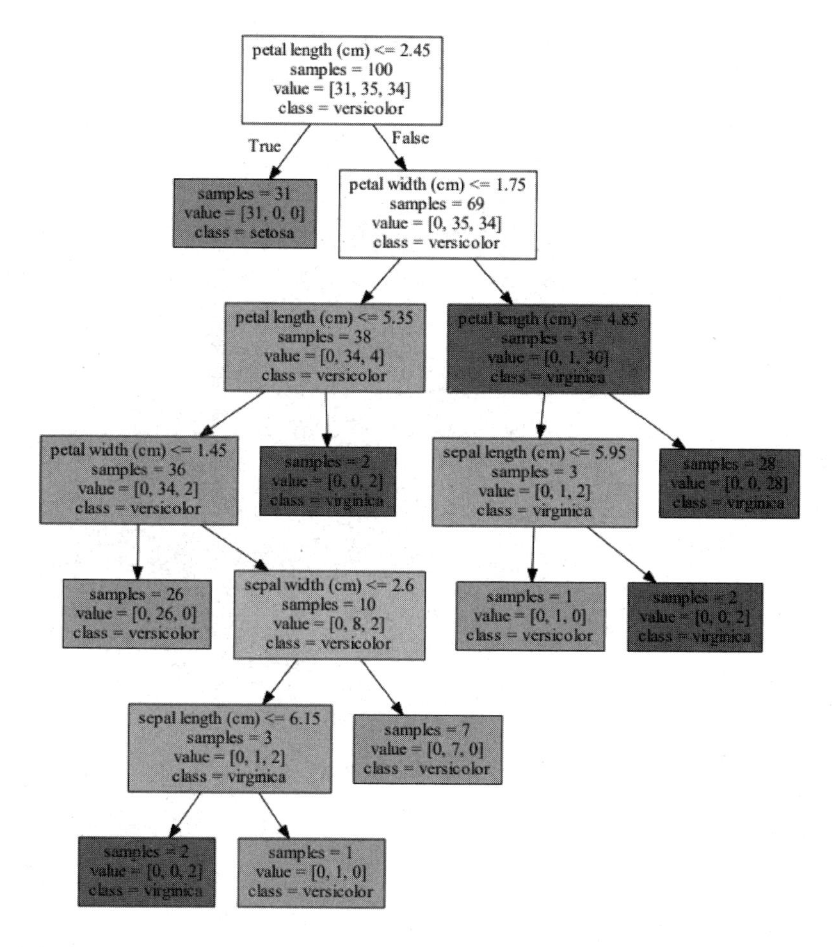

2）回归树案例

（1）数据集简介。

加州房价数据集是一个非常有价值的回归问题数据集。该数据集是由加州大学欧文分校的机器学习库提供的。它包含 20640 个样本。

加州房价数据集的每个样本都有 8 个特征，这些特征包括人均收入（MedInc）、房屋平均房间数（HouseAge）、房屋平均卧室数（AvgRooms）、该区域的人口数（Population）、该区域的就业人口数（EmployedPop）、该区域的平均通勤时间（AvgOccupation）、该区域在教育方面的支出（EducationNum）、该区域的犯罪率（CrimeRate）。该数据集是机器学习、统计学和数据挖掘领域的经典数据集，广泛应用于回归问题和特征选择问题的研究。

加州房价数据集中的每个特征都有特定的含义和重要性。该数据集经常被用作“机器学习”和“数据科学”课程中的教学示例，是机器学习算法的基准测试集。通过分析这个数据集，研究人员和从业者可以了解不同因素对房价的影响，并开发有效的模型来预测房价。

（2）代码实现。

加载数据集

```
import numpy as np
import matplotlib.pyplot as plt
from sklearn.datasets import fetch_california_housing
from sklearn.model_selection import train_test_split
from sklearn.tree import DecisionTreeRegressor, plot_tree
from sklearn.metrics import mean_squared_error
# 加载加州房价数据集
california_housing = fetch_california_housing()
```

数据划分

```
# 分割特征和目标变量
X = california_housing.data
y = california_housing.target
# 将数据集划分为训练集和测试集
X_train, X_test, y_train, y_test = train_test_split(X, y, test_size=0.2,
random_state=42)
```

构建回归树模型，并训练模型

```
# 构建回归树模型
regressor = DecisionTreeRegressor(max_depth=4, random_state=42)
# 训练模型
regressor.fit(X_train, y_train)
# 使用模型进行预测
y_pred = regressor.predict(X_test)
```

计算均方误差，评估模型性能

```
mse = mean_squared_error(y_test, y_pred)
print(f"Mean Squared Error: {mse}")

Mean Squared Error: 0.4979753095391472
```

模型结果可视化

```
fig, ax = plt.subplots(figsize=(15, 10))
tree_plot = plot_tree(regressor,
                      feature_names=california_housing.feature_names,
                      filled=True,
                      rounded=True,
                      ax=ax)
```

```
plt.title('California Housing Price Regression Tree')
plt.xlabel('Features')
plt.ylabel('Median House Value')
plt.show()
```

代码输出结果：

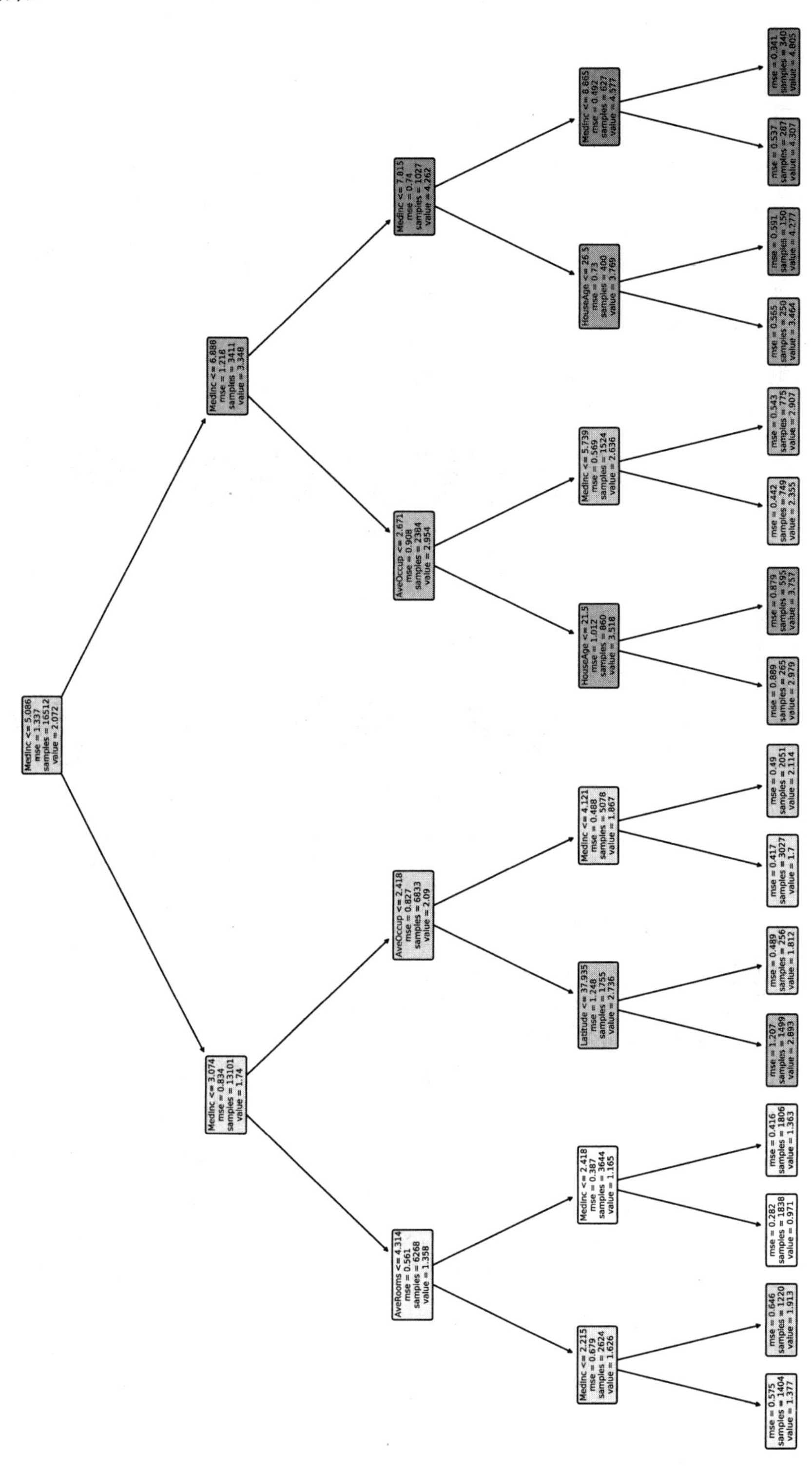

任务 4　随机森林概述

任务描述

通过本任务，学生将学习随机森林的相关概念及随机森林模型的构造过程。

知识准备

了解数据分析和数据挖掘的基础知识，熟悉数据预处理的步骤。

随机森林算法是决策树的集成算法。如果将决策树设想成一棵树，那么随机森林即为一片由很多棵决策树构成的森林。因此，可以说随机森林算法是在决策树的基础上构成的更加强大的算法。如图 6.7 所示，随机森林模型随机提取训练数据来生成决策树，并且每次随机森林模型内部都会构建不同的分类器来处理生成的决策树。最终的预测结果将由每一次的输出结果投票产生，投票占比最大的输出结果即为最终的结果。在随机森林中，通过采用特征选择的方法生成决策树，可以增加不同数据集子集之间的多样性，同时降低数据之间的相关性和依赖性，从而使产生的结果更可靠。

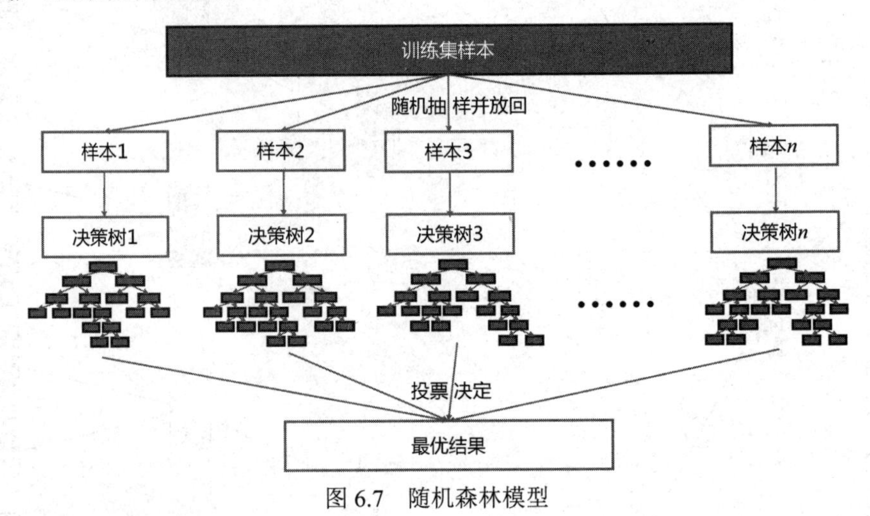

图 6.7　随机森林模型

1．随机森林模型的构造过程

随机森林模型的构造过程可以概括为以下几个步骤。

（1）从输入样本集中有放回地随机选择 N 个样本。每次都先选择一个样本，再选择下一个样本，以此类推，直到选择 N 个样本为止。这些被选择的样本用来训练决策树模型。

（2）对于决策树的每个节点，先从 M 个属性中随机选取 m 个属性（$m \ll M$），再利用某种策略（如信息增益）在这 m 个属性中选择一个属性作为分裂属性，从而确定该节点的分裂方向。

（3）根据选择的分裂属性，将节点分成两个或多个子节点，每个子节点都对应一个可能的分裂结果。这个过程一直持续到不能继续分裂为止，即在每个节点上已经没有更多的属性可以用来进一步划分数据。

（4）重复以上过程，直到构建出一定数量的决策树。这些决策树之间没有关联，因此它们可以独立地对输入样本进行分类或回归预测，并通过投票的方式得出最终的预测结果。

随机森林模型的构造过程采用了随机采样的方法。这有助于提高模型的泛化能力，同时可以避免过拟合。此外，随机森林中的每棵决策树都是相互独立的，因此它们的构建过程可以并行进行，从而大大提高了计算效率。

2. 随机森林的优缺点

1）随机森林的优点

（1）分类和回归具有高准确率。对于多种类型的数据，随机森林能够形成高准确率的分类器或进行精确的回归预测。

（2）可以有效地处理大量的输入变量。随机森林模型可以有效地处理大量的输入变量，这使得它适用于处理高维数据。

（3）可以评估特征的重要性。在决定类别时，随机森林模型可以评估特征的重要性，这有助于理解数据中各特征对结果的影响。

（4）不偏差的估计。在构建随机森林时，该算法可以在内部生成对泛化误差的无偏估计。

（5）大量数据遗失时，仍维持较高的准确度。当大量数据遗失时，随机森林模型仍可以维持较高的准确率，这是因为它在训练过程中会考虑到数据的随机性。

（6）可处理不平衡数据集。随机森林模型可以平衡类别分布，对于不平衡的数据集也能取得较好的分类效果。

（7）能进行亲近度计算。利用随机森林算法可以计算个例中的亲近度，这对于数据挖掘和视觉化非常有用。

（8）能进行并行化处理。在训练随机森林模型时，树与树之间是相互独立的，因此训练速度快。

2）随机森林的缺点

（1）计算资源消耗较大。由于随机森林需要构建多棵决策树，并且每棵决策树都需要进行特征选择和节点划分，因此相比单棵决策树，随机森林会消耗更多的计算资源。在处理大规模数据集时，随机森林的训练时间和内存占用可能会增加。

（2）模型的可解释性较弱。随机森林是由多棵决策树组成的，相比单一的决策树模型，其模型的可解释性较低。对于某些应用场景，如需要详细解释原因或结果的决策，可能较难解释随机森林模型的预测结果。

（3）对异常值和离群点较为敏感。随机森林模型对异常值和离群点较为敏感，这可能会影响模型的预测性能。在处理存在较多异常值或离群点的数据集时，需要谨慎调整随机森林模型的参数或采取其他预处理措施。

（4）容易过拟合。随机森林模型兼具复杂性和灵活性，因此在训练数据时容易过拟合。过拟合会导致模型在测试数据上的性能下降，因此需要在训练时合理设置随机森林模型的参数，如树的数量、树的深度等。

（5）对训练集的依赖较大。随机森林模型的预测性能对训练集的依赖较大。如果训练集的质量不高或数据量不足，则可能会影响模型的预测性能。因此，在训练随机森林模型时，需要保证训练集的质量和数据量。

尽管随机森林存在以上缺点，但其在很多实际问题中仍然是一种非常有效的机器学习算法，尤其适用于分类和回归任务。在应用随机森林时，需要注意其适用性和局限性，并根据具体问题采取合适的参数和方法。

3. 随机森林模型的使用步骤

（1）准备数据。需要准备训练数据和测试数据，这些数据包含特征和对应的目标值。

（2）训练模型。使用训练数据对随机森林模型进行训练。这一步需要选择一些参数，如决策树的数量、每棵决策树的最大深度等。

（3）评估模型。使用测试数据对模型进行评估。评估指标通常包括误差、*R* 的平方等。

（4）使用模型。如果评估结果达到预期，则可以使用该模型预测新数据的目标值。

任务 5 随机森林的应用

随机森林模型的案例分析

任务描述

通过本任务，学生将学习 sklearn 随机森林模型的参数意义，以及如何在 Iris 数据集和乳腺癌数据集的实例中运用随机森林模型。

知识准备

了解随机森林模型的概念，掌握 Python 编程和调用 sklearn 的方法。

1. sklearn 随机森林模型的参数介绍

1）随机森林集成分类器模型的参数介绍

sklearn.ensemble.RandomForestClassifier 是 sklearn 中用于分类任务的随机森林分类器。以下是该分类器的主要参数及其说明。

sklearn.ensemble.RandomForestClassifier(n_estimators=100,*,criterion='gini',max_depth=None,min_samples_split=2,min_samples_leaf=1,min_weight_fraction_leaf=0.0,max_features='sqrt',max_leaf_nodes=None,min_impurity_decrease=0.0,bootstrap=True,oob_score=False,n_jobs=None,random_state=None, verbose=0, warm_start=False, class_weight=None, ccp_alpha=0.0, max_samples=None)

（1）n_estimators：随机森林中所包含的树的棵数。

```
n_estimators:int, default=100
```

（2）bootstrap：是否利用自助采样生成引导样本。

```
bootstrap:bool, default=True
```

每棵决策树的生成都需要利用自助采样。如果 bootstrap 参数为 False，则使用整个数据集构建每棵树。

（3）oob_score：是否使用袋外样本来估计泛化得分。

```
oob_score bool or callable, default=False
```

自助采样未被选中的数据被称为袋外数据。在默认情况下，oob_score 使用 accuracy_score。当 bootstrap=True 时，提供一个(y_true, y_pred)矩阵，使用可调用函数进行自定义。

（4）n_jobs：并行运行的工作数量。

```
n_jobs:int, default=None
```

（5）random_state：随机种子。

```
random_state:int, RandomState instance or None, default=None
```

参数同时控制构建树时使用的样本的引导随机性和在每个节点处寻找最佳分割方式时要考虑的特征采样（如果 max_features < n_features）。

（6）verbose：控制拟合和预测时的冗长性。

```
verbose:int, default=0
```

（7）warm_start：重新用前面调用的解决方案来拟合，并向集成中添加更多的估计器。

```
warm_start:bool, default=False
```

在将该参数设置为 True 时，重新用前面调用的解决方案来拟合，并向集成中添加更多的估计器。否则，只是拟合一个全新的森林。

2）随机森林集成回归模型的参数介绍

sklearn.ensemble.RandomForestRegressor 是 sklearn 中用于回归任务的随机森林回归器。它与随机森林分类器类似，也是一种集成学习方法，通过构建多棵决策树，并对它们的预测结果求平均值（或汇总）来做出最终预测。不过，它是为回归任务设计的，因此与随机森林分类器有一些参数和默认行为上的差异。以下是该回归器的主要参数及其说明。

```
sklearn.ensemble.RandomForestRegressor(n_estimators=100,*,criterion='square
d_error',max_depth=None,min_samples_split=2,min_samples_leaf=1,min_weight_frac
tion_leaf=0.0,max_features=1.0, max_leaf_nodes=None,min_impurity_decrease=0.0,
bootstrap=True,oob_score=False,n_jobs=None,random_state=None,verbose=0,warm_st
art=False,ccp_alpha=0.0,max_samples=None)
```

2．随机森林的应用实例

1）鸢尾花数据案例

（1）数据集简介。

本案例仍然使用 Iris 数据集来展示随机森林的简单应用。通过对本案例的分析，可以得出随机森林的以下特点。

① 集成学习：随机森林将多棵决策树结合起来，通过集结多个弱学习器的预测结果来提高整体性能。

② 特征多样性：随机森林中的每棵决策树都是基于随机选择的特征子集进行训练的，这有助于提高模型的鲁棒性和避免过拟合。

③ 结果投票机制：随机森林采用投票机制来确定最终预测结果，这有助于提高模型的分类准确性和稳定性。

通过训练得到随机森林模型后，利用该模型对鸢尾花样本进行分类预测。随机森林模型的预测结果是通过投票机制得出的，即对多棵决策树的预测结果进行投票，得票最多的类别即为最终预测结果。

（2）代码实现。

```
加载数据集
from sklearn.datasets import load_iris
```

```
from sklearn.model_selection import train_test_split
# 加载 Iris 数据集
iris = load_iris()
iris_feature = iris.data # 特征数据
iris_target = iris.target # 分类数据
print('种类',iris.target_names)
print('特征',iris.feature_names)
# 将数据集划分为训练集和测试集。其中，数据集共 150 条数据。其中，测试集占 1/3，即有 50 条数据；训练集占 2/3，即有 100 条数据
feature_train, feature_test, target_train, target_test =
train_test_split(iris_feature,iris_target, test_size=0.33, random_state=42)
```

```
种类 ['setosa' 'versicolor' 'virginica']
特征 ['sepal length (cm)', 'sepal width (cm)', 'petal length (cm)', 'petal width (cm)']
```

构造随机森林分类器模型，并训练该模型

```
# 构造随机森林分类器模型
from sklearn.ensemble import RandomForestClassifier
RF = RandomForestClassifier(n_estimators=10)
# 训练该模型
RF.fit(feature_train, target_train)
# 使用模型对测试集进行预测
target_pred = RF.predict(feature_test)
# 获取每棵决策树的预测结果
tree_predictions = []
for tree in RF.estimators_:
tree_predictions.append(tree.predict(feature_test))
# 打印每棵决策树的前 10 个测试案例的预测结果
for i, tree_prediction in enumerate(tree_predictions):
print(f"Tree {i} predictions:", tree_prediction[:10])
# 打印随机森林的前 10 个测试案例的预测结果
print("Random Forest predictions:", target_pred[:10])
# 计算模型的准确率
accuracy = sum(target_pred == target_test) / len(target_test)
print("Accuracy:", accuracy)
```

获取决策树的预测结果

```
# 获取每棵决策树的预测结果
tree_predictions = []
for tree in RF.estimators_:
tree_predictions.append(tree.predict(feature_test))
# 打印每棵决策树的前 10 个测试案例的预测结果
for i, tree_prediction in enumerate(tree_predictions):
```

```
print(f"Tree {i} predictions:", tree_prediction[:10])
# 打印随机森林的前 10 个测试案例的预测结果
print("Random Forest predictions:", target_pred[:10])
# 计算模型的准确率
accuracy = sum(target_pred == target_test) / len(target_test)
print("Accuracy:", accuracy)

Tree 0 predictions: [1. 0. 2. 1. 1. 0. 1. 2. 1. 1.]
Tree 1 predictions: [1. 0. 2. 1. 1. 0. 1. 1. 1. 1.]
Tree 2 predictions: [1. 0. 2. 1. 1. 0. 1. 2. 1. 1.]
Tree 3 predictions: [1. 0. 2. 1. 2. 0. 1. 2. 2. 1.]
Tree 4 predictions: [1. 0. 2. 1. 1. 0. 1. 2. 1. 1.]
Tree 5 predictions: [1. 0. 2. 1. 1. 0. 1. 2. 1. 1.]
Tree 6 predictions: [1. 1. 2. 1. 1. 0. 1. 2. 1. 1.]
Tree 7 predictions: [1. 0. 2. 1. 1. 0. 1. 2. 1. 1.]
Tree 8 predictions: [1. 0. 2. 1. 1. 0. 1. 2. 1. 1.]
Tree 9 predictions: [1. 0. 2. 1. 1. 0. 1. 2. 1. 1.]
Random Forest predictions: [1 0 2 1 1 0 1 2 1 1]
Accuracy: 1.0
```

表 6.2 所示为随机森林鸢尾花数据案例输出结果分析。

表 6.2　随机森林鸢尾花数据案例输出结果分析

输出结果	种类
0	山鸢尾
1	变色鸢尾
2	维吉尼亚鸢尾

表 6.3 分析了这个随机森林模型的预测结果是怎么投票得出的。

表 6.3　随机森林鸢尾花数据案例输出结果投票分析

项目	0 的投票数量	1 的投票数量	2 的投票数量	投票结果
第 1 列	0	10	0	1
第 2 列	9	1	0	0
第 3 列	0	0	10	2
第 4 列	0	10	0	1
第 5 列	0	9	1	1
第 6 列	10	0	0	0
第 7 列	0	10	0	1
第 8 列	0	1	9	2
第 9 列	0	9	1	1
第 10 列	0	10	0	1

这里输出结果的准确率为 1.0。经过投票分析，我们发现这 10 棵决策树在预测结果上展现了 100%的准确率。也就是说，随机森林模型在此次预测中的表现非常出色。

但需要注意的是，随机森林模型并不是在所有数据集上都能提升准确率，有时也可能表现不佳。因此，我们需要根据实际情况和数据集包含的数据进行分析，并调整模型参数，以使模型达到最优状态。

2）乳腺癌数据案例

本案例涉及一个相对复杂的数据集，旨在对比决策树模型与随机森林模型的表现。

（1）数据集简介。

乳腺癌数据集是一个包含多个维度的数据集，旨在为乳腺癌研究提供统一的标准。该数据集的来源包括威斯康星州医院 Dr. William H. Wolberg 收集的威斯康星州乳腺癌数据集，以及其他相关的研究和数据收集项目。该数据集中的目标变量有两种，即肿瘤的良性和恶性状态。数据集的特征包含多方面的信息，如肿瘤的半径、纹理、对称性等。

通过对乳腺癌数据集的分析和处理，可以深入探索乳腺癌的发病机制、预测模型的构建，并进行治疗方案的设计等方面的研究。同时，该数据集也为临床医生提供了参考和指导，有助于提高诊断准确率和治疗效果。

（2）代码实现。

```
加载数据集
from sklearn.datasets import load_breast_cancer
from sklearn.model_selection import train_test_split
# 加载乳腺癌数据集
cancer = load_breast_cancer()
cancer_feature = cancer.data                          # 特征数据
cancer_target = cancer.target                         # 分类数据
print('种类',cancer.target_names)
print('特征',cancer.feature_names)
# 将数据集划分为训练集和测试集。数据集中共有 150 条数据。其中，测试集占 1/3，即有 50 条数据；训练集占 2/3，即有 100 条数据
feature_train, feature_test, target_train, target_test =
train_test_split(cancer_feature,cancer_target, test_size=0.33)

种类 ['malignant' 'benign']
特征 ['mean radius' 'mean texture' 'mean perimeter' 'mean area'
'mean smoothness' 'mean compactness' 'mean concavity'
'mean concave points' 'mean symmetry' 'mean fractal dimension'
'radius error' 'texture error' 'perimeter error' 'area error'
'smoothness error' 'compactness error' 'concavity error'
'concave points error' 'symmetry error' 'fractal dimension error'
'worst radius' 'worst texture' 'worst perimeter' 'worst area'
'worst smoothness' 'worst compactness' 'worst concavity'
'worst concave points' 'worst symmetry' 'worst fractal dimension']

构造决策树分类器模型和随机森林分类器模型
RF = RandomForestClassifier(n_estimators=10)
RF.fit(feature_train,target_train)
```

```
score_RF = RF.score(feature_test,target_test)
# 输出准确率
print('Decision Tree : ', score_dt_model)
print('Random Forest : ', score_RF)

Decision Tree : 0.9414893617021277
Random Forest : 0.9521276595744681
```

使用 cross_val_score 进行交叉验证

```
from sklearn.model_selection import cross_val_score
dt_model_scores = []
RF_scores = []
for i in range(10):
RF_score = cross_val_score(RandomForestClassifier(n_estimators=25),
,→ cancer.data,cancer.target, cv=10).mean()
RF_scores.append(RF_score)
dt_model_score = cross_val_score(DecisionTreeClassifier(), cancer.data,
,→ cancer.target, cv=10).mean()
dt_model_scores.append(dt_model_score)
```

对比决策树模型和随机森林模型

```
import matplotlib.pyplot as plt
plt.figure()
plt.title('Random Forest VS Decision Tree')
plt.xlabel('Index')
plt.ylabel('Accuracy')
plt.plot(range(10),RF_scores,label = 'Random Forest')
plt.plot(range(10),dt_model_scores,label = 'Decision Tree')
plt.legend()
plt.show()
```

代码输出结果：

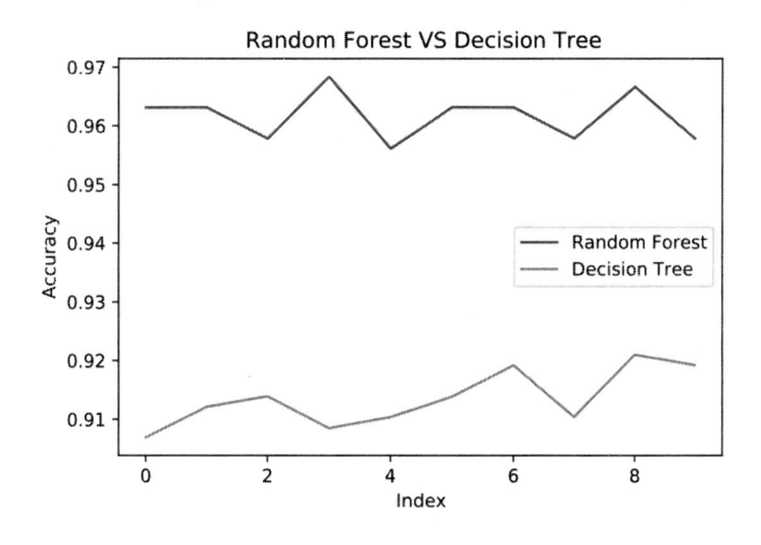

从上图中可以清晰地看到，在对乳腺癌数据集的训练中，随机森林模型的表现相比决策树模型更为优秀。

总结

决策树算法和随机森林算法都是强大的机器学习算法，它们在许多实际应用中取得了良好的性能。决策树算法适用于需要直观解释和构建简单模型的场景，而随机森林算法则适用于追求更高性能和稳定性的场景。在实际应用中，可以根据具体问题和数据集的特点选择合适的算法。

（1）决策树算法是一种直观且易于理解的监督学习算法，广泛应用于分类和回归任务中。它采用树状结构，通过递归地将数据集划分为更小的子集来构建模型。每个内部节点都表示一个特征属性上的判断条件，分支代表不同的属性值，而叶节点则代表最终的分类或回归结果。

（2）随机森林算法是决策树的集成学习算法，通过构建多棵决策树并将它们的输出集成，可以提高模型的稳定性和准确性。随机森林通过引入随机性来减少过拟合，并在平均意义上提高预测性能。

在本项目中，学生通过深入学习决策树和随机森林这两种重要的机器学习模型，能够对它们的适用范围和特性有更加全面的认识。通过了解这两种模型的优势与局限，学生不仅能够在实际问题中灵活选择和应用它们，还能够为后续的机器学习之路打下坚实的基础。这些知识不仅能够增强学生在实际应用中选择和调整线性模型的能力，也能够为学生在日后进一步探索更复杂的机器学习模型提供有力的支撑。

项目考核

一、选择题

1．决策树算法是一种（　　）。

A．监督学习算法　　B．无监督学习算法

C．强化学习算法　　D．聚类算法

2．在决策树中，节点代表（　　）。

A．特征　　B．样本　　C．决策规则　　D．目标变量

3．下列选项中，（　　）不是决策树模型构造过程中的步骤。

A．特征选择　　B．剪枝

C．交叉验证　　D．随机划分数据

4．在谈论决策树的过拟合时，我们通常指的是（　　）。

A．模型过于复杂，对新数据的预测性能下降

B．模型过于简单，不能很好地拟合训练数据

C．模型预测结果总是偏向某一类别

D．模型无法处理噪声数据

5．在决策树中，（　　）可以用来控制树的复杂度。

A．最大深度　　B．学习率　　C．正则化项　　D．迭代次数

6．随机森林算法是一种（　　）。

A．集成学习算法　　B．深度学习算法
C．强化学习算法　　D．贝叶斯方法

7．随机森林中的“随机”主要体现在（　　）。

A．随机选择特征　　B．随机选择样本
C．随机选择决策树的数量　　D．以上所有内容

8．在随机森林中，增加决策树的数量通常会（　　）。

A．提高模型的过拟合风险　　B．降低模型的预测准确率
C．提高模型的稳定性和预测准确率　　D．对模型性能没有影响

9．在利用随机森林模型处理分类问题时，模型的输出通常是（　　）。

A．概率分布　　B．单一类别标签
C．类别标签的集合　　D．类别标签的排序

10．下列关于随机森林的说法中，正确的是（　　）。

A．随机森林只适用于解决分类问题
B．随机森林中的每棵树都是完全相同的
C．随机森林可以通过调整参数来避免过拟合
D．随机森林中的每棵树都是独立训练的，没有关联

二、填空题

1．在决策树中，常用的划分标准有信息增益、增益率和__________。

2．决策树的剪枝策略主要有预剪枝和__________。

3．在随机森林模型中，每棵决策树都是基于一个__________的数据子集进行训练的。

4．在随机森林中，每次划分特征时，通常从所有特征中随机选择__________个特征进行考虑。

三、简答题

1．请简述决策树模型的基本构造过程。

2．请给出一种防止决策树过拟合的方法。

3．请简述随机森林模型的基本原理和优势。

4．随机森林如何进行特征选择？

四、综合任务

具体任务：使用 Python 编程语言，结合 sklearn，利用决策树模型和随机森林模型对 Iris 数据集进行分类。下面通过比较这两种模型的性能，评估二者在分类任务上的表现。

1．加载 Iris 数据集，并进行初步的数据探索和分析。

2．使用决策树模型对数据进行训练和预测，计算模型的准确率、精确率、召回率和 F_1 分数。

3．使用随机森林模型对数据进行训练和预测，同样计算模型的准确率、精确率、召回率和 F_1 分数。

4．比较两种模型的性能，分析它们在不同分类任务上的表现差异。

5．根据分析结果，讨论决策树模型和随机森林模型在 Iris 数据集上的适用性和优缺点。

项目 7

聚类与降维

项目介绍

在数据科学的世界里，聚类与降维不仅是技术层面的操作，还蕴含着深刻的哲学思考和人文情怀。通过聚类，可以发现数据中的共性与个性，理解万物之间的联系与差异，其中体现了世界是普遍联系的和变化发展的哲学原理。而降维则教会我们如何把握事物的主要矛盾，抓住问题的核心，有助于我们认识事物本质的能力的锻炼和提升。在本项目中，我们不仅要学习聚类与降维的技术，还要通过这一过程，深化对世界、对生活的理解，提升我们的思维品质和综合素质，为我们成长为全面发展的社会主义建设者和接班人打下坚实的基础。

知识目标

- 掌握聚类与降维的定义。
- 理解聚类的原理。
- 理解降维的原理。

能力目标

- 利用聚类或降维算法解决现实问题。
- 分析聚类结果，优化聚类算法。
- 分析降维结果，优化降维算法。
- 筛选恰当的聚类算法，解决实际问题。
- 筛选恰当的降维算法，解决实际问题。

素养目标

- 具备批判性思维，能够说出各种聚类算法和降维算法的优势与弊端。
- 具备创新思维，能够根据已有的聚类或降维算法进行改进。
- 具备良好的信息化、智能化素养，能使用智能化工具解决现实问题。

任务 1 聚类的介绍

认识聚类

任务描述

本任务将介绍聚类的概念、主要流程，聚类算法的主要类型，以及聚类评估指标。

知识准备

了解数据分析和数据挖掘的基础知识，熟悉数据预处理的步骤；对统计学和数学中的距离度量、相似度计算有一定的了解，以便理解聚类算法如何根据数据间的相似性或差异性进行分组。

1．聚类的概念

聚类的基本思想是：先根据相似性的高低或距离的远近将数据划分为若干类，再利用人工对各类指定类别，以便将数据价值最大化。聚类通过一种不带标签的算法来发现数据的分布和特性，同一个聚类中的数据样本比不同聚类中的样本相似性更高或距离更近。简而言之，就是将一个数据集交给一种聚类算法，这种算法不需要事先知道每条数据的类别信息就可以进行聚类，也就是进行无监督学习。但是有的算法需要指定将数据集划分成多少个类别，也就是将数据集划分成多少个簇，每个簇中的数据像被聚集在一起形成了一个团似的，所以这种方法也被称为聚类。而有的算法则不需要指定簇的数量，在训练的过程中能够自适应调整簇的大小。聚类结束后，同属于一个簇的数据之间的相关性（或距离）比不属于同一个簇的数据之间的相关性（距离）高（近），因为聚类的实现就是根据它们之间的相关性或距离来判断的。因此，对聚类的定义可以是“类内的相似性与类间的排他性”。

2．聚类的主要流程

聚类的主要流程包括收集数据集、特征选择、归一化数据、选择聚类算法、评估聚类结果、调整参数、再次执行聚类算法直至聚类评估结果良好（重新聚类），之后用评估良好的模型得到最终的聚类结果，如图 7.1 所示。

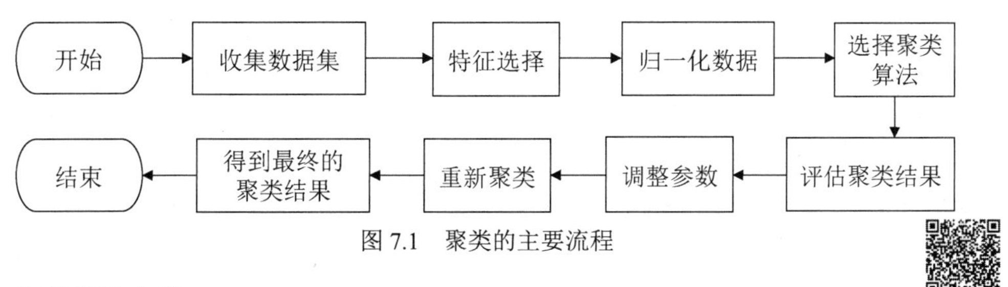

图 7.1 聚类的主要流程

三种常见的聚类算法

3．聚类算法介绍

聚类方法主要包括划分聚类、层次聚类与密度聚类，也有集成聚类、基于网格的聚类和基于模型的聚类等。划分聚类算法有 *k*-Means 算法和 FCM 算法。其优点是易于实现、聚类速度快；缺点是当数据集具有局部分布不均的特征时，*k*-Means 算法和 FCM 算法取得的效果通常令人不太满意。层次聚类分为凝聚层次聚类和分裂层次聚类。层次聚类是基于邻近矩阵将数据组织到层次结构中的聚类方法。其结果通常用树状图表示。层次聚类算法和划分聚类算法各有优劣：在时间复杂度上，层次聚类算法往往优于划分聚类算法；在聚类参数设定上，层次聚类算法不需要像划分聚类算法那样事先设定聚类参数。密度聚类算法有 DBSCAN 算法。与以上两类算法相比，密度聚类算法在处理稀疏不均区域的问题时更具优势，主要应用于时空数据聚类。

不同的聚类算法能很好地解决某些特定问题，但总体上仍然存在许多亟待解决的问题，比如聚类结果受数据分布影响大、复杂度高、聚类数量需人工干预、聚类结果难以评价等。我们在实际应用中选择聚类算法时应该具体问题具体讨论，因为没有一种聚类算法是通用的。

4．聚类评估指标

聚类是一种无监督的学习方法。用于聚类学习的数据集本身就没有正确的类别标签，所以无法通过传统的“训练—测试”方法来判定聚类的效果。由于聚类任务按照事先给定的相似性判断原理对数据进行分组，导致同组数据彼此相似而不同组数据不相似，因此对聚类结果的评价只能通过判断聚类结果是否符合“同一个簇的数据相似，不同簇之间的数据不相似”进行。数据之间的相似性用什么指标进行衡量目前并没有统一的标准，应该根据数据的类型选择数据相似性衡量指标。在对聚类结果进行评价时，按照选定的数据相似性衡量指标评判簇中的各个数据是否相似、簇间的数据是否不相似即可。

以下是一些常见的聚类评估指标及其含义。

（1）同质性。这个指标主要考虑聚类结果中各个类别的纯粹性，即每个类别中的样本应该尽可能相似。同质性越强，意味着聚类结果越好。

（2）轮廓系数。轮廓系数是一种基于数据点在聚类结果中的拥挤程度的评估指标。如果一个点的轮廓系数的值接近 1，那么这个点所在的聚类非常拥挤（它的邻居几乎都在同一个聚类中）；如果一个点的轮廓系数接近-1，那么这个点所在的聚类非常稀疏（它的邻居几乎都在其他聚类中）。轮廓系数越接近 1，意味着聚类结果越好。

（3）调整后的互信息。调整后的互信息是一种基于真实聚类标签和预测聚类标签之间的互信息的评估指标，用于衡量聚类结果的性能，考虑了随机因素。如果调整后的互信息值接近 1，那么意味着聚类结果非常好。

（4）完整性。这个指标主要考虑聚类结果中各个类别之间的分离性，即每个类别中的样本应该尽可能不同。完整性越强，意味着聚类结果越好。

（5）V-measure。该指标同时考虑了聚类的纯度和分离度。V-measure 的值越高，意味着聚类结果越好。

（6）调整兰德系数（Adjusted Rand Index，ARI）。ARI 是一种基于真实聚类标签和预测聚类标签之间的随机类别一致性的评估指标。ARI 的值在-1～1 之间。其中，1 表示完全一致，0 表示随机选择，-1 表示完全不一致。ARI 的值越大，表明聚类结果越好。

以上这些指标各有特点，选择哪一种取决于具体需求和数据集的特性。

任务 2　降维的介绍

认识降维

任务描述

本任务将介绍降维的概念、降维算法、降维评估指标，并阐述降维与聚类的关系、降维与特征选择的区别。

知识准备

具备线性代数基础知识，理解向量、矩阵、特征值和特征向量等的概念；对统计学中的方差、协方差有一定的了解，以便理解如何在降维过程中保留数据的主要信息，同时减少数据维度。

1. 降维的概念

当数据的特征过多时，模型需要学习很多特征。这使模型变得过于复杂，并且容易造成维度灾难问题。当模型过于复杂时，可能还会发生过拟合问题。因此，在进行模型训练之前，通常需要进行降维操作，以降低模型的复杂度。

降维是指在某些限定条件下，降低随机变量（特征）的个数，得到一组“不相关”主变量的过程。如果主变量之间相关，就有多余的变量，降维的目的就没有完全达到。因为相关的变量之间可以由一个变量得到另外的变量，所以保留一个变量即可。降维之后得到的特征应该是一组不相关的特征。

2. 降维算法介绍

两种常见的降维算法

降维的目的是将高维数据映射到低维度空间，以简化数据集的复杂性，同时保留其重要的特征。降维后的数据将更加有利于可视化、分析和压缩。降维算法大致可以分为线性方法和非线性方法。

线性方法中最常用的是 PCA。PCA 通过将原始数据变换为一组各维度线性无关的表示，提取数据的主要特征分量。通俗来讲，PCA 的目标是最大化投影方差，即让数据在主轴上投影的方差最大。

非线性方法则可以分为基于核函数的方法和基于特征值的方法。基于核函数的方法，如核主成分分析（Kernel Principal Component Analysis，KPCA）和线性判别分析（Linear Discriminant Analysis，LDA），先通过使用核函数将数据映射到高维空间，再进行线性降维。基于特征值的方法，如等距特征映射（ISOmetric MAPping，ISOMAP）、局部线性嵌入（Locally Linear Embedding，LLE）和拉普拉斯映射（Laplacian Eigenmaps，LE），通过保留最重要的特征来降低数据的维度。

注意：在具体的应用中，需要根据数据集的特点和实际应用需求来选择合适的降维算法。

3. 降维评估指标

对降维结果的评价需要根据具体的降维算法和实际的应用场景来进行，以下是一些常见的降维评估指标。

（1）方差解释比例。方差解释比例可以用来衡量降维后的数据保留了多少原始数据的信息，通常使用方差来计算。方差解释比例越高，说明降维后的数据保留的原始数据信息越多。

（2）信息保留率。信息保留率也可以用来衡量降维后的数据保留了多少原始数据的信息，通常使用信息熵来计算。信息保留率越高，说明降维后的数据保留的原始数据信息越多。

（3）分类或聚类效果。通过使用降维后的数据进行分类或聚类，并将结果与原始数据做比较，可以评估算法的效果。通常使用分类准确率、聚类内部距离等指标来衡量分类或聚类效果的好坏。

（4）可视化效果。通过将降维后的数据可视化，可以评估算法的效果。通常使用低维空间中数据点的分布、聚类和分类情况，以及数据的可解释性等指标来评估可视化效果的好坏。

（5）鲁棒性。通常使用噪声、异常值和缺失值来检验算法的鲁棒性。

除了以上常见的评估指标，时间复杂度、空间复杂度等指标也可以用来评估降维算法的质量和性能。本项目主要通过聚类结果来评估降维质量，实际应用中降维质量的评估方法需要根据具体的应用场景和实际的需求进行选择和确定。

4．降维与聚类的关系

聚类和降维是在数据处理和分析中常用的两种技术。它们有一定的关系。

聚类是一种无监督学习方法，用于将数据集中的对象根据相似性划分为不同的群组或类别。聚类的目标是在没有先验标签或类别信息的情况下，发现数据内部的结构和模式。聚类算法通过测量样本之间的距离或相似性，将相似的样本聚合在一起，形成簇或类别。

降维是一种降低数据维度的技术，旨在保留原始数据集中最重要的信息，同时减少冗余和噪声。降维可以帮助简化数据集、提高计算效率、减少存储需求，并且在一些应用中有助于可视化和理解数据。

聚类和降维之间存在一定的关系，具体如下。

（1）前向关系。在一些场景下，降维可以作为聚类的预处理步骤。通过降低数据维度，可以去除冗余信息和噪声，提取出更有代表性的特征，从而为后续的聚类算法提供更好的输入。

（2）后向关系。在聚类完成后，降维可以用于可视化和解释聚类结果。通过将高维数据映射到低维空间，可以更直观地展示聚类结果，并帮助分析人员理解不同簇之间的关系和区别。

（3）联合优化。有些聚类算法可以与降维算法进行联合优化，同时对数据进行聚类和降维。这样可以在保持聚类准确性的同时，进一步降低数据维度，提高效率。

需要注意的是，聚类和降维是两种独立的方法，可以单独使用，也可以组合使用，两者没有必然的关联。具体使用时，需要根据数据的特点、问题的需求来选择适当的聚类算法和降维算法。

5．降维与特征选择的区别

特征选择和降维都是特征工程中数据预处理的重要步骤，但是两者所关注的问题，以及两者的实施目的和实现方法都有所不同。

特征选择是从原始数据中选择最相关的特征，以减少冗余信息和噪声，提高模型的性能。此外，特征选择通常基于统计分析的方法或机器学习算法进行，包括过滤、包装和嵌入三种类型。过滤方法首先根据每个特征与目标变量之间的相关性进行评估，然后筛选出最相关的特征。包装方法将特征选择看作一个搜索问题，并利用模型训练来判断哪些特征对于模型性能最重要。嵌入方法将特征选择纳入模型训练中，以便在优化过程中自动确定最优的特征集合。

降维通过将数据映射到低维空间来降低原始数据的维度。降维的目的是最大限度地降低数据的复杂性，并提高模型的性能。常见的降维算法包括 PCA、LDA 和 t-分布随机邻居嵌入（t-distributed Stochastic Neighbor Embedding，t-SNE）等。PCA 试图找到一个新的低维空间来表示原始数据，使得在这个新的空间中，数据点之间的距离最大化。LDA 尝试将数据投影到低维空间，并确保不同类别之间的距离最大化。t-SNE 是一种非线性降维算法，特别适用于显示高维数据集。它能保留数据的局部结构，也就是说，在原始空间中靠近的点在低维空间中也会靠近。

任务 3 *k*-Means 算法

任务描述

本任务将深入解析 *k*-Means 算法的原理、应用；讲解选择初始聚类中心、迭代更新聚类中心的方法，以及评估聚类效果的标准；阐述 *k*-Means 算法在数据挖掘和机器学习中的应用场景和限制。

知识准备

熟悉聚类分析的基本概念；了解数据预处理的步骤，如标准化、归一化；掌握基础的统计知识，特别是距离度量的方法；了解迭代优化算法的基本思想，以便为后续理解 *k*-Means 算法的迭代过程打下一定的基础。

1. *k*-Means 算法的原理

k-Means 算法是一种无监督算法，数据集不需要具有标签。它最大的特征就是简单。在聚类之前，首先需要指定簇数 k，然后按照以下步骤进行簇的划分，即聚类。

（1）从数据集中随机选择 k 个数据作为簇的中心点。

（2）计算每个数据与所有中心点之间的距离，将这些数据划分到与其距离最小的中心点所在的簇中。

（3）当所有数据都被划分到某一个簇中时，计算每个簇中所有样本的均值，并将均值作为簇的中心点，开始下一次迭代。

（4）重复步骤（2）和（3），直至新中心点与旧中心点的距离小于设置的阈值，或者每个数据点所属的簇不变，又或者中心点不再变化。

2. *k*-Means 算法的应用

为帮助大家了解聚类算法的实际应用，下面将利用 *k*-Means 算法对 Iris 数据集进行聚类，并利用 ARI 来量化聚类效果。

（1）导入第三方库和 Iris 数据集，并获得特征和标签。

```
# 导入第三方库
from sklearn import datasets
from sklearn.cluster import KMeans
import matplotlib.pyplot as plt
# 导入 Iris 数据集
iris = datasets.load_iris()
# X 为特征
X = iris.data
# y 为标签
y = iris.target
```

Iris 数据集是一种公开的数据集，获取容易，并且数据量较小，方便学生在自己的计算机上进行实验。

（2）调用 *k*-Means 算法进行聚类，并获取聚类后各个样本的簇号。

```
# 调用 k-Means 算法拟合数据集，并将聚类数量设置为 3
kmeans = KMeans(n_clusters=3, random_state=0).fit(X)
# 获取聚类后各个样本的簇号
labels = kmeans.labels_
```

由于 Iris 数据集本身有 3 类，所以将簇的数量指定为 3，并调用 *k*-Means 算法对数据集进行聚类。

（3）利用聚类量化指标 ARI 来量化聚类效果。

```
ARI = adjusted_rand_score(y, labels)
print(f"ARI 为 {ARI}")

ARI 为 0.7302382722834697
```

ARI 是一种聚类模型的性能评估指标，用于衡量两种数据分布的吻合程度。ARI 的值越大、越接近 1，则意味着 *k*-Means 算法的聚类结果与数据集的真实分类情况越吻合。这一指标需要数据集本身具有标签才能使用。

（4）可视化聚类结果和样本的正确标签。

```
# 可视化聚类结果
# 聚类后，样本所属的簇用散点图表示，控点大小为 100
plt.scatter(X[:, 0], X[:, 1], c=labels, cmap='viridis', s=100)
# plt.show()
# 样本真正的标签用另一种颜色表示，控点大小为 10
# 绘制所有标签为 0 的样本的散点图，选择第一个、第二个特征值分别作为横、纵坐标
plt.scatter(iris.data[y==0, 0], iris.data[y==0, 1], c='red', marker='^',
s=10)
# 绘制所有标签为 1 的样本的散点图，选择第一个、第二个特征值分别作为横、纵坐标
plt.scatter(iris.data[y==1, 0], iris.data[y==1, 1], c='pink', marker='o',
s=10)
# 绘制所有标签为 2 的样本的散点图，选择第一个、第二个特征值分别作为横、纵坐标
plt.scatter(iris.data[y==2, 0], iris.data[y==2, 1], c='green', marker='x',
s=10)
plt.rcParams['font.sans-serif'] = ['SimHei']
plt.rcParams['axes.unicode_minus'] = False
plt.xlabel("花萼长度")
plt.ylabel("花萼宽度")
plt.legend()
plt.savefig("k-means-iris2.pdf",format ="pdf")
plt.show()
```

代码输出结果：

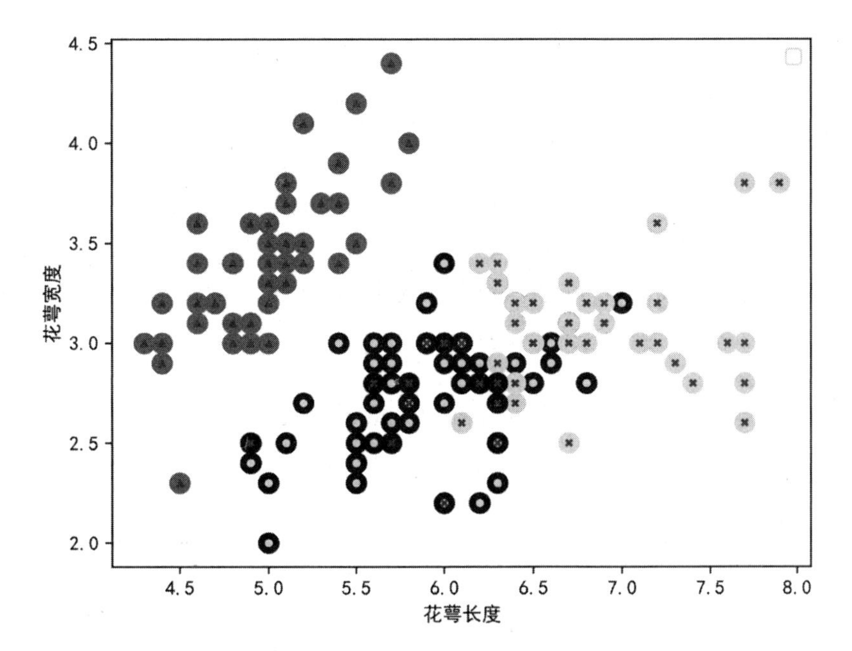

如上图所示，将样本聚类后所在的簇用一个颜色表示，将样本真正的标签用另一种颜色表示，并且两者的大小不同，以便区分。小的标记表示样本原本的类别，大的标记表示聚类后给样本划分的类别。比如，用红色三角形表示标签为 0 的这一类鸢尾花，如果有红色三角形下方圆圈的颜色与其他红色三角形下方圆圈的颜色不同，则说明聚类时有样本被错误分类了。

由上图和 ARI 可知，本次聚类的效果一般，有很多样本点并没有被正确划分到对应的簇中。效果不佳与数据集样本和算法都有关系，想要得到一个比较完美的聚类模型还需要不断地尝试和研究。

3．*k*-Means 算法的优缺点和应用场景

1）*k*-Means 算法的优点

（1）原理简单，易实现，收敛速度快。

（2）只有簇数 k 这一个参数，调试方便。

（3）可解释性较强。

2）*k*-Means 算法的缺点

（1）k 值不好确定，k 值的大小对聚类结果的影响大。

（2）初始点的选取对聚类结果的影响较大。

（3）对异常数据敏感。

（4）采用迭代方法只能得到局部最优解。

3）*k*-Means 算法的应用场景

（1）异常数据监测。

徐胤博等曾提出利用 *k*-Means 算法对舰船通信网络中的异常数据进行检测，以提升舰船通信网络的通信质量和可靠性。

（2）农业种植。

李翠玲等利用 *k*-Means 算法和其他算法对葡萄霜霉病进行检测分级，在自然环境的复杂情况下准确地分割葡萄叶片和葡萄霜霉病病斑，实现了葡萄霜霉病的精准防治，为农业发展做出了巨大贡献。

（3）共享单车回收中心选址优化。

刘泉宏等利用 *k*-Means 算法和重心法来解决武汉市共享单车回收中心的选址问题。该方案不仅降低了回收成本，提高了回收效率，还让共享单车的分区域运营管理更加便捷。这种方案也适用于其他城市，模型具有较强的实用性。

（4）医疗图像分析。

在医疗图像分析领域，*k*-Means 算法可用于图像分割和异常检测。例如，有的研究人员使用 *k*-Means 算法对医学图像进行分割，以识别和预测疾病迹象，以及检测图像中的异常区域。

（5）推荐系统。

k-Means 算法也经常用于构建推荐系统中的用户聚类模块。通过聚类分析用户的购买行为和其他相关信息，可以识别出不同类型的用户，并根据用户之间的相似性来为他们提供个性化的产品推荐。

任务 4　均值漂移聚类算法

任务描述

本任务将研究均值漂移聚类算法的原理与应用，以及如何发现数据中的聚类结构。

知识准备

理解聚类分析的基本概念，包括聚类的目标和方法；熟悉数据预处理的步骤，特别是特征缩放，以确保算法的有效性；了解概率密度估计的基础知识，因为均值漂移聚类依赖于对数据点周围密度的估计来定位聚类中心。

1. 均值漂移聚类算法的原理

均值漂移聚类算法的核心思想可以理解为“寻路”。假设你是一个旅行者，在一个大森林里迷路了，你会怎么办呢？你可能会先观察周围的地形，找到一条看起来最好走的道路；再沿着这条道路走，直到找到一个熟悉的地方或遇到一个出口。

均值漂移聚类算法就像一个旅行者。它从数据集中的每个点开始，寻找一条“最好走”的路，即样本点密度增大的最快方向（Mean Shift）。这条路是由附近的点决定的。它不断地移动，直到到达一个“山顶”，也就是一个局部最大值。这里的“山顶”就代表一个聚类中心。

上述过程从每个点开始，所以每个点最终都会到达一个“山顶”。这样，同一个“山顶”下面的点就被分到同一个聚类里了。所以，均值漂移聚类算法的核心思想就是先通过寻找“最好走”的路，找到每个聚类的中心；再把周围的点分到对应的簇中。

2. 均值漂移聚类算法的应用

（1）导入第三方包，并生成样本数据，主要生成聚类的中心点和多个围绕在中心点附近的样本。

```
# 导入第三方包
import numpy as np
from sklearn.cluster import MeanShift, estimate_bandwidth
from sklearn.datasets import make_blobs
import matplotlib.pyplot as plt
# 生成样本数据
centers = [[1, 1], [-1, -1], [1, -1]]
X, _ = make_blobs(n_samples=20, centers=centers, cluster_std=0.6)
```

（2）使用均值漂移聚类算法进行聚类。

```
# 估计核函数的带宽
bandwidth = estimate_bandwidth(X, quantile=0.2, n_samples=500)
# 调用均值漂移聚类算法，生成均值漂移模型
ms = MeanShift(bandwidth=bandwidth, bin_seeding=True)
# 拟合数据集
ms.fit(X)
# 获得聚类后的标签
labels = ms.labels_
# 获得聚类后各个簇的中心点
cluster_centers = ms.cluster_centers_
```

使用均值漂移聚类算法的目的是在平滑密度的样本中发现“斑点”。该算法是一种基于质心的算法。其工作原理是：先将质心的候选点更新为给定区域内点的平均值；再在后面的处理阶段对这些候选点进行过滤，以消除近似重复，形成最终的质心集。

（3）可视化聚类结果。

用三种颜色和三个标识来展示步骤（1）中生成的样本，以展示聚类结果。

```
plt.figure(1)
plt.clf()
#指定颜色值和标记图案
colors = ["#dede00", "#377eb8", "#f781bf", "#dfddff", "#1ad3ff", "#aaaaa5"]
markers = ["x", "o", "^", "s", "*", "+"]
#画出每个簇中的所有样本
for k, col in zip(range(n_clusters_), colors):
    # 判断标签值和索引顺序值是否相同
    cluster_center = cluster_centers[k]
    plt.plot(
        cluster_center[0],
        cluster_center[1],
        # marker='o',
        markers[k],
        markerfacecolor=col,
        markeredgecolor="k",
        markersize=14,
    )
```

```
        my_members = labels == k
        plt.plot(X[my_members, 0], X[my_members, 1], markers[k], markerfacecolor
=col, markeredgecolor="red",)
    plt.rcParams['font.sans-serif'] = ['SimHei']
    plt.rcParams['axes.unicode_minus'] = False
    plt.legend()
    plt.savefig("mean-shift.pdf",format ="pdf")
    plt.show()
```

代码输出结果：

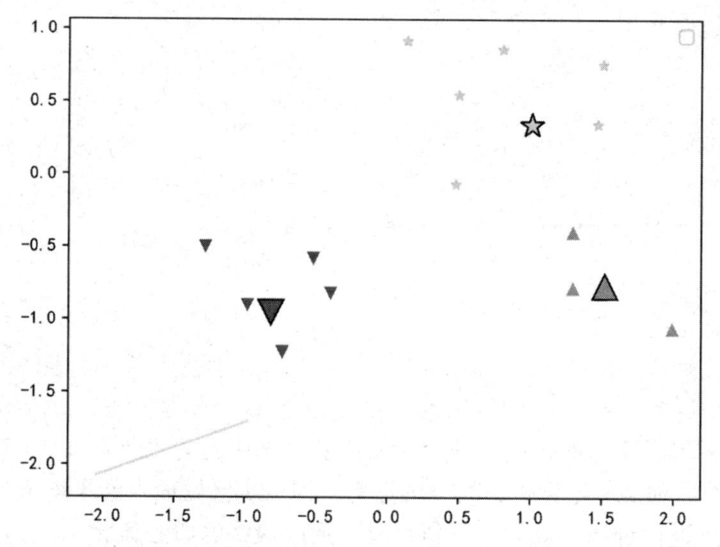

从上图中可以看出，均值漂移聚类算法的聚类结果良好，因为聚类后各个簇的中心都位于数据集的“内部区域”，即未出现较严重的偏差。

3. 均值漂移聚类算法的优缺点及应用场景

1）均值漂移聚类算法的优点

（1）不需要指定簇的个数。

（2）对复杂的和不规则形状的簇具有较好的适应性。

（3）只需设置带宽这一个参数，方便调试。

（4）聚类结果稳定，不需要进行类似于 *k*-Means 算法的样本初始化。

2）均值漂移聚类算法的缺点

（1）初始点的选择对聚类结果的影响较大。

（2）聚类结果取决于带宽的设置，带宽设置得太小会导致收敛过慢，簇的个数过多；带宽设置得太大会导致聚类不精确，簇的个数较少。

（3）当数据样本的特征空间较大时，计算量大。

3）均值漂移聚类算法的应用场景

（1）数据聚类。

均值漂移聚类算法可以用于数据聚类，以实现分类的目标。

（2）图像分割。

均值漂移聚类算法是一种通用的聚类算法，通常可以实现彩色图像分割。其实现原理是：对于给定数量的样本，任选其中一个样本，以该样本为中心点划定一个圆形区域，求取该圆形区域内样本的质心，即密度最大处的点；以该点为中心继续执行上述迭代过程，直至最终收敛。在彩色图像的分割过程中，均值漂移算法可以先通过不断分割，找到空间颜色分布的峰值；再根据峰值进行相似度合并，解决过度分割问题，得到最终的分割图像。对于图像多维度数据颜色值（RGB）与空间位置(x,y)，需要两个窗口半径，一个是颜色半径，另一个是空间半径。经过均值漂移窗口的所有像素点都会具有相同的像素值。严格来说，并不是图像的分割，而是图像在色彩层面的平滑滤波。它可以中和色彩分布相近的颜色，平滑色彩细节，侵蚀掉面积较小的颜色区域。简而言之，就是通过对颜色值进行聚类，划分出图像的各个部分。

（3）行为识别。

在视频分析中，可以利用均值漂移聚类算法来识别和分类视频中的行为。其基本原理是：利用目标对象的颜色、大小、形状、运动轨迹，以及背景图像的变化等信息，识别目标对象的运动特征和行为模式。具体来说，均值漂移聚类算法通过对视频序列中的像素点进行跟踪，计算出每个像素点的运动特征信息，并利用这些信息来识别目标对象的运动特征和行为模式。总体来说，均值漂移聚类算法在行为识别方面具有实时性好、精度高等优点。

（4）推荐系统。

在推荐系统中，均值漂移聚类算法被用来挖掘用户之间的相似性及资源的相似性，可以给同一用户推荐相似资源，也可以给具有相似特征的用户推荐同一资源，从而得到协同过滤推荐系统。

（5）生物信息学。

均值漂移聚类算法被用来对基因表达数据进行无监督分类，帮助发现疾病生物标记和药物靶点。

任务 5 亲和传播聚类算法

任务描述

本任务将探索亲和传播聚类算法，讲解其基于消息传递机制自动确定聚类中心数量和聚类成员的方法，并阐述该算法如何通过数据点间的相似度矩阵进行迭代优化，以发现数据中的自然聚类结构。

知识准备

了解聚类分析的基本概念及不同聚类算法的特点；熟悉数据相似性或距离度量的计算方法；掌握基本的优化算法思想，以便理解亲和传播聚类算法中消息传递和更新机制的工作原理。

1. 亲和传播聚类算法的原理

亲和传播聚类算法是一种非常实用的聚类算法，是由 Brendan J. Frey 和 Delbert Dueck 在 2007 年提出的。这种算法可以自动确定聚类的数量，并且不需要预先指定。它基于消息传递机制，通过不断地传递亲和度来更新网络中的权重，最终得到聚类结果。

我们可以将亲和传播聚类算法看作一个“社交网络”。在这个网络中，每个数据点都相当于一个人，而每条边则代表两个人之间的联系。边的权重可以表示这两个人之间的亲密程度，也就是他们之间的相似性。

亲和传播聚类算法的基本步骤如下。

（1）初始化。给定一个包含 n 个数据点的集合，首先为每个点指定一个唯一的标识符，然后为每个点设定一个初始的责任值和可用度值。责任值表示该点对于其他点的亲和度，可用度值表示其他点对于该点的亲和度。通常将这些初始值设为 $1/n$（n 为数据点的数量）。

（2）信息传递。在每次迭代中，每个点都会将自身的责任值和可用度值传递给与其相邻的点。这个传递过程是根据边上两点的相似性来完成的。也就是说，如果两个点的特征很相似，那么这两个点之间的边权重就会很大。

（3）更新责任和可用度。在接收到其他点的反馈后，每个点都会更新自己的责任值和可用度值。这个更新过程是根据接收到的反馈总量及与这个点相邻点的相似性来完成的。

（4）确定聚类中心。每个点都会根据自身的责任值和可用度值来确定聚类中心。具体来说，如果一个点的可用度值高于其他点，那么这个点就会被选为该聚类的中心。

（5）重复步骤（2）、（3）。这个过程会重复进行，直到达到预设的迭代次数，或者网络中的权重变化小于某个阈值。

简而言之，亲和传播聚类算法就像一个“社交网络”，数据点之间通过传递亲和度来建立联系。通过不断地迭代和更新，这个网络会逐渐形成若干稳定的“社区”，也就是我们想要的聚类结果。这种算法的优点是可以自动确定聚类数量，不需要具备先验知识，并且对于不同的问题都有较好的通用性。但它的缺点是对于噪声和异常值比较敏感，可能会影响到聚类结果的质量。

2．亲和传播聚类算法的应用

（1）导入第三方包，并生成样本数据。

```
# 导入第三方包
import numpy as np
from sklearn import metrics
from sklearn.cluster import AffinityPropagation
from sklearn.datasets import make_blobs
import matplotlib.pyplot as plt
# 生成样本数据
centers = [[-1, 1], [-1, -1], [0, 1], [1, -1]]
X, labels_true = make_blobs(n_samples=100, centers=centers, cluster_std=
0.7, random_state=0)
```

（2）使用亲和传播聚类算法对数据进行聚类，并输出聚类评估结果值。

```
# 使用亲和传播聚类算法进行聚类
af = AffinityPropagation(preference=-70, random_state=0).fit(X)
cluster_centers_indices = af.cluster_centers_indices_
labels = af.labels_
n_clusters_ = len(cluster_centers_indices)
# 通过多种聚类评估指标查看聚类效果
```

```
    print("簇的数量: %d" % n_clusters_)
    print("同质性: %0.3f" % metrics.homogeneity_score(labels_true, labels))
    print("完整性: %0.3f" % metrics.completeness_score(labels_true, labels))
    print("V-measure: %0.3f" % metrics.v_measure_score(labels_true, labels))
    print("ARI: %0.3f" % metrics.adjusted_rand_score(labels_true, labels))
    print("调整后的互信息: %0.3f" % metrics.adjusted_mutual_info_score
(labels_true, labels))
    print("轮廓系数: %0.3f"% metrics.silhouette_score(X, labels, metric=
"sqeuclidean"))

    簇的数量: 3
    同质性: 0.514
    完整性: 0.664
    V-measure: 0.579
    ARI: 0.528
    调整后的互信息: 0.568
    轮廓系数: 0.599
```

（3）可视化聚类结果。

```
    plt.figure(1)
    plt.clf()
    colors = plt.cycler("color", plt.cm.viridis(np.linspace(0, 1, 4)))
    for k, col in zip(range(n_clusters_), colors):
        class_members = labels == k
        cluster_center = X[cluster_centers_indices[k]]
        plt.scatter(
            X[class_members, 0], X[class_members, 1], color=col["color"],
marker="."
        )
        plt.scatter(
            cluster_center[0], cluster_center[1], s=14, color=col["color"],
marker="o"
        )
        for x in X[class_members]:
            plt.plot(
                [cluster_center[0], x[0]], [cluster_center[1], x[1]],
color=col["color"]
            )
    plt.legend()
    plt.savefig("affinity-propagation2.pdf",format ="pdf")
    plt.show()
```

代码输出结果：

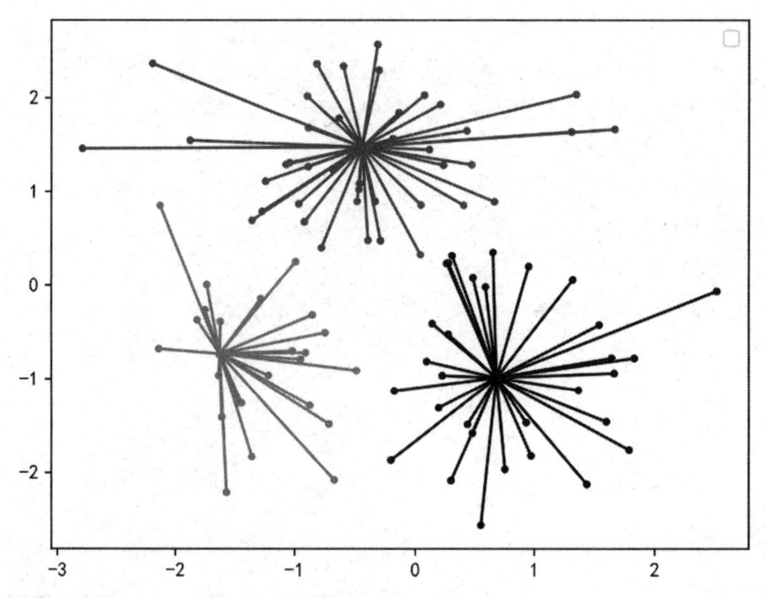

聚类结果分析：

由上图可以看出，大部分数据点都与相近的点形成一个簇，但是少数样本与簇中心的距离似乎比与其他簇中心的距离更远，聚类效果不够好，具体体现为以下几点。

（1）同质性。同质性指的是一个聚类中所有数据点特征的相似程度。同质性越高，说明聚类结果中数据点之间的差异越小，聚类效果也越好。该值为0.514，表明聚类有效果，但是效果并不好。

（2）完整性。完整性指的是一个聚类中所有数据点特征的连续程度。完整性越高，说明聚类结果中数据点之间的断裂越少，聚类效果也越好。该值为0.664，说明聚类效果一般。

（3）V-measure。V-measure是一个综合评估指标，考虑了同质性和完整性这两个方面。V-measure的值越接近1，说明聚类效果越好。该值为0.579，说明聚类算法还有很大的进步空间。

（4）ARI。ARI是一种对两个聚类结果进行比较的指标。ARI的值越接近1，说明两个聚类结果越相似。如果ARI的值为-1，则说明两个聚类结果是完全不相关的。该值为0.528，表明聚类效果不佳。

（5）调整后的互信息。调整后的互信息是一种对两个聚类结果进行比较的指标，考虑了聚类的真实标签和预测标签之间的信息。调整后的互信息值越高，说明聚类效果越好。该值为0.568，表明聚类后的数据分布情况与真实的数据分布情况差距有点儿大。

（6）轮廓系数。轮廓系数是一种评估聚类效果的指标，用于度量同一个样本在两个聚类中的相似度。轮廓系数值在-1～1之间。该值越接近1，说明聚类效果越好。该值为0.599说明同一个样本在两个聚类中的相似度不高，聚类算法需要优化。

综合以上分析可知，在本任务中使用的聚类模型效果不佳，需要对算法进行优化。

3．亲和传播聚类算法的优缺点及应用场景

1）亲和传播聚类算法的优点

（1）亲和传播聚类算法不需要事先指定簇的数量，可以自动确定最终的聚类结果。

（2）相比传统的*k*-Means算法，亲和传播聚类算法结果的平方差误差较小。

（3）亲和传播聚类算法对数据的初始值不敏感，因此能够处理受噪声和异常值影响的数

据集。

（4）亲和传播聚类算法的时间复杂度相对较低，一次迭代的时间复杂度为 $O(N)$，其中 N 是数据点的数量。

2）亲和传播聚类算法的缺点

（1）亲和传播聚类算法需要计算每对数据对象之间的相似度。如果数据对象过多，则可能会导致内存不足或需要频繁访问数据库，从而增加算法的运行时间和提高空间复杂度。

（2）亲和传播聚类算法聚类的质量受到参考度和阻尼系数的影响，需要利用交叉验证等方式进行参数选择。

（3）亲和传播聚类算法的迭代次数和时间复杂度都与数据集的大小成正比，因此对大规模数据集的处理会比较耗时。

（4）亲和传播聚类算法在处理复杂数据结构或高维数据时，效果可能不够理想，需要结合其他降维算法或特征选择技术来提高算法的性能。

3）亲和传播聚类算法的应用场景

（1）人脸图像的检索与分类。

通过计算人脸图像之间的相似度，再借助亲和传播聚类算法将相似的人脸图像聚在一起，可以实现人脸图像的快速检索和分类。

（2）基因外显子的发现。

在基因组学研究中，亲和传播聚类算法可以用于发现基因的外显子，具体操作如下：首先计算基因序列之间的相似度，然后将相似的序列片段聚在一起（这样将有助于发现基因的功能和变异）。

（3）最优航线的搜索。

在航空领域，亲和传播聚类算法可以用于搜索最优航线。根据航线距离、航班时间、机场起降次数等指标，将相似的航线聚在一起，有助于航班公司制订更加科学的航线规划。

（4）推荐系统。

亲和传播聚类算法可以用于构建推荐系统中的用户聚类模块。通过聚类分析用户的购买行为和其他相关信息，可以为用户提供更加个性化的产品推荐。

（5）文本聚类。在文本分析领域，亲和传播聚类算法可以对文本进行聚类，通过对文本内容的相似度计算，将相似的文本聚在一起，有助于对文本进行分类和主题建模。

（6）社交网络分析。

在社交网络分析中，亲和传播聚类算法可以用于识别社交网络中的社区结构，并根据用户之间的相似性和关联度，将相似的用户聚在一起，有助于理解社交网络中的群体行为和社交结构。

任务6 PCA降维算法

任务描述

本任务将深入讲解 PCA 降维算法的原理及应用，阐述如何通过线性变换将多维数据投影到低维空间中，同时尽可能保留数据的主要变异信息，并介绍 PCA 降维算法在数据预处理、特征提取及可视化等方面的应用。

知识准备

具备线性代数基础知识，理解向量、矩阵、特征值和特征向量的概念，了解协方差矩阵和特征值分解的意义，这些数学知识是理解 PCA 降维算法原理的关键。同时，对数据分析和数据预处理有一定的了解，以便更好地应用 PCA 降维算法进行降维处理。

1．PCA 降维算法的原理

PCA 降维算法其实就是对原始数据进行线性变换，将高维数据映射到低维空间中，同时保留数据的主要特征。其核心思想是：在保留数据主要特征的同时，去除噪声和冗余信息，从而实现数据的压缩和可视化。具体来说，PCA 降维算法通过以下步骤实现降维。

（1）数据标准化。对原始数据按列进行标准化处理，使每列数据的均值为 0、方差为 1，这样可以消除数据量纲和量纲对结果的影响。

（2）构建协方差矩阵。首先将标准化后的数据按行排列成一个矩阵，然后计算该矩阵的协方差矩阵。协方差矩阵可以反映数据之间的相关性，即数据在各个方向上的变动趋势。

（3）计算特征值和特征向量。对协方差矩阵进行特征值分解，得到一组特征值和对应的特征向量。特征向量表示数据在相应特征值下的振动方向，因此也被称为主成分。

（4）选择主成分。将特征值从大到小排序，选择前 k 个最大的特征值对应的特征向量，组成一个 k 维的向量空间。k 表示需要降到的低维空间维度。

（5）映射数据：将原始数据投影到选定的 k 维向量空间中，得到降维后的数据。

2．PCA 降维算法的应用（一）

此应用是根据 sklearn 中 Gael Varoquaux 的一份代码改编的。首先，通过定义一个概率密度函数，生成一些高维数据；然后，对数据进行 PCA 压缩，使用 Matplotlib 进行三维绘图，展示压缩后数据的三维面貌；最后，拖动生成的图片，从不同的视角观看数据的分布情况，同时通过设置仰角和方位角来展示不同视角下的数据分布情况。

（1）导入第三方包，并定义概率密度函数。

```
#导入第三方包
import numpy as np
from scipy.stats import norm
import matplotlib.pyplot as plt
from sklearn.decomposition import PCA
#定义概率密度函数
def pdf(x):
    return norm.pdf(x, loc=0, scale=1)
```

（2）利用概率密度函数生成数据。

```
y = np.random.normal(scale=0.5, size=(30000))
x = np.random.normal(scale=0.5, size=(30000))
z = np.random.normal(scale=0.1, size=len(x))
```

```
density = pdf(x) * pdf(y)
pdf_z = pdf(5 * z)
density *= pdf_z
a = x + 2 * y
b = 2 * x - 0.5 * y
c = a + 2 * b - z
norm = np.sqrt(a.var() + b.var())
a /= norm
b /= norm
```

（3）使用PCA降维算法对得到的数据进行降维，并将数据可视化。

```
#参数依次为图片数量、仰角、方位角。通过设置仰角和方位角，可以从特定的角度观察数据
def plot_decomposition_figure(fig_num, elev, azim):
    figure = plt.figure(fig_num, figsize=(4, 3))
    plt.clf()
    axes = figure.add_subplot(111, projection="3d", elev=elev, azim=azim)
    axes.set_position([0, 0, 0.8, 1])
    axes.scatter(a[::10], b[::10], c[::10], c=density[::10], marker="*",
alpha=0.5)
    Y = np.c_[a, b, c]
    pca = PCA(n_components=3)
    pca.fit(Y)
    V = pca.components_.T
    x_pca_axis, y_pca_axis, z_pca_axis = 3 * V
    x_pca_plane = np.r_[x_pca_axis[:2], -x_pca_axis[1::-1]]
    y_pca_plane = np.r_[y_pca_axis[:2], -y_pca_axis[1::-1]]
    z_pca_plane = np.r_[z_pca_axis[:2], -z_pca_axis[1::-1]]
    x_pca_plane.shape = (2, 2)
    y_pca_plane.shape = (2, 2)
    z_pca_plane.shape = (2, 2)
    axes.plot_surface(x_pca_plane, y_pca_plane, z_pca_plane)
    axes.xaxis.set_ticklabels([])
    axes.yaxis.set_ticklabels([])
    axes.zaxis.set_ticklabels([])
    plt.legend()
    plt.savefig("PCA-3.pdf",format ="pdf")
    plt.show()
#设置仰角和方位角，并调用降维和可视化方法查看降维后的效果
elev = 20
azim = 100
plot_decomposition_figure(1, elev, azim)
```

代码输出结果：

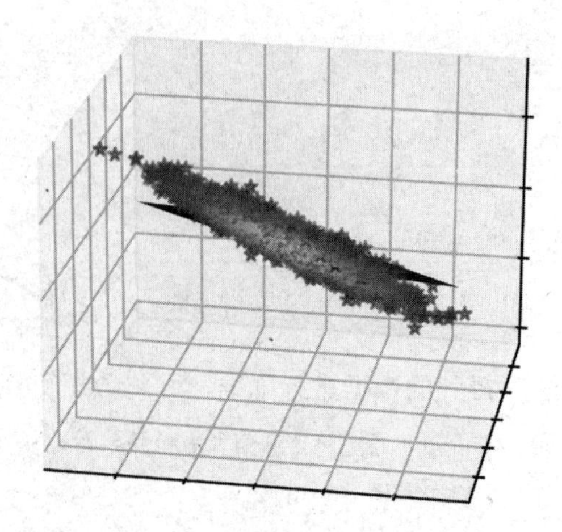

此案例的目的是说明高维数据不方便可视化，而降维后可以可视化。但是对降维的质量无法判断，因此无法像聚类一样利用一些指标对降维质量进行评估。

对降维效果的衡量比较复杂，目前没有一个通用的指标可以用来衡量降维效果的好坏。通常情况下，降维会造成原始数据信息的损失，因此降维效果的衡量主要依据降维后数据的关键特征是否得以保留。

评估降维算法的质量可以从两个方面入手：一方面，将数据降至二维或三维，并对数据进行可视化分析；另一方面，通过比较降维后模型的性能来评估。例如，如果降维是另一种机器学习算法（如 *k*-Means 算法）的预处理步骤，那么可以通过评估聚类效果在降维前后的表现来评估降维算法的质量。如果降维没有丢失大量关键特征，那么在利用降维算法聚类后，*k*-Means 算法应该表现得和用原始数据时一样好。因此，在下一个案例中，将综合利用聚类和降维来判断降维算法的优劣。

3. PCA 降维算法的应用（二）

为了检验 PCA 降维算法的质量，将对 Iris 数据集直接进行聚类的指标值与先利用 PCA 降维算法进行降维再利用 *k*-Means 算法进行聚类的指标值做对比。如果降维后有关聚类的各个评估指标都在降低，则说明降维算法丢失了关键特征，导致聚类效果不佳。其中，聚类算法使用的是 *k*-Means 算法，聚类评估指标使用了同质性、完整性、V-measure、ARI、调整后的互信息及轮廓系数。具体的实现步骤如下。

（1）导入第三方包，并加载公开数据集。

```
# 导入第三方包
from sklearn.decomposition import PCA
from sklearn.cluster import KMeans
from sklearn import datasets
from sklearn import metrics
import pandas as pd
# 加载公开数据集
data = datasets.load_iris()
X = data.data
```

```
y = data.target
```

（2）使用 *k*-Means 算法直接进行聚类。

```
kmeans = KMeans(n_clusters=3, random_state=0).fit(X)
# 获取聚类结果
labels = kmeans.labels_
# print(labels)
# 使用多个聚类指标来量化聚类效果
h1 = round(metrics.homogeneity_score(y, labels), 3)
m1 = round(metrics.completeness_score(y, labels), 3)
v1 = round(metrics.v_measure_score(y, labels), 3)
ari1 = round(metrics.adjusted_rand_score(y, labels), 3)
a1 = round(metrics.adjusted_mutual_info_score(y, labels), 3)
s1 = round(metrics.silhouette_score(X, labels, metric="sqeuclidean"), 3)
```

（3）先使用 PCA 降维算法进行降维，再利用 *k*-Means 算法进行聚类。

```
# 使用PCA降维算法进行降维，其中n_components表示将数据压缩为几个特征（主成分）
pca = PCA(n_components=2)
X_pca = pca.fit_transform(X)
# 利用k-Means算法进行聚类
kmeans2 = Kmeans(n_clusters=3, random_state=0).fit(X_pca)
y_pred = kmeans2.labels_
# 使用多个聚类指标来量化聚类效果
h2 = round(metrics.homogeneity_score(y, y_pred), 3)
m2 = round(metrics.completeness_score(y, y_pred), 3)
v2 = round(metrics.v_measure_score(y, y_pred), 3)
ari2 = round(metrics.adjusted_rand_score(y, y_pred), 3)
a2 = round(metrics.adjusted_mutual_info_score(y, y_pred), 3)
s2 = round(metrics.silhouette_score(X, y_pred, metric="sqeuclidean"), 3)
```

（4）以表格形式对比降维前后聚类的效果。

```
tab = {"情况": ["未降维", "PCA降维后"],
    "同质性": [h1, h2],
    "完整性": [m1, m2],
    "V-measure": [v1, v2],
    "ARI": [ari1, ari2],
    "调整后的互信息": [a1, a2],
    "轮廓系数": [s1, s2]}
df1 = pd.DataFrame(tab)
print(df1)
```

代码输出结果：

情况	同质性	完整性	V-measure	ARI	调整后的互信息	轮廓系数
未降维	0.751	0.765	0.758	0.7300	0.755	0.736
PCA 降维后（n_components=1）	0.788	0.800	0.794	0.7773	0.792	0.728
PCA 降维后（n_components=2）	0.736	0.747	0.742	0.7160	0.739	0.734
PCA 降维后（n_components=3）	0.751	0.765	0.758	0.7300	0.755	0.736

由上表可以看出：在利用 PCA 降维算法对 Iris 数据集进行降维，并利用 *k*-Means 算法进行聚类时，降维操作对特征信息的变化影响较大。因为这些衡量聚类效果的指标都发生了变化。在将数据集由三维降低到一维时，除轮廓系数略有降低以外，其他指标都提高了。而在将数据集降到二维时，所有指标都在下降，说明特征信息丢失得比较严重。在将数据集由四维降到三维时，全部指标都未发生变化，说明降维并没有影响特征信息的丢失情况。

Iris 数据本身的特征数是 4，由上表可以看出以下几点。

（1）当主成分个数为 1 时，在对 Iris 数据进行 PCA 降维，并利用 *k*-Means 算法进行聚类时，除轮廓系数有所降低以外，其他值都有升高。这说明降维对聚类效果是有提升作用的。

（2）当主成分个数为 2 时，在对 Iris 数据进行 PCA 降维，并利用 *k*-Means 算法进行聚类时，反而会使聚类效果变差。这说明利用 PCA 降维算法对 Iris 数据进行降维丢失了部分特征信息。

（3）当主成分个数为 3 时，降维与否对聚类效果没有影响。这说明降维并未丢失特征信息，并且还能压缩数据。

降维时具体要将数据集降到多少维度没有统一的标准，具体问题需要具体分析。

4. PCA 降维算法的优缺点及应用场景

1）PCA 降维算法的优点

（1）PCA 降维算法能够保留数据的主要特征，使数据在降维后的维度仍能较好地反映原始数据的性质和规律。

（2）PCA 降维算法计算简单，易于实现，并且具有较快的收敛速度。

（3）PCA 降维算法可以自动确定降维后的维度，不需要人为干预，避免了主观因素的影响。

（4）PCA 降维算法能够处理大规模数据集，并且对数据的缺失和异常值具有较强的鲁棒性。

2）PCA 降维算法的缺点

（1）经过 PCA 降维的各个主成分之间是正交的，导致某些特征的原始含义难以解释。

（2）PCA 降维的标准是选取令原数据在新坐标轴上方差最大的主成分，但方差小的特征可能同样重要，这一标准可能会导致丢失一些重要信息。

（3）PCA 降维是一种“有损压缩”，会损失一部分原始数据的信息，这是不可避免的。

（4）PCA 降维算法对数据集以外的因素不敏感，只以方差作为衡量信息量的标准。这可能导致 PCA 降维的结果受数据集的影响较大。

3）PCA 降维算法的应用场景

PCA 降维算法在各个领域都有广泛的应用，以下是一些主要的应用场景。

（1）数据压缩。

PCA 降维算法可以用于降低高维数据的维度，减少存储空间和计算时间。例如，在人脸识别系统中，如果收集到的原始照片的数量非常庞大，那么使用 PCA 降维算法进行降维可以显著减少存储空间和计算资源的使用。

（2）数据可视化。

在很多情况下，高维数据的特征难以直接观察。通过 PCA 降维，可以将高维数据降维到低维空间，使其可以在二维或三维图形中直观地展示出来，从而更方便分析和观察。

（3）数据预处理。

PCA 降维算法可以用于机器学习算法的预处理阶段。通过对数据进行降维，可以降低计算复杂度，提高算法的效率。同时，经过 PCA 降维的数据可以更好地反映数据的本质特征，有助于提高机器学习算法的精度和效果。

（4）图像处理。

PCA 降维算法在图像处理中也有很多应用，如图像压缩、图像识别、图像分类等。通过对图像进行 PCA 降维，可以有效地降低图像的维度，同时保留其主要特征。这样有助于提高图像处理的效率和精度。

（5）生物医学。

PCA 降维算法在生物医学领域的应用非常广泛。例如，在基因组学中，PCA 降维算法可以用于基因表达数据的降维和分析；在医学影像学中，PCA 降维算法可以用于医学图像的降维和特征提取，帮助医生更好地进行疾病诊断和治疗。

任务 7 LDA 降维算法

任务描述

本任务旨在使学生掌握 LDA 降维算法的原理与应用；学习如何通过最大化类间离散度和最小化类内离散度来提取最具判别性的特征，进而实现数据的有效降维；理解 LDA 在分类问题预处理中的重要作用及 LDA 与 PCA 的区别。

知识准备

熟悉线性代数基础知识，特别是矩阵、特征值和特征向量的概念；了解统计学中均值、方差、协方差等的概念；掌握基本的分类算法原理，以便理解 LDA 作为监督学习降维技术的独特之处；对概率论有基础的了解，以便深入理解 LDA 背后的数学原理。

1. LDA 降维算法的原理

LDA 降维算法的原理可以通俗地理解为“找不同”。在生活中，不同类别的东西往往会有一些不同的特征，例如可以通过人的脸型、身材等特征来区分不同的人。LDA 降维算法就是通过找到数据中的显著特征，将数据从高维空间映射到低维空间，同时保留不同类别的特征，以实现数据的降维。

具体来说，LDA 降维算法的核心是“最大化类间差异，最小化类内差异”，就是要找到一种降维算法，使得不同类别的数据在降维后的特征上尽可能不同，而同一类别的数据在降维后的特征上尽可能相似。为了实现这个目标，需要首先对数据进行一些预处理操作，例如对数据进行标准化处理、计算每个类别的均值等。然后，可以利用一些数学方法找到最佳的映射方向。这个过程包括计算类间散度矩阵和类内散度矩阵，并对它们进行一些计算，以找到一个能够最大限度地扩大两类之间距离、最小限度地缩小同类之间距离的特征向量。最后，将数据映射到这个特征向量上，就可以得到降维后的数据。

总之，LDA 降维算法是一种监督学习的降维算法，能够找到数据中的重要特征，并将数据从高维空间映射到低维空间，同时保留不同类别的特征，以实现数据的分类。

2．LDA 降维算法的应用

先利用 LDA 降维算法对 wine 数据集进行降维，再使用亲和传播聚类算法进行聚类，通过对比聚类的效果来判断降维是否有效，具体实现步骤如下。

（1）导入第三方包，并加载 wine 数据集。

```
# 导入第三方包
from sklearn.datasets import load_wine
from sklearn.discriminant_analysis import LinearDiscriminantAnalysis
from sklearn.cluster import AffinityPropagation
from sklearn import metrics
import matplotlib.pyplot as plt
import pandas as pd
# 加载 wine 数据集
data = load_wine()
X = data.data
y = data.target
```

（2）在降维前聚类，并计算降维前的聚类评估值。

```
# 在降维前聚类
af_before = AffinityPropagation(preference=-50).fit(X)
cluster_centers_before = af_before.cluster_centers_
labels_before = af_before.labels_
# 计算降维前的聚类评估值
h1 = round(metrics.homogeneity_score(y, labels_before), 3)
m1 = round(metrics.completeness_score(y, labels_before), 3)
v1 = round(metrics.v_measure_score(y, labels_before), 3)
ari1 = round(metrics.adjusted_rand_score(y, labels_before), 3)
a1 = round(metrics.adjusted_mutual_info_score(y, labels_before), 3)
s1 = round(metrics.silhouette_score(X, labels_before, metric=
"sqeuclidean"), 3)
```

（3）在 LDA 降维后聚类，并计算聚类评估结果值。

```
# 使用 LDA 降维算法进行降维
lda = LinearDiscriminantAnalysis(n_components=2)
X_lda = lda.fit_transform(X, y)
# 在降维后聚类
af_after = AffinityPropagation(preference=-50).fit(X_lda)
cluster_centers_after = af_after.cluster_centers_
labels_after = af_after.labels_
h2 = round(metrics.homogeneity_score(y, labels_after), 3)
m2 = round(metrics.completeness_score(y, labels_after), 3)
v2 = round(metrics.v_measure_score(y, labels_after), 3)
ari2 = round(metrics.adjusted_rand_score(y, labels_after), 3)
a2 = round(metrics.adjusted_mutual_info_score(y, labels_after), 3)
s2 = round(metrics.silhouette_score(X_lda, labels_after, metric=
```

```
"sqeuclidean"), 3)
```

（4）以表格形式对比降维前后聚类的效果。

```
tab = {"情况": ["未降维", "LDA 降维后"],
    "同质性": [h1, h2],
    "完整性": [m1, m2],
    "V-measure": [v1, v2],
    "ARI": [ari1, ari2],
    "调整后的互信息": [a1, a2],
    "轮廓系数": [s1, s2]}
df1 = pd.DataFrame(tab)
print(df1)
```

代码输出结果：

情况	同质性	完整性	V-measure	ARI	调整后的互信息	轮廓系数
未降维	0.980	0.220	0.359	0.012	0.089	0.226
LDA 降维后	0.979	0.681	0.803	0.691	0.799	0.630

3．LDA 降维算法的优缺点及应用场景

1）LDA 降维算法的优点

（1）LDA 降维算法能够充分利用先验知识经验，包括类别的先验知识经验。这使得 LDA 降维算法在监督学习的情况下表现更优。

（2）LDA 降维算法在样本分类信息依赖均值而不是方差时，比 PCA 降维算法等算法更具有优势。

2）LDA 降维算法的缺点

（1）LDA 降维算法不适合对非高斯分布样本进行降维，PCA 降维算法同样存在这个问题。

（2）LDA 降维最多只能降到$(k-1)$维（k 为类别数）。如果需要降维的维度大于 $k-1$，则不能使用 LDA 降维算法。尽管目前有一些 LDA 降维算法的改进版算法可以解决这个问题，但这并不是 LDA 降维算法的默认能力。这也是在利用 LDA 降维算法对 wine 数据集进行降维时，只介绍了将维度降到 2 的原因（wine 的类别数是 3）。

（3）当样本分类信息依赖方差而不是均值时，LDA 降维算法的降维效果不如 PCA 降维算法等算法。

（4）LDA 降维算法可能会过度拟合数据，导致训练出的模型泛化能力较差。

总的来说，LDA 降维算法在图像处理中有着广泛的应用，但也存在一些局限性，需要根据具体的应用场景和需求来选择或优化算法。

3）LDA 降维算法的应用场景

（1）文本主题模型。

LDA 降维算法的常用应用之一是在文本挖掘过程中，从大量文档中找到隐藏的主题。例如，一个新闻网站可能会有大量的文章，LDA 降维算法可以用来发现这些文章中隐藏的主题，从而帮助网站更好地了解用户的阅读兴趣。

（2）推荐系统。

LDA 降维算法也可以用在推荐系统中。通过分析用户的购买记录或其他行为数据，LDA 降维算法可以发现隐藏的用户兴趣，从而为每个用户生成个性化的推荐。

（3）社交媒体分析。

在社交媒体上，LDA 降维算法可以用来分析用户发表的状态或评论，从而理解用户的情绪，或者发现社交媒体上正在讨论的主题。

（4）生物信息学。

在生物信息学中，LDA 降维算法可以用来发现基因序列中的主题，从而帮助科学家更好地理解基因的功能。

（5）图像处理。

在图像处理中，LDA 降维算法可以用来进行图像聚类或图像分类。例如，把相似的图片聚在一起，或者把图片分类为不同的类别。

4）LDA 降维算法的总结

LDA 降维算法在以下情况下将比其他降维算法更具优势。

（1）当需要在降维过程中使用类别的先验知识经验时，LDA 降维算法能够利用这种类别信息更好地进行降维。相比之下，类似于 PCA 降维算法这样的无监督学习算法则无法使用类别的先验知识经验。因此，在某些情况下，LDA 降维算法的降维效果可能更优。

（2）当样本分类信息依赖均值而不是方差时，LDA 降维算法相比 PCA 降维算法等算法具有优势。因为 PCA 降维算法等算法在处理这类问题时可能会受到方差的干扰，而 LDA 降维算法则更加关注类别信息。

注意：目前并没有一种降维算法能够适用于所有数据集、在所有情况下都是最优的，因此应该根据实际的数据特征和需求选择具体的降维算法。

任务 8　多种降维算法的对比

任务描述

本任务将比较三种主流的降维技术——LDA、PCA 及 NMF 在数据预处理和特征提取方面的性能与适用性。

知识准备

了解三种降维算法的基本原理和针对三种降维算法进行对照实验的方法，并熟悉降维算法的评估指标。

本任务将在同一数据集 wine 上先采用多种不同的降维算法，再采用多种聚类算法来综合对比各降维算法的性能。

1．LDA 降维算法和 PCA 降维算法的对比

下面先对 wine 数据集分别进行 LDA 降维和 PCA 降维，再通过均值漂移聚类算法的结果来比较两种降维算法，具体实现步骤如下。

（1）导入第三方包，并加载 wine 数据集。

```
#导入第三方包
from sklearn.datasets import load_wine
from sklearn.discriminant_analysis import LinearDiscriminantAnalysis
from sklearn import metrics
import pandas as pd
from sklearn.decomposition import PCA
from sklearn.cluster import MeanShift, estimate_bandwidth
# 加载 wine 数据集
data = load_wine()
X = data.data
y = data.target
```

（2）不降维，直接进行均值漂移聚类。

```
# 在降维前聚类
bandwidth = estimate_bandwidth(X, quantile=0.2, n_samples=500)
ms = MeanShift(bandwidth=bandwidth, bin_seeding=True)
ms.fit(X)
labels_after = ms.labels_
# 计算在降维前聚类的效果
h0 = round(metrics.homogeneity_score(y, labels_after), 3)
m0 = round(metrics.completeness_score(y, labels_after), 3)
v0 = round(metrics.v_measure_score(y, labels_after), 3)
ari0 = round(metrics.adjusted_rand_score(y, labels_after), 3)
a0 = round(metrics.adjusted_mutual_info_score(y, labels_after), 3)
s0 = round(metrics.silhouette_score(X, labels_after, metric="sqeuclidean"), 3)
```

（3）先进行 PCA 降维，再进行均值漂移聚类。

```
# 使用 PCA 降维算法
pca = PCA(n_components=2)
X_pca = pca.fit_transform(X)
#使用均值漂移聚类算法进行聚类
bandwidth = estimate_bandwidth(X_pca, quantile=0.2, n_samples=500)
ms = MeanShift(bandwidth=bandwidth, bin_seeding=True)
ms.fit(X_pca)
labels_after = ms.labels_
# 计算经过 PCA 降维的聚类效果
h1 = round(metrics.homogeneity_score(y, labels_after), 3)
m1 = round(metrics.completeness_score(y, labels_after), 3)
v1 = round(metrics.v_measure_score(y, labels_after), 3)
ari1 = round(metrics.adjusted_rand_score(y, labels_after), 3)
a1 = round(metrics.adjusted_mutual_info_score(y, labels_after), 3)
s1 = round(metrics.silhouette_score(X_pca, labels_after, metric=
"sqeuclidean"), 3)
```

（4）在 LDA 降维后，进行均值漂移聚类。

```
# 使用 LDA 降维算法进行降维
```

```
    lda = LinearDiscriminantAnalysis(n_components=2)
    X_lda = lda.fit_transform(X, y)
    # 在降维后聚类
    bandwidth = estimate_bandwidth(X_lda, quantile=0.2, n_samples=500)
    ms = MeanShift(bandwidth=bandwidth, bin_seeding=True)
    ms.fit(X_pca)
    labels_after = ms.labels_
    # 计算在 LDA 降维后聚类的效果
    h2 = round(metrics.homogeneity_score(y, labels_after), 3)
    m2 = round(metrics.completeness_score(y, labels_after), 3)
    v2 = round(metrics.v_measure_score(y, labels_after), 3)
    ari2 = round(metrics.adjusted_rand_score(y, labels_after), 3)
    a2 = round(metrics.adjusted_mutual_info_score(y, labels_after), 3)
    s2 = round(metrics.silhouette_score(X_lda, labels_after, metric=
"sqeuclidean"), 3)
```

（5）以表格形式展示聚类结果。

```
    tab = {"情况": ["未降维","PCA 降维后", "LDA 降维后"],
        "同质性": [h0, h1, h2],
        "完整性": [m0, m1, m2],
        "V-measure": [v0, v1, v2],
        "ARI": [ari0, ari1, ari2],
        "调整后的互信息": [a0, a1, a2],
        "轮廓系数": [s0, s1, s2]}
    df1 = pd.DataFrame(tab)
    print(df1)
```

代码输出结果：

情况	同质性	完整性	V-measure	ARI	调整后的互信息	轮廓系数
未降维	0.356	0.405	0.379	0.301	0.368	0.725
PCA 降维后	0.356	0.405	0.379	0.301	0.368	0.725
LDA 降维后	0.983	0.210	0.346	0.002	0.019	−0.107

结果分析：

在利用 PCA 降维算法对数据集进行降维后，聚类效果会发生变化。这说明对 wine 数据集使用 PCA 聚类技术是有效的，虽然聚类质量没有提高，但是在压缩数据后聚类效果未变差至少说明能够降低计算复杂度和空间复杂度。而在使用 LDA 降维算法进行降维后，除同质性这个指标提升了以外，其他指标均下降了很多，说明 LDA 降维算法不适合用于 wine 数据集。

2. PCA 降维算法和 NMF 降维算法的对比

非负矩阵分解（Non-negative Matrix Factorization，NMF）是一种降维算法，可以将一个非负矩阵分解为两个非负矩阵的乘积，即 $\boldsymbol{V} \approx \boldsymbol{WH}$，其中 $\boldsymbol{V}$、$\boldsymbol{W}$ 和 $\boldsymbol{H}$ 都是非负矩阵。通过优化目标函数，可以使 $\boldsymbol{W}$ 和 $\boldsymbol{H}$ 的乘积尽量接近于原始矩阵 $\boldsymbol{V}$，分解出的矩阵 $\boldsymbol{W}$ 和 $\boldsymbol{H}$ 分别代表数据的基本特征和系数。通过改变 $\boldsymbol{W}$ 和 $\boldsymbol{H}$ 的乘积，可以得到对数据降维的不同效果。因此，NMF

降维算法是一种灵活、有效的降维算法，非常适合处理高维数据。

NMF 降维算法的应用范围非常广泛，在图像分析、文本挖掘和语音处理等领域都有应用。它可以将高维数据降维到低维空间，使数据的特征更加直观，还可以保留数据的主要特征。

在 wine 数据集上利用均值漂移聚类算法的聚类效果来对比 PCA 降维算法和 NMF 降维算法的具体实现代码如下。

（1）导入第三方包，并加载 wine 数据集。

```
#导入第三方包
import pandas as pd
from sklearn.decomposition import NMF,PCA
from sklearn.cluster import MeanShift, estimate_bandwidth
from sklearn.datasets import load_wine
from sklearn import metrics
# 加载 wine 数据集
X, y = load_wine(return_X_y=True)
```

（2）直接进行均值漂移聚类。

```
# 在降维前聚类
bandwidth = estimate_bandwidth(X, quantile=0.2, n_samples=500)
ms = MeanShift(bandwidth=bandwidth, bin_seeding=True)
ms.fit(X)
labels_after = ms.labels_
# 计算在降维前聚类的效果
h0 = round(metrics.homogeneity_score(y, labels_after), 3)
m0 = round(metrics.completeness_score(y, labels_after), 3)
v0 = round(metrics.v_measure_score(y, labels_after), 3)
ari0 = round(metrics.adjusted_rand_score(y, labels_after), 3)
a0 = round(metrics.adjusted_mutual_info_score(y, labels_after), 3)
s0 = round(metrics.silhouette_score(X, labels_after, metric="sqeuclidean"), 3)
```

（3）在使用 PCA 降维算法后，进行均值漂移聚类。

```
# 使用 PCA 降维算法
pca = PCA(n_components=2)
X_pca = pca.fit_transform(X)
#使用均值漂移聚类算法进行聚类
bandwidth = estimate_bandwidth(X_pca, quantile=0.2, n_samples=500)
ms = MeanShift(bandwidth=bandwidth, bin_seeding=True)
ms.fit(X_pca)
labels_after = ms.labels_
# 计算经过 PCA 降维的聚类效果
h1 = round(metrics.homogeneity_score(y, labels_after), 3)
m1 = round(metrics.completeness_score(y, labels_after), 3)
v1 = round(metrics.v_measure_score(y, labels_after), 3)
```

```
    ari1 = round(metrics.adjusted_rand_score(y, labels_after), 3)
    a1 = round(metrics.adjusted_mutual_info_score(y, labels_after), 3)
    s1 = round(metrics.silhouette_score(X_pca, labels_after, metric=
"sqeuclidean"), 3)
```

（4）先使用 NMF 降维算法进行降维，再进行均值漂移聚类。

```
    # 使用 NMF 降维算法进行降维
    # n_components 参数可选，可以设置降维到多少维，也可以不设置
    nmf_model = NMF(n_components=2, init='random', random_state=0)
    X_nmf = nmf_model.fit_transform(X)
    # 使用均值漂移聚类算法进行聚类
    bandwidth = estimate_bandwidth(X_nmf, quantile=0.2, n_samples=500)
    ms = MeanShift(bandwidth=bandwidth, bin_seeding=True)
    ms.fit(X_nmf)
    labels = ms.labels_
    # 计算经过 NMF 降维的聚类效果
    h2 = round(metrics.homogeneity_score(y, labels), 3)
    m2 = round(metrics.completeness_score(y, labels), 3)
    v2 = round(metrics.v_measure_score(y, labels), 3)
    ari2 = round(metrics.adjusted_rand_score(y, labels), 3)
    a2 = round(metrics.adjusted_mutual_info_score(y, labels), 3)
    s2 = round(metrics.silhouette_score(X_nmf, labels, metric="sqeuclidean"), 3)
```

（5）输出在未降维时、PCA 降维后和 NMF 降维后进行聚类的对比结果。

```
    tab = {"情况": ["未降维","PCA 降维后", "NMF 降维后"],
        "同质性": [h0, h1, h2],
        "完整性": [m0, m1, m2],
        "V-measure":  [v0, v1, v2],
        "ARI": [ari0, ari1, ari2],
        "调整后的互信息": [a0, a1, a2],
        "轮廓系数": [s0, s1, s2]}
    df1 = pd.DataFrame(tab)
    print(df1)
```

代码输出结果：

情况	同质性	完整性	V-measure	ARI	调整后的互信息	轮廓系数
未降维	0.356	0.405	0.379	0.301	0.368	0.725
PCA 降维后	0.356	0.405	0.379	0.301	0.368	0.725
NMF 降维后（n_components=2）	0.408	0.488	0.444	0.365	0.433	0.600
NMF 降维后（n_components=None）	0.381	0.696	0.492	0.384	0.489	0.745

结果分析：

在 wine 数据集上，NMF 降维算法的性能优于 PCA 降维算法。在利用 NMF 降维算法将 wine 数据降到二维时，除轮廓系数的分值低于 PCA 降维后的分值以外，其他分值都高于 PCA

降维后的分值。在使用 NMF 降维算法进行降维而不设置维数时，性能更优，只有同质性这个指标低于 PCA 降维算法，其他所有指标的值都大于在 PCA 降维后聚类得到的值，并且提高的值比降低的值大很多。

由上述实验数据可知，利用 NMF 降维算法对 wine 数据集进行降维的效果是最好的，而 LDA 降维算法的降维效果是最差的。因此，在实际运用中应尽量选择 NMF 降维算法对 wine 数据集进行降维，而不要选择 LDA 降维算法。

总结

本项目深入探索了降维技术与聚类分析的结合应用；利用 *k*-Means、层次聚类等聚类算法在低维空间中对数据进行有效分组，揭示了数据的内在结构和潜在模式；通过实施 PCA、LDA 等降维算法，将高维数据转化为低维数据，简化了数据复杂度，还保留了关键信息。项目实践不仅能够加深学生对降维与聚类原理的理解，还能够锻炼学生的数据处理与分析能力，为其后续处理复杂的数据挖掘任务打下坚实的基础。

项目考核

一、选择题

1．聚类分析的主要目的是（　　）。

A．找出数据中的异常值　　B．对数据进行分类或分组

C．预测数据的未来趋势　　D．描述数据的分布特征

2．在 *k*-Means 算法中，*k* 代表（　　）。

A．数据的维度　　B．聚类的数量

C．迭代次数　　D．距离度量方式

3．下列选项中，（　　）不是聚类分析的常用方法。

A．*k*-Means　　B．DBSCAN　　C．决策树　　D．层次聚类

4．降维的主要目的是（　　）。

A．提高数据复杂性　　B．减少计算成本

C．提高数据准确性　　D．增加特征数

5．下列选项中，（　　）不是降维算法。

A．PCA　　B．t-SNE

C．*k*-Means　　D．LDA

6．PCA 降维算法的主要优点是（　　）。

A．能够保持原始数据的所有特征

B．能够处理非线性关系

C．能够在降低数据维度的同时保留主要特征

D．适用于小数据集

7．LDA 降维算法与 PCA 降维算法的主要区别是（　　）。

A．LDA 降维算法考虑类别信息，而 PCA 降维算法不考虑

B．PCA 降维算法更适用于解决分类问题，LDA 降维算法更适用于解决回归问题

C．LDA 降维算法只适用于解决二分类问题

D．PCA 降维算法和 LDA 降维算法在降维效果上没有明显区别

二、填空题

1．在进行聚类分析时，常见的距离度量方式有___________和___________。

2．聚类分析的结果通常通过___________和___________来评估。

3．降维技术常常用于降低数据的维度，同时尽可能保留数据的___________特征。

4．在 PCA 中，数据的主要变化方向由___________矩阵的特征向量给出。

5．t-SNE 是一种用于降维和可视化的技术，特别适用于___________数据的降维。

6．在机器学习中，降维技术可以帮助减少___________，从而提高模型的泛化能力。

7．LDA 降维算法通过最大化类间差异和最小化类内差异来寻找最优投影方向，从而实现数据的___________。

三、简答题

1．请简述聚类的定义。

2．请简单阐述一下聚类算法的实施流程。

3．聚类算法的评估指标有哪些？

4．请简述降维的定义。

5．降维与特征选择有什么区别？

6．请介绍一下降维与聚类的关系。

7．*k*-Means 算法的优缺点有哪些？

8．PCA 降维算法的实现原理是什么？

四、综合任务

假设你是一家社交媒体平台的数据分析师。随着平台用户数量的不断增长，为了更好地理解用户行为、优化用户体验和提供个性化服务，你需要对用户的行为数据进行聚类分析，以识别出具有相似行为模式的用户群体。同时，由于数据量庞大，直接进行分析可能会遇到计算复杂度高和维度灾难的问题，因此你还需要采用降维技术来降低数据的维度，以提高分析效率。

1．任务目标

数据准备：收集社区用户的在线行为数据，包括但不限于用户的浏览记录、点赞、评论、分享等行为数据。

数据预处理：清洗数据，处理缺失值、异常值，进行特征选择，确保数据的质量。

降维处理：使用降维算法（如 PCA、t-SNE 等）对原始高维数据进行降维，提取出反映用户行为模式的关键特征。

聚类分析：应用聚类算法（如 *k*-Means、层次聚类等）对降维后的数据进行聚类，识别出具有相似行为模式的用户群体。

结果解释：分析并解释各个用户群体的行为特点，给出针对性的用户画像。

报告撰写：撰写分析报告，展示聚类与降维的过程、结果，以及对用户行为模式的洞察。

2．任务要求

理论与实践结合：需要将从本项目学到的聚类与降维的理论知识应用到实际的数据分析中。

展示数据分析技能：需要展示数据清洗、特征选择、算法应用等数据分析技能。

具备结果解释能力：需要清晰地解释聚类与降维的结果，给出有实际意义的用户行为洞察。

具备良好的报告撰写能力：需要具备良好的报告撰写能力，以书面形式呈现分析结果。

项目 8

神经网络与深度学习

项目介绍

随着健康战略的深入实施，智能医疗成了发展的重要方向。神经网络和深度学习技术在医疗领域的应用日益广泛。例如，通过分析医疗图像数据，深度学习技术可以帮助医生快速准确地诊断疾病，提高诊断的准确性和效率；在药物研发方面，神经网络可以帮助科学家预测药物的效果和副作用，加速药物的研发进程。神经网络和深度学习技术的应用不仅提高了医疗服务的水平，还为中国健康战略的实施提供了有力支持。

知识目标

- 掌握神经网络的基本原理和常见模型，如 CNN、RNN 等；理解深度学习的概念、发展历程和应用领域，掌握深度学习框架的基本使用方法；熟悉深度学习在个别领域的最新进展和应用案例。

能力目标

- 能够运用神经网络和深度学习技术解决实际问题，如图像分类、文本生成、机器翻译等；能够独立设计和训练神经网络模型，调整模型参数以优化模型性能，并对模型进行性能评估和改进。

素养目标

- 具备创新思维和解决问题的能力，能够运用神经网络和深度学习技术解决复杂问题；具备团队合作和沟通能力；清晰认识人工智能技术的社会责任和伦理道德。

任务 1　FNN

任务描述

本任务将使用 Python 实现一个简单的 FNN，并对一个基本数据集进行分类或回归预测。

知识准备

熟悉 FNN 的结构、工作原理，以及常见的激活函数；了解 Python 的基本语法和常用库（如 NumPy 库、Pandas 库）；了解数据集的加载、清洗、特征工程处理等基本步骤；了解梯度下降等优化算法的原理和应用。

神经网络的发展与分类

1. 什么是神经网络

神经网络是 20 世纪 80 年代以来人工智能领域兴起的研究热点。它从信息处理角度对人脑神经元网络进行抽象处理，建立某种简单模型，按不同的连接方式组成不同的网络。

在传统的编程方法中，我们会具体地告诉机器要做什么，将大问题分解为计算机可以轻松执行的许多小的、被精确定义的问题。与一贯的思路不同的是，在采用神经网络时，我们不会告诉计算机要如何解决我们的问题，相反，神经网络会从所观察到的数据中自己学习，并找出解决方案来解决当前的问题。

以人类的视觉系统为例，大部分人可以毫不费力地识别一串手写的阿拉伯数字，这看似简单、轻松的识别行为的背后，是人脑中的视觉皮层在起作用。在这个过程中，几亿个神经元（见图 8.1）及它们之间数百亿个连接共同协作。人脑是一台超级计算机，我们能够轻松、自然地利用人脑这套神经网络理解视觉世界，在不知不觉中完成大量的视觉任务。而一旦我们试图让机器来识别那些手写的阿拉伯数字，就会极其困难，原因是手写数字的规则繁杂、难以概括。神经网络通过接收大量的手写数字作为输入，并经过训练过程，逐步学习并掌握识别这些手写数字的能力。

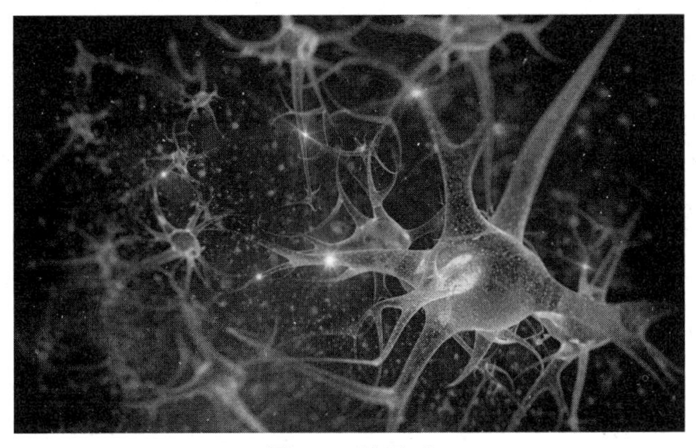

图 8.1　神经元

感知机（见图 8.2）是一种简单的人工神经元。下面回顾一下感知机是如何工作的。它给不同的输入分配不同的权重，最终以 0 或 1 作为输出。通过改变权重，我们可以获得不同的决策模型。复杂的感知机网络可以做出相当复杂、精妙的决定，我们只需增加神经网络的层数，就可以构建出非常复杂的感知机网络。

神经网络的结构有三层：输入层、中间层及输出层。首先是输入层，这一层负责接收外部的输入数据，通常输入层神经元（可以将其简单理解为单个感知机）的个数与输入数据的特征数相对应。然后是中间层，这一层负责对输入数据进行处理和进一步传递。中间层的数量和结构需具体问题具体分析。在中间层中，每个神经元接收上一层神经元的输入，并将输出传递给下一层神经元。最后是输出层，这一层输出最终的结果。

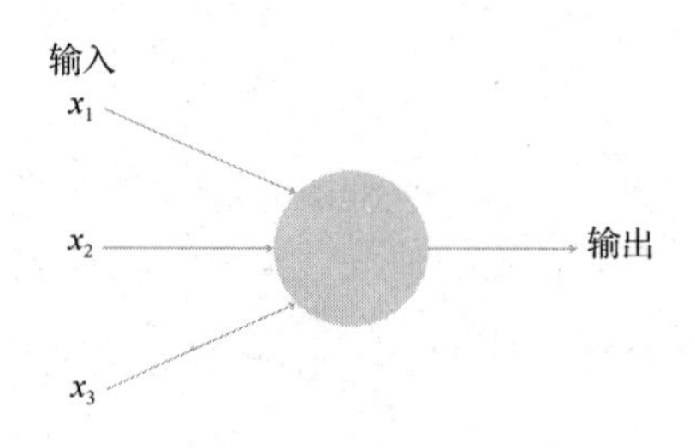

图 8.2　感知机

常见的神经网络有 FNN、CNN、RNN。下面我们来深入理解每种神经网络的原理与应用实例。

FNN 是一种简单的神经网络，各神经元分层排列。每个神经元只与前一层的神经元相连，接收前一层的输出信号，并将输出信号传递给下一层。各层间没有反馈，节点之间的连接不形成循环。在网络中，信息总向一个方向移动，从不倒退。单层感知机是最简单的神经网络，由单层输出节点组成，输入通过一系列权重直接反馈给输出。

FNN 的发展历程可以追溯到 20 世纪 40 年代。FNN 的概念最初是由神经科学家们提出的。FNN 旨在模拟人类神经系统的结构和功能。早期的神经网络模型是简单的感知机，由输入层、隐藏层和输出层组成。

随着计算机技术的发展，FNN 逐渐成为机器学习领域的重要分支。20 世纪 80 年代，反向传播算法被引入 FNN，使神经网络能够通过学习从数据中提取有用的特征，并实现更准确的预测和分类。

20 世纪 90 年代，随着计算机硬件性能的提高和数据集的扩大，FNN 的应用范围逐渐扩大。CNN 的出现使神经网络在处理图像数据方面取得了突破性进展。

进入 21 世纪后，随着深度学习技术的兴起，FNN 得到了进一步发展。深度前馈神经网络通过增加隐藏层的数量来提高模型的表达能力，并能够自动提取更抽象的特征。此外，一些新型的激活函数和正则化技术也被引入 FNN，提高了模型的泛化能力和稳定性。

如今，FNN 已经成了许多领域（如计算机视觉、NLP、语音识别等）的重要工具。其发展历程中经历了多个阶段，并不断得到优化和完善。

FNN 的概念与原理

2．什么是 FNN

FNN 由多个层组成（见图 8.3），包括输入层、隐藏层和输出层。第 0 层叫作输入层，最后一层叫作输出层，中间层叫作隐藏层（或隐含层、隐层）。隐藏层可以是一层，也可以是多层。整个网络中无反馈，信号从输入层向输出层单向传播。

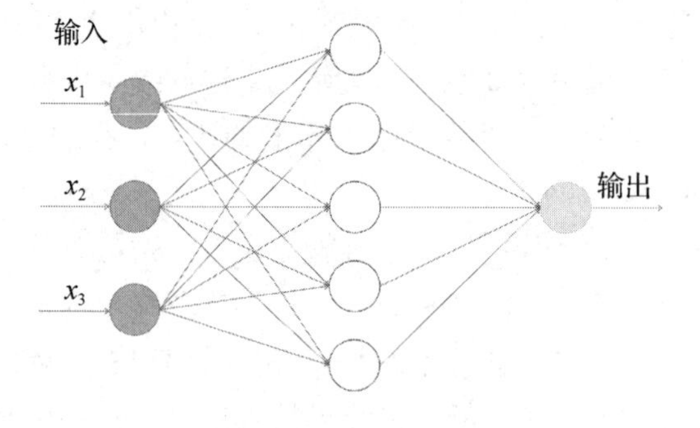

图 8.3　FNN 的结构

（1）输入层：接收原始数据。每个神经元接收上一层神经元的输出，并通过一定的权重和偏置对其进行加权求和处理，最终得到本层神经元的输出。该输出是下一层神经元的输入。

（2）隐藏层：对输入数据进行一定的变换和特征提取。隐藏层可以对输入数据进行特定的处理，例如过滤掉不重要的信息、提取特定的特征等。

（3）输出层：根据隐藏层的结果输出模型预测值。这一层通常包含一些全连接的神经元，用于将前面各层的处理结果转化为最终的输出。

FNN 中的神经元可以看作一个信息处理单元。它接收上一层神经元的输入信号，对这些信号进行特定的处理和转换，并将输出信号传递给下一层神经元。每个神经元都包含一个或多个接收器。这些接收器接收上一层神经元的输出信号，并将这些信号传递给神经元的内部处理单元。

在神经元的内部处理单元中，信号被加权求和，然后通过激活函数进行非线性转换，产生神经元的输出信号。这个输出信号可以被传递给下一层神经元，并作为下一层神经元的输入。

在训练神经网络时，神经元的权重会根据误差反向传播算法进行调整和优化。这个过程是：先通过比较网络的输出和实际标签来计算损失函数的梯度，再使用这些梯度来更新神经元的权重和偏置，以减小损失函数的值。

需要注意的是，FNN 的信息流是单向的，只能从输入层流向输出层。因此，神经元的连接也是单向的，只能从上一层传递到下一层。这种单向的信息流使得 FNN 在处理非线性分类和回归问题时非常有效。

总之，FNN 中的神经元是构成网络的基本单元。它们通过接收、处理和传递输入信号来构建网络的信息处理流程。在训练过程中，神经元的权重和偏置不断调整和优化，以使网络的输出更接近实际标签。

激活函数是神经网络中用于引入非线性的函数。它决定了一个神经元是否被激活，以及在多大程度上被激活。具体来说，每个神经元都接收一组输入信号。这些信号可以是上一层神经元的输出信号，也可以是原始数据经过处理后的结果。神经元会先对这些输入信号进行加权求和，再通过激活函数来计算出一个激活值。这个激活值表示该神经元对输入信号的响应程度。

激活函数的主要作用是引入非线性，可以使神经网络学习和表示更复杂的关系。在神经网络中，如果只使用线性函数进行加权求和，那么整个网络的功能就只能是线性变换，无法学习和表示非线性关系。而在引入激活函数后，神经元就可以产生非线性的输出，从而使神经网络可以学习和表示更复杂的关系。

常见的激活函数包括 ReLU 函数、sigmoid 函数、tanh 函数等。其中，ReLU 函数是一种非常流行的激活函数。其特点是：当输入为正时，输出就是输入本身；而当输入为负时，输出为 0。这种特点使 ReLU 函数非常适合处理那些只有正向激励的神经元。sigmoid 函数和 tanh 函数的输出范围分别是 0～1 和-1～1。它们可以将输入映射到指定的范围内，从而使神经网络的输出更加稳定。

除了以上这些常见的激活函数，还有一些激活函数也被广泛使用，比如 Leaky ReLU 函数、softmax 函数等。这些激活函数各有特点和适用场景。可以根据具体任务选择合适的激活函数。

下面我们先来详细理解一下 sigmoid 函数，sigmoid 函数是一种在生物学中常见的 S 型函数，也被称为 S 型生长曲线。在信息科学中，sigmoid 函数由于其单增及反函数单增等性质，因此常被用作神经网络的阈值函数，将变量映射到[0,1]区间。sigmoid 函数在定义时通常具有以下形式：

$$\sigma(x)=\frac{1}{1+\mathrm{e}^{-x}}$$

通过这个公式，我们可以计算出任何输入 x 的 sigmoid 函数值，该值在 0～1 之间。

sigmoid 函数的图形为 S 型曲线，如图 8.4 所示。当 x 趋近-∞时，函数值趋近 0；当 x 趋近+∞时，函数值趋近 1。这意味着，sigmoid 函数可以将任何输入映射为 0～1 之间的一个值。

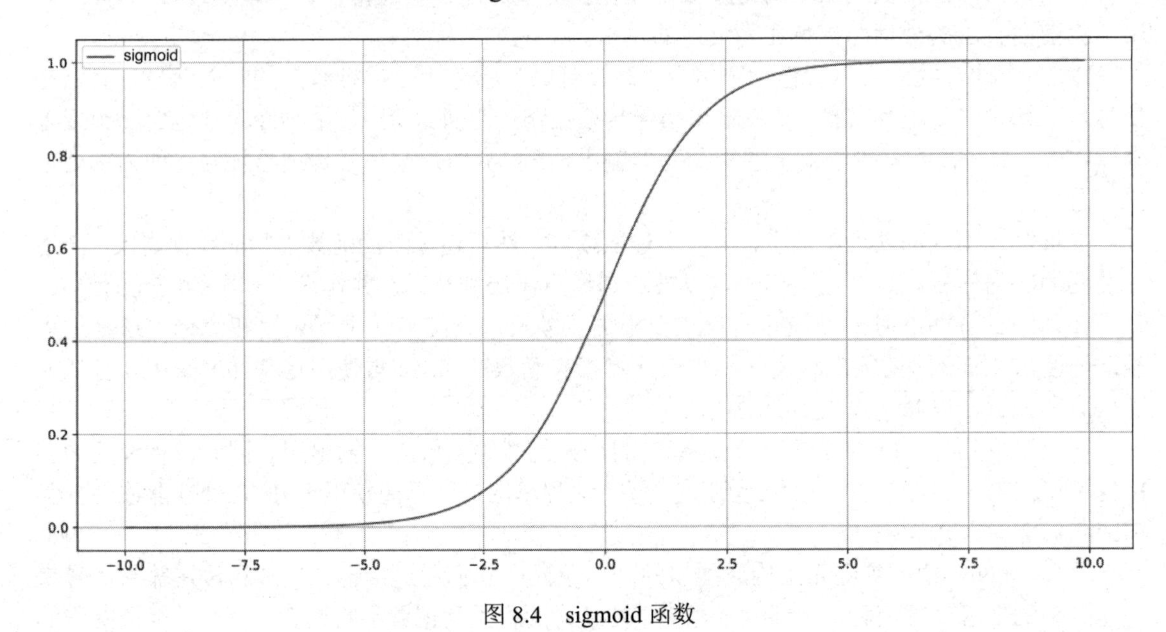

图 8.4　sigmoid 函数

在神经网络中，sigmoid 函数用于将神经元的输出映射到 0～1 之间。每个神经元都先接收一组输入信号，并对这些信号进行加权求和；再通过 sigmoid 函数计算出一个激活值。这个激活值表示该神经元对输入信号的响应程度。由于受到 sigmoid 函数特性的影响，神经元的输出被限制在 0～1 之间。这有助于神经网络更好地学习和表示复杂的关系。

从图 8.4 中可以看出，sigmoid 函数具有以下几个特点。

（1）当输入大于 0.0 时，输出一定大于 0.5。

（2）当输入超过 6.0 时，输出将会无限接近于 1.0，即该函数对输入的辨别功能将会失效。

（3）函数的取值在 0.0～1.0 之间。

（4）具有良好的对称性。

sigmoid 函数非常适合处理二分类问题，将输入映射到取值范围为 0～1 的输出，表示样本属于某一类别的概率。

除此之外，tanh 函数也是被经常使用的一类激活函数。tanh 函数是一种非线性激活函数，它可以将输入值映射到-1 到 1 之间的输出值。tanh 函数的表达式为

$$y=\tanh(x)=\frac{\mathrm{e}^{x}-\mathrm{e}^{-x}}{\mathrm{e}^{x}+\mathrm{e}^{-x}}$$

tanh 函数的主要作用是增强神经网络的复杂性和学习能力，同时解决非线性问题。在神经网络中，tanh 函数通常用于隐藏层，将神经元的输出映射到-1～1 之间的值，使网络能够更好地学习和表示复杂的关系。

与 sigmoid 函数相比，tanh 函数的输出以零为中心（见图 8.5），因为其输出值在-1 到 1 之间。此外，tanh 函数的导数与 sigmoid 函数类似，但 tanh 函数的输出以零为中心。因此，在实

践中，tanh 函数的优先性高于 sigmoid 函数。

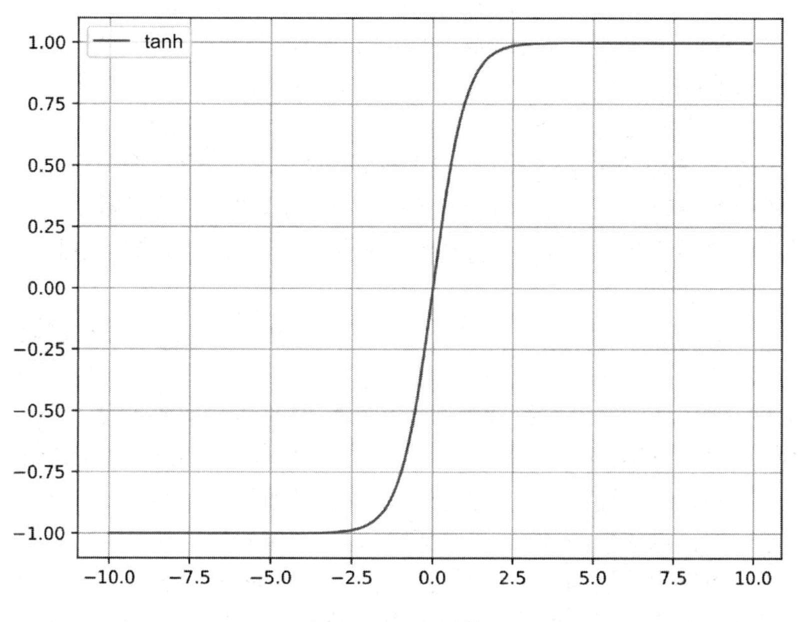

图 8.5 tanh 函数

tanh 函数有一些优点。首先，它可以看作是 sigmoid 函数的放大版，因此可以更好地处理较大的输入值。其次，由于 tanh 函数的输出以零为中心，因此它在处理偏置问题时具有优势。然而，tanh 函数也存在一些缺点，例如在输入值较小或较大时，其输出接近于饱和状态，会导致梯度消失。

ReLU 函数（见图 8.6）的表达式为

$$f(x)=\max(0,x)$$

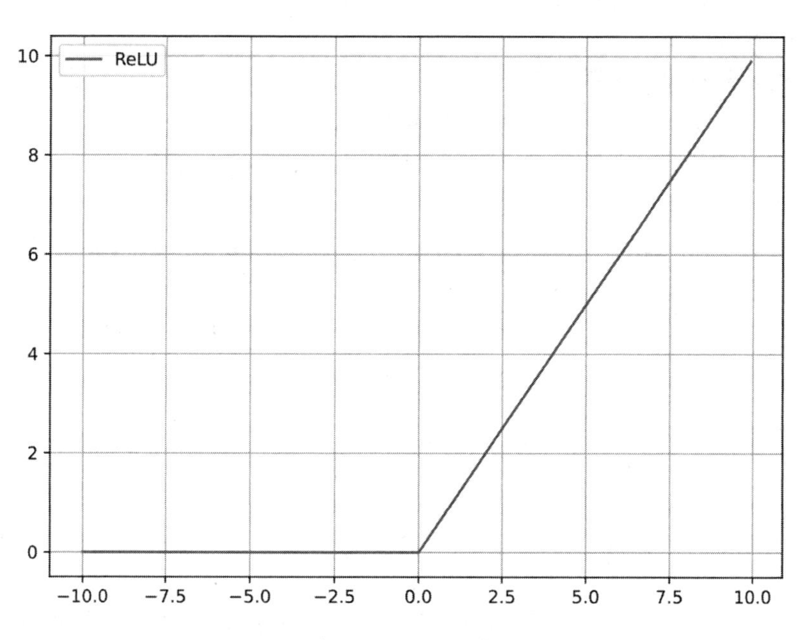

图 8.6 ReLU 函数

ReLU 函数在神经网络中的作用主要有以下几个方面。

（1）增强模型的非线性能力。神经网络中的线性模型只能拟合线性关系，无法处理非线性问题。通过引入 ReLU 等非线性激活函数，可以使神经网络具有更强的非线性拟合能力，从而更好地处理复杂的非线性问题。

（2）加速模型的训练过程。ReLU 函数的导数在横轴正方向上恒为 1，不会出现梯度消失的情况。这在神经网络的训练过程中，可以加速模型的训练过程，提高模型的收敛速度。

（3）提高模型的稀疏性。ReLU 函数在横轴负方向上的输出都为 0，因此可以使神经网络中的一些神经元变得不活跃，从而提高模型的稀疏性。提高模型的稀疏性可以提高模型的泛化能力，减少过拟合问题的发生。

（4）参数优化。在使用 ReLU 函数时，可以将参数矩阵的负值部分直接设为 0，从而减少模型参数的数量。这有利于简化模型结构，提高计算效率。

前向传播、反向传播是神经网络训练和推理过程中的两个重要步骤。

前向传播是从输入层到输出层依次计算每一层的输出结果的过程。在这个过程中，输入数据通过神经网络的各个层，逐层进行加权求和、激活函数处理，最终得到输出结果。

反向传播是一种计算损失函数对每个权重和偏差的梯度的方法。具体来说，反向传播算法首先将损失函数对网络输出的偏导数作为初始误差信号；再通过链式法则，将这个误差信号反向传播到每个神经元的输入端；然后，计算每个神经元的输入对其输出的偏导数，并将这个偏导数与误差信号相乘，得到每个神经元的误差信号；最后，计算每个权重和偏差的梯度，将其用于更新网络的参数。这个过程就是前向传播的逆过程，用于在训练神经网络时优化参数。

反向传播的详细过程可以概括为以下几个步骤。

（1）计算输出层的误差。通过将实际输出值与期望输出值做比较，可以计算输出层的误差。这个误差通常是一个向量，每个元素都代表一个输出特征图的误差。

（2）计算隐藏层的误差。根据链式法则，将输出层的误差逐层反向传播到隐藏层。具体来说，对于每个隐藏层，将该层神经元的误差信号与其下一层神经元的误差信号连接起来，并传递给该层神经元的输入端。

（3）计算权重的梯度。根据每个神经元的误差信号和输入，计算该神经元所对应的权重的梯度。这个梯度通常是一个标量，表示该权重需要更新的量。

（4）计算偏置的梯度。类似地，根据每个神经元的误差信号和输入，计算该神经元所对应的偏置的梯度。

（5）更新参数。将权重和偏置的梯度都用于更新网络的参数。通常采用梯度下降算法进行参数的更新，即根据权重和偏置的梯度，将参数向误差减小的方向调整。

（6）迭代优化。重复以上步骤，不断迭代优化网络的参数，直到收敛或达到指定的迭代次数。

3. FNN 的求解

求解 FNN 的具体步骤如下。

（1）初始化。为神经网络的每一层初始化权重和偏置。这些初始值通常是随机选择的，也可以根据某些策略（例如使用小的随机值）进行设定。

（2）前向传播。将输入数据送入网络。数据从输入层开始，经过隐藏层，到达输出层。在每个节点（神经元）上，输入数据与该节点的权重相乘，并加上相应的偏置，利用一个激活函数（如 ReLU 函数、sigmoid 函数或 tanh 函数）对计算结果进行处理，生成输出。这个过程被称为前向传播，因为它从输入层“向前”传播到了输出层。

（3）计算损失。网络生成预测输出后，需要计算预测值与实际标签之间的差异，这个差异被称为损失（或误差）。损失函数（如均方误差损失函数、交叉熵损失函数）用于量化这种差异。

（4）反向传播。在得到损失后，需要更新网络的权重和偏置，以减小损失。反向传播算法从输出层开始，计算每个节点对损失的贡献（梯度），将这个贡献反向传播到前一层，逐层更新权重和偏置。在这个过程中，通常使用链式法则来计算梯度。

（5）权重更新。在得到梯度后，使用优化算法（如梯度下降算法、Adam 算法等）来更新权重和偏置。通常每个权重和偏置都会按照其梯度方向和学习率进行一定的调整。

（6）迭代优化。重复前向传播、计算损失、反向传播和权重更新的过程，直到满足某个停止条件（如达到预设的迭代次数、损失低于某个阈值等）。

4．FNN 的应用实例

使用 FNN 实现鸢尾花的分类。

```
from sklearn.datasets import load_iris                        # 导入 Iris 数据集
from sklearn.model_selection import train_test_split          # 导入数据划分工具
from sklearn.preprocessing import StandardScaler              # 导入数据标准化工具
from sklearn.neural_network import MLPClassifier              # 导入多层感知机分类器
from sklearn.metrics import accuracy_score                    # 导入准确率评估工具

# 加载 Iris 数据集
iris = load_iris()
X = iris.data  # 特征数据
y = iris.target  # 目标标签

# 数据预处理：特征标准化
scaler = StandardScaler()
X_scaled = scaler.fit_transform(X)

# 将数据集划分为训练集和测试集
X_train, X_test, y_train, y_test = train_test_split(X_scaled, y, test_size=
0.2, random_state=42)

# 创建多层感知机分类器实例
mlp = MLPClassifier(hidden_layer_sizes=(10, ), max_iter=1000, alpha=1e-4,
                solver='sgd', verbose=10, tol=1e-4, random_state=1,
                learning_rate_init=.1)
'''
hidden_layer_sizes 定义了隐藏层的大小，这里用一个含有 10 个神经元的隐藏层
max_iter 定义了最大迭代次数
alpha 是 L2 正则化项的参数
solver 定义了优化算法，这里使用 SGD
```

```
tol 定义了优化的容忍度，即当损失的改善值小于这个值时，停止训练
learning_rate_init 定义了学习率的初始值
'''

# 训练模型
# 使用训练数据拟合模型
mlp.fit(X_train, y_train)
```

可以看到，随着每一次的迭代，损失值一直在下降。

```
Iteration 1, loss = 1.25151478
Iteration 2, loss = 1.11548003
Iteration 3, loss = 0.99051530
Iteration 4, loss = 0.87342423
Iteration 5, loss = 0.76109528
Iteration 6, loss = 0.65461946
...
```

最后，对模型的准确率进行评估。

```
# 模型评估：使用测试集进行预测
y_pred = mlp.predict(X_test)

# 计算预测准确率
accuracy = accuracy_score(y_test, y_pred)
print("Accuracy:", accuracy)

# 输出模型的一些参数和训练信息
print("ModelTrainedWith{}Iterations.".format(mlp.n_iter_))
```

在 114 次迭代后，准确率为 1.0。

```
Accuracy: 1.0
ModelTrainedWith 114 Iterations.
```

任务 2　CNN

CNN 的概念与原理

任务描述

本任务中提到的 CNN 是一种专门用于处理图像数据的深度学习模型。它通过卷积操作来提取图像中的局部特征，并通过逐层卷积和池化操作来逐步抽象和表示图像的全局信息。CNN 在图像分类、目标检测、图像分割等领域取得了显著成效。

知识准备

了解 PyTorch 等深度学习库的基本用法和模型构建过程。

1．什么是 CNN

CNN 是一种专门用来处理具有类似网格结构的数据（如图像数据和时间序列数据）的神

经网络。

CNN 由输入层、卷积层、池化层和全连接层组成。输入层接收图像等网格结构化数据。卷积层通过对输入与一组卷积核（或过滤器）进行卷积操作，检测输入中的局部特征。池化层通常跟在卷积层后面，对卷积层的输出进行池化操作，以减少数据量，并提高平移不变性。全连接层负责将前面所有的局部特征组合起来，以执行最终的分类或回归任务。

CNN 在诸多应用领域（如计算机视觉、NLP 等领域）表现优异。它具有表征学习能力和监督学习能力，可以处理网格结构化数据，并具有稳定的效果和较小的计算量。

CNN 的发展可以追溯到 1962 年，当时生物学家 Torsten Wiesel 和 David Hubel 对猫的视觉系统进行了研究，发现在猫的视觉系统中存在层级结构，并且存在局部感受野和选择性敏感的细胞。这些发现启发了后来的 CNN 结构设计，如局部连接和权值共享。

1980 年，日本学者福岛邦彦提出了一种具有层级结构的神经网络，称为新认知机。其中采用了类似于 S 细胞和 C 细胞的两种结构。这些细胞的功能可类比于现代 CNN 中的卷积和池化操作。然而，该模型没有利用反向传播算法更新权值，因此其性能有限。

Lecun 等人于 1989 年开始研究 LeNet，并于 1998 年提出了 LeNet-5。LeNet-5 是一个大规模商用 CNN，用于手写邮政编码识别。然而，当时缺乏大量数据和高性能计算资源，限制了 CNN 的发展和应用。直到 2012 年，AlexNet 的出现改变了这一局面。AlexNet 以超过第二名 10.9 个百分点的成绩夺得了 ImageNet 大规模视觉识别挑战（ImageNet Large Scale Visual Recognition Challenge，ILSVRC）竞赛分类任务的冠军，从此 CNN 在图像领域占据了统治地位。自那时起，CNN 在手写识别、物体检测、人脸识别、NLP 等领域得到了广泛的应用和发展。

1）卷积操作

在 CNN 中，输入层的下一层被称为卷积层。在这一层中，神经网络会对输入数据与一组卷积核进行卷积操作。那么什么是卷积操作呢？

卷积操作也被称为卷积运算，是一种特殊的线性运算方式，用于图像处理、信号处理等领域。它通过对输入数据与一组卷积核进行逐点乘积运算，并将结果加起来，可以提取输入数据中的特征或对数据进行某种转换。

具体来说，卷积操作先使一个小的窗口（卷积核）在输入数据上滑动，并对窗口中的每个元素与卷积核中的对应元素进行乘积运算；再将所有乘积的结果相加，得到输出数据中的一个元素。在这个过程中，对输入数据中的每个元素都进行同样的处理，直到得到完整的输出数据。

卷积操作可以用于图像处理中的滤波、边缘检测等任务，也可以用于信号处理中的频域分析和变换等任务。它具有局部性、平移不变性和可学习性等优点，能够有效地提取输入数据中的特征和模式。

图 8.7 所示为二维卷积操作示例。卷积核（3×3 矩阵）和二维结构数据相乘时，需要逆时针旋转 180°。

2）池化操作

池化操作通常在卷积操作之后进行，也被称为下采样或子采样。池化操作的作用是减小特征图的尺寸，并提取对输入特征具有鲁棒性的相关信息。池化操作是在特征图上进行的：先将特征图划分为不重叠的区域，再对每个区域进行汇聚操作，可以获得池化后的特征值。常见的池化操作有最大池化和平均池化。

1	1	1	1	1
-1	0	3	0	1
2	1	1	-1	0
0	-1	1	2	1
1	2	1	1	1

$\otimes$

1	0	0
0	0	0
0	0	-1

=

0	-2	-1
2	2	4
-1	0	0

图 8.7　二维卷积操作示例

最大池化用于选择每个区域中的最大值作为该区域的池化结果。它可以有效地提取特征图中的重要特征，并具有平移不变性和部分尺度不变性。平移不变性指的是在输入特征图中移动最大池化窗口，得到的结果与原始结果相似。部分尺度不变性指的是在不同尺度下进行最大池化操作，得到的结果与原始结果也相似。

平均池化用于计算每个区域中特征值的平均值，并将其作为池化结果。它可以有效地减小特征图的尺寸，并提取到一些重要的全局信息。与最大池化相比，平均池化更加简单，易于实现，并且在一些任务中可以取得较好的效果。

除了最大池化和平均池化，还有其他的池化方法，如 L_2 池化、L_p 池化等。这些方法利用不同的聚合方式来提取特征图中的信息，并具有不同的性质和特点。

池化操作的主要作用是减小特征图的尺寸，从而减少参数数量和计算量，同时保持重要的特征信息。通过将特征图划分为不重叠的区域，并聚合每个区域的信息，池化操作可以有效地提取图像、语音等数据的局部不变性特征。此外，池化操作还可以增强模型的泛化能力和鲁棒性，减少过拟合问题的发生。

在实际应用中，池化操作通常在卷积操作之后进行，以进一步减小特征图的尺寸，并提取具有鲁棒性的特征信息。CNN 中的卷积层能够学习到输入数据的局部特征，而池化层则可以将这些局部特征聚合和降维，以获得更粗粒度的特征表示。这种多层次的特征提取方式可以逐步提取出输入数据的更高级的特征表示，并执行分类或回归等任务。

下面用一个例子来解释最大池化操作，假设有一个 4×4 的原始矩阵，该矩阵如图 8.8 所示。现在对其进行最大池化操作，结果如图 8.9 所示。

1	2	3	4
5	6	7	8
9	10	11	12
13	14	15	16

图 8.8　4×4 的原始矩阵

6	8
14	16

图 8.9　经过最大池化操作的 4×4 矩阵

结果中的 6、8、14、16 是原始矩阵中划分子区域后每个子区域的最大值。

3）全连接层

CNN 中的全连接层是一种神经网络层，通常位于卷积层和池化层之后，用于对前面的特征进行加权求和。全连接层的每个神经元都与前一层的所有神经元进行全连接，并将前边提取到的特征综合起来。

全连接层的作用是将卷积核提取的特征图转化为向量形式，并将其送入分类器（如 softmax 分类器）进行分类。具体来说，全连接层将前面卷积和池化操作得到的特征图展平为一维向量，并将这个一维向量作为下一层神经网络的输入。

全连接层的每个神经元都与前一层的所有神经元进行全连接，因此全连接层的参数数量是最多的。为了提升网络性能，全连接层每个神经元的激活函数一般采用 ReLU 函数。在全连接的神经网络中，经常使用 Affine-ReLU 组合。

全连接层在 CNN 中的作用非常重要。它可以对前面卷积层和池化层提取到的特征进行整合，并输出一个完整的特征向量。这个特征向量可以被送入分类器进行分类，也可以用于其他任务，如回归、聚类等。

在 CNN 中，全连接层通常位于网络的最后几层，因为它能够对前面所有层的特征进行综合和抽象处理，输出一个更加完整和高级的特征表示。通过全连接层的综合和抽象，网络可以更好地理解输入数据的本质特征，从而提高分类或回归的准确率。

2. CNN 的求解

在求解 CNN 时，主要涉及两个核心步骤——前向传播和反向传播，以及它们之间的权重更新过程。求解 CNN 的具体步骤如下。

（1）初始化。需要初始化 CNN 的权重和偏置。这些初始值通常是随机选择的，但是会遵循一些策略，比如使用小的随机值。

（2）前向传播。在前向传播阶段，利用卷积层、激活函数（如 ReLU 函数）、池化层等结构对输入（图像数据）进行处理。卷积层中的卷积核（又称过滤器）会在输入数据上滑动，并执行卷积操作，以提取图像中的局部特征。随后，这些特征会经过激活函数的处理，最终输出特征图。池化层则用于降低特征图的维度，减少计算量，并增强特征的鲁棒性。这些处理过程逐层进行，直到最后的全连接层，生成最终的预测结果。

（3）计算损失。在得到预测结果后，需要计算预测值与实际标签之间的差异，即损失。损失函数用于量化这种差异。

（4）反向传播。进入反向传播阶段。这个阶段的目标是根据损失计算每层权重的梯度。从输出层开始，逐层向前计算梯度，直到卷积层。在卷积层中，需要使用卷积操作的梯度计算方法（如翻转卷积核）来计算权重的梯度。

（5）权重更新。在得到梯度后，使用优化算法（如梯度下降算法、Adam 算法等）来更新权重和偏置。这个过程会减小损失，使网络在后续的前向传播中生成更准确的预测结果。

（6）迭代优化。重复前向传播、计算损失、反向传播和权重更新的过程，直到满足某个停止条件（例如达到预设的迭代次数、损失低于某个阈值等）。在迭代过程中，网络会逐渐学习到从图像中提取有效特征并进行分类或回归的能力。

3. CNN 的应用实例

以下是一个使用 PyTorch 2.0 和 torchvision 库实现的简短案例。它使用了 MNIST 数据集来训练一个简单的 CNN。MNIST 是一个包含 0～9 的手写数字图像的公开数据集。

首先，进行参数设置与数据预处理。

```
import torch
import torch.nn as nn
import torch.optim as optim
from torchvision import datasets, transforms
from torch.utils.data import DataLoader

# 超参数设置
batch_size = 64
learning_rate = 0.001
epochs = 5

# 数据预处理：将 Tensor 标准化到[-1,1]区间，并转换为 LongTensor
transform = transforms.Compose([
    transforms.ToTensor(),
    transforms.Normalize((0.5,), (0.5,))
])

# 下载并加载 MNIST 训练集和测试集
train_dataset = datasets.MNIST(root='./data', train=True, download=True,
transform=transform)
test_dataset = datasets.MNIST(root='./data', train=False, download=True,
transform=transform)
```

这时，可以看到下载任务。

```
Downloading http://yann.le***.com/exdb/mnist/train-images-idx3-ubyte.gz
Downloading http://yann.le***.com/exdb/mnist/train-images-idx3-ubyte.gz
to ./data/MNIST/raw/train-images-idx3-ubyte.gz
…
```

接着，定义并实例化 CNN 模型。

```
# 创建数据加载器
train_loader = DataLoader(train_dataset, batch_size=batch_size,
shuffle=True)
test_loader = DataLoader(test_dataset, batch_size=batch_size,
shuffle=False)

# 定义一个 CNN 的类。它继承 PyTorch 中的基础神经网络类
class SimpleCNN(nn.Module):
    def __init__(self):
        super(SimpleCNN, self).__init__()  # 调用父类（nn.Module）的初始化函数
        self.conv1 = nn.Conv2d(1, 10, kernel_size=5)  # 定义第一个卷积层，输入通
道数为 1，输出通道数为 10，卷积核大小为 5×5
        self.conv2 = nn.Conv2d(10, 20, kernel_size=5)  # 定义第二个卷积层，输入通
```

```
道数为 10（上一个卷积层的输出通道数），输出通道数为 20，卷积核大小为 5×5
        self.fc1 = nn.Linear(320, 50)  # 定义第一个全连接层，输入特征数为 320，输出
特征数为 50
        self.fc2 = nn.Linear(50, 10)  # 定义第二个全连接层，输入特征数为 50，输出特
征数为 10（通常对应 10 个类别的分类任务）

    def forward(self, x):
        x = nn.functional.relu(self.conv1(x))  # 通过第一个卷积层，并应用 ReLU 函数
        x = nn.functional.max_pool2d(x, 2)  # 对卷积后的结果进行最大池化处理，池化
窗口的大小为 2×2
        x = nn.functional.relu(self.conv2(x))  # 通过第二个卷积层，并应用 ReLU 函数
        x = nn.functional.max_pool2d(x, 2)  # 对卷积后的结果进行最大池化处理
        x = x.view(-1, 320)  # 将卷积层输出的多维张量展平为一维，准备将其送入全连接层
        x = nn.functional.relu(self.fc1(x))  # 通过第一个全连接层，并应用 ReLU 函数
        x = self.fc2(x)  # 通过第二个全连接层，不应用激活函数
        return nn.functional.log_softmax(x, dim=1)


# 实例化模型、损失函数和优化器
model = SimpleCNN()
criterion = nn.NLLLoss()
optimizer = optim.Adam(model.parameters(), lr=learning_rate)
```

然后，训练模型，并测试模型在测试集上的准确率。请注意，因为训练集较大，并且模型较为复杂，所以可能需要等待一段时间。

```
# 训练模型
for epoch in range(epochs):
    for images, labels in train_loader:
        # 将数据送到 GPU 上（如果有 GPU 的话）
        images, labels = images.to('cuda' if torch.cuda.is_available() else
'cpu'), labels.to('cuda' if torch.cuda.is_available() else 'cpu')

        # 前向传播
        outputs = model(images)
        loss = criterion(outputs, labels)

        # 反向传播和优化
        optimizer.zero_grad()
        loss.backward()
        optimizer.step()

# 测试模型
correct = 0
total = 0
with torch.no_grad():
```

```
        for images, labels in test_loader:
            images, labels = images.to('cuda' if torch.cuda.is_available() else 
'cpu'), labels.to('cuda' if torch.cuda.is_available() else 'cpu')
            outputs = model(images)
            _, predicted = torch.max(outputs.data, 1)
            total += labels.size(0)
            correct += (predicted == labels).sum().item()

    print(100 * correct / total)
```

最终，可以获得模型的准确率数据。

```
    Accuracy of the network on the test images: 98.46%
```

这个案例定义了一个简单的CNN，用于对MNIST数据集中的手写数字进行分类。该网络包含两个卷积层、两个最大池化层和两个全连接层。

任务 3 RNN

RNN的概念与原理

任务描述

本任务中提到的 RNN 是一种专门用于处理序列数据的深度学习模型，能够通过循环连接，使网络保留先前时刻的信息，从而对当前时刻的输出产生影响；能够逐步捕捉序列中的时间依赖关系，适合处理时间序列、NLP、语音识别等任务；在语言模型、机器翻译、语音生成等领域取得了显著成果。

知识准备

熟悉神经网络的基本原理和常见结构；了解梯度下降等优化算法的原理和应用，以及如何解决RNN中的梯度消失和梯度爆炸问题。

1. 什么是RNN

RNN 专门用于处理序列数据，如时间序列、文本、语音等。它是一种递归神经网络，具有记忆能力，可以捕捉序列中的长期依赖关系。

RNN的发展历程可以追溯到1982年，当时Saratha Sathasivam提出了霍普菲尔德神经网络。该网络是RNN的一种变体。然而，由于实现困难和应用场景的限制，霍普菲尔德神经网络在被提出后并没有被广泛应用。

20世纪90年代，随着深度学习技术的不断发展，RNN重新得到了关注。1993年，Jeffrey Elman提出了一种新的RNN架构，即Elman网络。Elman网络引入了隐藏层，能够使RNN更好地捕捉序列中的长期依赖关系。随后，基于递归神经网络的应用逐渐增多，尤其在NLP领域。

进入21世纪以后，随着计算机硬件技术的进步和大数据的出现，RNN得到了更广泛的应用。2003年，基于RNN的LSTM被提出，它解决了RNN存在的梯度消失和梯度爆炸问题，能够使RNN更好地处理长序列数据。LSTM的提出为RNN在NLP、语音识别等领域的应用提供了更好的支持。

RNN的结构相对简单，主要包括输入层、隐藏层和输出层。输入层负责接收外部输入数据，隐藏层通过一系列复杂的计算将输入转化为有意义的特征表示，输出层则将隐藏层的结果转化为实际输出。在RNN中，每个时间步的隐藏状态不仅取决于当前输入，还取决于之前的隐藏状态，这使得RNN具有记忆能力。

RNN具有广泛的应用场景，如NLP、语音识别、时间序列预测等。在NLP中，RNN可以用于文本分类、机器翻译、情感分析等任务。在语音识别中，RNN可以用于语音到文本的转换。在时间序列预测中，RNN可以用于预测股票价格、天气等序列数据。

然而，RNN也存在一些问题，如梯度消失和梯度爆炸。在训练RNN时，使用梯度下降算法来更新参数。但是，每个时间步的隐藏状态都依赖于之前的隐藏状态，如果序列过长，则会导致梯度消失或爆炸，使得模型无法学习到有用的特征。为了解决这个问题，可以使用LSTM或门控循环单元等更复杂的RNN变体。

总之，RNN是一种强大的深度学习模型，可以用于处理序列数据。虽然RNN存在一些问题，但通过使用更复杂的网络结构和优化算法，可以有效地解决这些问题，并实现许多有趣的应用。

RNN具有广泛的应用场景，以下是一些常见的应用场景。

（1）NLP。在NLP领域中，RNN广泛应用于文本分类、机器翻译、情感分析等任务。通过训练RNN模型，可以将文本数据转化为特征表示，并根据这些特征执行分类、翻译等任务。

（2）语音识别。RNN可以用于语音到文本的转换，将语音信号转化为文本形式。在语音识别任务中，RNN可以学习到语音信号的长期依赖关系，并预测出对应的文本。

（3）时间序列预测。RNN可以用于预测时间序列数据，如股票价格、天气等。通过对历史数据进行学习，RNN可以捕捉到时间序列中的长期依赖关系，并预测未来的走势。

（4）机器人控制。RNN可以用于机器人控制，通过处理机器人的传感器数据和控制信号，实现对机器人的控制和决策。

（5）图像描述生成。RNN可以结合CNN实现图像描述生成，生成描述图像内容的自然语言文本。

（6）音乐生成。RNN可以用于音乐生成，通过学习音乐序列的规律和特征，生成新的音乐作品。

（7）问答系统。RNN可以用于问答系统，通过对问题和回答进行序列建模，实现问答系统的自动回答。

除了以上列举的应用场景，RNN还可以应用于其他领域，如推荐系统、生物信息学等。

RNN的基本结构可以看作是一个循环的结构，其中网络的输出被保存在一个记忆单元中。这个记忆单元与下一次的输入一起进入神经网络中。

具体来说，RNN的输出不仅取决于当前输入，还取决于上一个时刻的隐藏状态。这种循环结构使得RNN具有记忆能力，可以捕捉序列中的长期依赖关系。

在一个简单的RNN中，记忆单元被表示为一个时间步的隐藏状态。它通过一个线性变换和一个非线性激活函数进行计算。这个隐藏状态不仅是下一步计算的输入，还被复制到记忆单元中，以便在更长的时间跨度内保存信息。

RNN的结构可以看作是一个随时间展开的网络（见图8.10），其中每个时间步的隐藏状态都依赖于前一个时间步的隐藏状态和当前输入。这种循环结构使 RNN 可以处理变长的序列数据，并且对于序列中的不同部分都具有相同的权重。

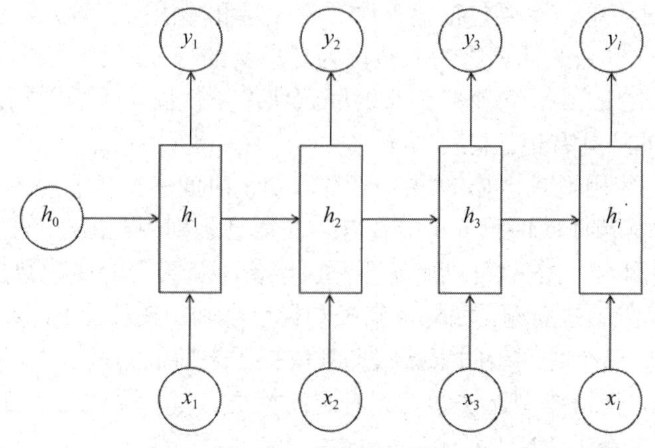

图 8.10　RNN 的结构

简单循环网络（Simple Recurrent Network，SRN）是 RNN 的一种变体，只有一个隐藏层。SRN 的结构相对简单，但仍然能够实现强大的功能。在 SRN 中，首先，输入数据传递到隐藏层，该层对输入数据进行初步的特征提取；然后，隐藏层的输出传递到输出层，输出层将隐藏层的输出转化为最终的结果。

SRN 的隐藏层节点之间没有连接，这意味着每个节点只关注上一时刻的隐藏状态和当前输入。这种结构设计使得 SRN 在处理序列数据时具有短期的记忆能力。换句话说，SRN 只能记住序列中最近的几个时间步的信息，而无法捕捉到更长期的信息依赖关系。

2. RNN 的求解

在求解 RNN 时，核心思想是：利用记忆功能，将前一步的输出信息保存下来，用于下一步的计算。这种记忆功能是通过 RNN 中的隐藏层实现的，具体求解过程如下。

（1）初始化。需要为 RNN 的隐藏层设置初始状态。这个初始状态可以是一个随机值，也可以是根据任务需求设定的特定值。

（2）前向传播。对于序列中的每个时间步，RNN 都会执行一次前向传播。在前向传播过程中，RNN 会接收当前输入，并结合上一个时间步的隐藏状态，计算出当前时间步的输出和新的隐藏状态。这个新的隐藏状态会被保存下来，用于下一个时间步的计算。

（3）损失计算。在得到所有时间步的输出后，RNN 会根据这些输出和真实标签计算损失。损失函数的选择会根据具体的任务来定。比如，对于分类任务，常用的损失函数有交叉熵损失函数；对于回归任务，常用的损失函数有均方误差损失函数。

（4）反向传播和优化。RNN 会执行反向传播算法，通过计算损失函数对每个参数的梯度来更新网络的参数。这个过程通常需要用到一些优化算法，比如梯度下降算法、Adam 算法等。

（5）迭代更新。完成一次前向传播、损失计算和反向传播后，RNN 就完成了一次迭代更新。然后，RNN 会重复上述过程，直到达到预设的迭代次数或损失函数的值不再明显下降为止。

3. RNN 的应用实例

下面，我们将使用 PyTorch 2.0 来构建一个简单的 CNN 用于图像分类任务。其中，Fashion-

MNIST 数据集是一个初学者常用的图像分类数据集，包含 10 个类别的 70000 个灰度图像。

首先，导入必要的库和模块。

```
import torch
import torch.nn as nn
import torch.optim as optim
from torchvision import datasets, transforms
from torch.utils.data import DataLoader
```

接下来，进行数据预处理和加载。

```
# 数据预处理：将数据转换为 Tensor，并对其进行归一化处理
transform = transforms.Compose([
    transforms.ToTensor(),
    transforms.Normalize((0.5,), (0.5,))
])

# 下载并加载 Fashion-MNIST 训练集和测试集
trainset = datasets.FashionMNIST('~/.pytorch/FashionMNIST_data/',
download=True, train=True, transform=transform)
trainloader = DataLoader(trainset, batch_size=64, shuffle=True)

testset = datasets.FashionMNIST('~/.pytorch/FashionMNIST_data/',
download=True, train=False, transform=transform)
testloader = DataLoader(testset, batch_size=64, shuffle=True)
```

这时可以看到数据集的下载情况。

```
Downloading http://fashion-mnist.s3-website.eu-central-1.amazon***.com/
train-images-idx3-ubyte.gz
Downloading http://fashion-mnist.s3-website.eu-central-1.amazon***.com/
train-images-idx3-ubyte.gz to /Users/user/.pytorch/FashionMNIST_data/
FashionMNIST/raw/train-images-idx3-ubyte.gz
100.0%
Extracting /Users/user/.pytorch/FashionMNIST_data/FashionMNIST/raw/train-
images-idx3-ubyte.gz to
/Users/user/.pytorch/FashionMNIST_data/FashionMNIST/raw
```

然后，定义 CNN 模型。

```
class FashionCNN(nn.Module):
    def __init__(self):
        super(FashionCNN, self).__init__()
        self.conv1 = nn.Conv2d(1, 32, 3, 1)
        self.conv2 = nn.Conv2d(32, 64, 3, 1)
        self.dropout1 = nn.Dropout2d(0.25)
        self.dropout2 = nn.Dropout2d(0.5)
        self.fc1 = nn.Linear(9216, 128)
        self.fc2 = nn.Linear(128, 10)
```

```
    def forward(self, x):
        x = self.conv1(x)
        x = nn.functional.relu(x)
        x = self.conv2(x)
        x = nn.functional.relu(x)
        x = nn.functional.max_pool2d(x, 2)
        x = self.dropout1(x)
        x = torch.flatten(x, 1)
        x = self.fc1(x)
        x = nn.functional.relu(x)
        x = self.dropout2(x)
        x = self.fc2(x)
        output = nn.functional.log_softmax(x, dim=1)
        return output

model = FashionCNN().to(device)
```

再定义损失函数和优化器。

```
criterion = nn.NLLLoss()
optimizer = optim.Adam(model.parameters(), lr=0.001)
```

接下来，训练模型。

```
num_epochs = 10

for epoch in range(num_epochs):
    running_loss = 0.0
    for i, data in enumerate(trainloader, 0):
        inputs, labels = data[0].to(device), data[1].to(device)

        optimizer.zero_grad()

        outputs = model(inputs)
        loss = criterion(outputs, labels)
        loss.backward()
        optimizer.step()

        running_loss += loss.item()
        if i % 2000 == 1999:  # 每2000个mini-batches打印一次
            print('[%d,%5d]loss:%.3f'%
                  (epoch + 1, i + 1, running_loss / 2000))
            running_loss = 0.0

print('Finished Training')
```

这时可以看到训练的过程数据。

```
Epoch 1/10
[1,  2000] loss: 2.301
[1,  4000] loss: 1.987
[1,  6000] loss: 1.754
[1,  8000] loss: 1.592
[1, 10000] loss: 1.483
...
Epoch 10/10
[10, 2000] loss: 0.456
[10, 4000] loss: 0.423
[10, 6000] loss: 0.398
[10, 8000] loss: 0.379
[10,10000] loss: 0.365
Finished Training
```

最后，测试模型。

```
correct = 0
total = 0
with torch.no_grad():
    for data in testloader:
        images, labels = data[0].to(device), data[1].to(device)
        outputs = model(images)
        _, predicted = torch.max(outputs.data, 1)
        total += labels.size(0)
        correct += (predicted == labels).sum().item()

print(100 * correct / total)
```

这时可以看到该模型的准确率结果。

```
Accuracy of the network on the test images: 90.12%
```

任务 4 深度学习概述

任务描述

本任务中提到的深度学习是机器学习的一个子领域，专注于利用神经网络模型处理复杂数据。通过模拟人脑神经元的连接方式，深度学习构建出深度神经网络，这样便可自动提取数据中的高级特征，并执行复杂的分类、回归和生成任务。深度学习在图像识别、语音识别、NLP等领域取得了显著的成果。

知识准备

了解机器学习的基本概念、分类、评估方法等，以便为后续学习深度学习打下一定的基础。

1. 深度学习的产生

深度学习是人工智能领域的一个重要分支，是基于神经网络的一种机器学习方法。其产生和发展可以追溯到20世纪80年代。

一切要先从神经网络说起。神经网络是一种模拟人脑神经元网络结构的计算模型，可以模拟人类的感知、认知和决策等过程。20世纪80年代，神经网络开始应用于模式识别、NLP等领域。当时的神经网络模型较为简单，通常只有几层神经元，难以处理复杂的任务。

随着计算机技术的发展，数据的规模不断扩大，数据的复杂性也不断提升，传统的机器学习方法已经难以满足需求。在这种情况下，深度学习应运而生。深度学习试图模拟人脑的深层结构，以实现对复杂数据的处理和分析。它采用了多层的神经网络结构，并对每一层的神经元进行训练，以实现对数据的逐层抽象和处理。

2. 深度学习的发展

自2010年以来，深度学习得到了快速发展。这得益于以下几个方面：一是数据规模的爆炸式扩大，为深度学习提供了更多的训练样本；二是计算机技术的发展，为深度学习提供了更快的计算速度和更大的存储容量；三是GPU等并行计算技术的普及，加快了深度学习的训练速度；四是开源框架的普及，降低了深度学习的开发门槛。

深度学习在许多领域得到了广泛应用。例如，在图像识别领域，深度学习可以通过训练神经网络来自动识别图像中的物体；在语音识别领域，深度学习可以将语音转化为文字；在NLP领域，深度学习可以自动翻译不同语言之间的文本；在医疗领域，深度学习可以辅助医生进行疾病诊断和治疗。

尽管深度学习取得了显著的成果，但它也面临着一些挑战。例如，如何提高模型的泛化能力，避免过拟合；如何设计更加有效的神经网络结构；如何处理大规模的复杂数据等。此外，随着人工智能技术的不断发展，我们需要考虑如何保障数据隐私、如何避免歧视等问题。未来，深度学习将继续得到发展。一方面，随着技术的进步，我们可以构建更加复杂、更加智能的神经网络模型；另一方面，随着应用场景的不断扩展，我们需要探索更多的应用领域。例如，在智能交通、智能制造、智慧城市等领域，深度学习可以帮助我们实现更加智能化和高效化的管理和运营。此外，随着可解释性和可信度成为人工智能发展的重要方向，我们需要探索如何提高深度学习模型的可解释性和可信度。总之，深度学习作为人工智能领域的一个重要分支，将继续得到发展，并应用于更多的领域和场景中。同时，我们需要不断探索和完善相关技术和方法，以更好地应对各种挑战和问题。

总结

在本项目中，我们深入研究了神经网络相关模型，并重点探讨了以下几个方面的内容。

（1）FNN 是一种基本的神经网络，按照从输入层到输出层的单一方向传递信息。在这一过程中，每一层只接收来自前一层的信息，并且不与后面的层产生反馈连接。这种网络常用于监督学习任务，如分类和回归，通过训练不断调整权重，使得输出尽可能地接近真实值。

（2）CNN 是专门设计用于处理图像数据的神经网络。它利用卷积层来检测图像中的局部特征，并利用池化层来减少参数数量和提高模型的鲁棒性。CNN 在图像识别、目标检测、图像分割等计算机视觉任务中取得了显著的成功。

（3）RNN 是为了处理序列数据（如文本、时间序列等）而设计的。与 FNN 不同，RNN 引入了循环结构，能够使网络记住之前的输入信息，并对后续的输入产生影响。这使得 RNN 在处理需要上下文信息的任务时非常有效，如机器翻译、语音识别和文本生成等。

（4）深度学习是机器学习的一个子领域，依赖于复杂的神经网络，特别是具有多层结构的神经网络（又称深度神经网络）。深度学习模型通过逐层学习和抽象处理，能够从原始数据中提取高级特征，从而实现复杂的功能。它在计算机视觉、NLP、语音识别、推荐系统等领域都取得了显著的进展，成了现代人工智能的重要组成部分。

学习 FNN、CNN、RNN 和深度学习等技术，对于理解现代人工智能和机器学习的基本原理，以及应用它们解决实际问题具有重要意义。这些技术不仅可以帮助学生构建高效、准确的模型来处理图像、文本、时间序列等多样化数据，还可以推动创新，在各个领域实现自动化和智能化。通过深入学习这些领域，学生可以为未来的技术发展贡献自己的力量，并为社会带来更大的便利和价值。

项目考核

一、选择题

1. 在神经网络中，激活函数的作用是（　　）。

A. 提高模型的复杂度　　B. 将输出限制在特定范围内
C. 将输入数据标准化　　D. 改变数据的维度

2.（　　）优化器通常用于训练深度神经网络。

A. 梯度下降　　B. SGD　　C. 牛顿法　　D. 线性回归

3. 神经网络中隐藏层的主要作用是（　　）。

A. 提高模型的复杂度　　B. 提取输入数据的特征
C. 对输出进行非线性变换　　D. 提高模型的训练速度

4. 在训练神经网络时，过拟合通常是由（　　）造成的。

A. 训练集太小　　B. 模型的复杂度太低
C. 学习率太大　　D. 批量大小太大

5.（　　）函数在神经网络中常常用于输出层，以处理二分类问题。

A. sigmoid　　B. ReLU　　C. tanh　　D. softmax

二、填空题

1. 在神经网络中，__________层负责学习和识别输入数据的特征。

2. 当神经网络的训练误差很小，但测试误差很大时，我们通常认为出现了____________现象。

3. 在神经网络中，反向传播算法用于计算损失函数对模型参数的梯度，从而更新参数，以减小损失。该算法基于链式法则计算梯度，从输出层开始，逐层向__________层传播梯度。

4. 在深度学习中，模型出现过拟合通常是由训练数据不足或模型的复杂度过高导致的。为了缓解过拟合问题，常用的方法包括增大训练数据量、使用__________、早停等。

三、简答题

1. 请解释什么是神经网络中的前向传播和反向传播，并简述它们在神经网络训练中的作用。

2. 请简述神经网络与感知机的主要区别，并解释为什么神经网络在复杂任务上通常比感知机具有更好的性能。（提示：可以从模型的复杂度、激活函数的使用等方面进行比较）

四、综合任务

具体任务：区分手写数字 0～9。假设你正在为一个简单的图像分类任务设计一个神经网络。该任务涉及区分手写数字 0～9。你拥有 MNIST 数据集。这是一个常用的手写数字数据集，其中包含 60000 个训练样本和 10000 个测试样本。

1．数据预处理

从 MNIST 数据集中加载训练和测试数据；将每幅 28 像素×28 像素的图像展平成一个长度为 784 的向量；对数据进行归一化处理，使像素值在 0～1 之间。

2．设计神经网络

设计一个至少包含一个隐藏层的简单全连接神经网络；确定每层的神经元数量，并选择合适的激活函数（如 ReLU 函数）；添加一个输出层，其神经元数量与类别数（0～9，共 10 个）相同，并使用 softmax 函数。

3．训练神经网络

选择一个优化器（如 SGD、Adam 等）和损失函数（如交叉熵损失函数等）；设置合适的学习率和批量大小；训练神经网络，并监控训练过程中的准确率和损失。

4．评估神经网络

在测试集上评估神经网络的性能，计算准确率；分析可能的过拟合或欠拟合情况，并给出改进建议。

项目 9

NLP

项目介绍

NLP 是一个跨学科的领域，涉及语言学、计算机科学、人工智能等多个学科。它的研究始于 20 世纪 50 年代，当时计算机科学家和语言学家开始合作，尝试让计算机理解和生成人类语言。在这个过程中，许多研究者做出了重要的贡献。

在创造 NLP 算法的过程中，研究者们遇到了许多困难。人类语言是一种非常复杂和多样的系统，包括语法、词汇、语义等多个层面。让计算机理解和生成这样的系统是一项巨大的挑战。在自然语言中，很多词汇和短语在不同的上下文中可能有不同的含义，这就是“歧义性”问题。同时，由于语言的无限可能性，很多语言现象在训练数据中可能很少出现，这就是“数据稀疏性”问题。这些问题都使构建准确的 NLP 模型变得非常困难。在早期的 NLP 研究中，由于计算资源的限制，研究者们往往只能处理小规模的数据和简单的模型。这使得 NLP 的研究进展缓慢。

为了克服这些困难，研究者们采取了多种策略。例如，开始引入语言学的研究成果（如词法分析、句法分析、语义角色标注等）来帮助计算机理解语言的结构和意义。随着计算机存储和计算能力的提升，研究者们开始使用大规模的语料库来训练 NLP 模型，以提高模型的准确性和泛化能力。近年来，深度学习技术的兴起使 NLP 得到了巨大的突破。通过构建深度神经网络模型，研究者们能够学习语言的复杂规律，从而显著提高 NLP 模型的性能。

总的来说，NLP 的发展是一个不断克服困难和挑战的过程。随着技术的不断进步和研究的不断深入，相信未来 NLP 将会取得更大的突破和发展。

知识目标

- 了解 NLP 的定义、历史发展、应用领域及重要性。
- 掌握 NLP 的核心技术，熟悉分词、词性标记、命名实体识别、句法分析、情感分析、语义理解、机器翻译等关键技术的原理和应用。
- 了解 NLP 的前沿研究和最新进展，关注深度学习、强化学习、迁移学习等技术在 NLP 领域的应用，以及大模型、多模态等的发展趋势。

能力目标

- 具备数据处理能力，能够收集、清洗、标记和处理大规模的自然语言数据，为 NLP 模型的训练提供高质量的数据基础。
- 具备搭建和训练 NLP 模型的能力，能够根据不同的任务需求选择合适的模型结构、超参数和优化策略。
- 能够将训练好的 NLP 模型部署到实际应用场景中，如智能客服、智能问答、文本挖掘等，实现模型的商业价值。

素养目标

- 具备独立思考、分析和评价 NLP 技术及其应用的能力，能够识别并应对 NLP 技术背后的潜在问题和风险。
- 保持对 NLP 领域的新技术、新方法的关注和学习，不断提升专业素养和技能水平。
- 能够将 NLP 技术与计算机科学、语言学、心理学、社会学等学科相结合，拓宽视野，创新应用。
- 了解并遵守 NLP 领域的使用规范，确保技术应用的合法性和公平性。

任务 1　NLP 概述

NLP 概述

任务描述

通过本任务，学生将学习 NLP 的概念，以及 NLP 与人工智能、计算机科学和人类语言的联系。

知识准备

了解机器学习的基本原理和算法，以及语言的基本结构和规则，并具备算法设计、数据结构、编程技能的基础知识。

NLP 是人工智能领域的一个分支，专注于使计算机能够理解、解析和生成人类语言。它的目标是让计算机像人类一样，通过文字、语音、图形等方式，与其他人进行有效的交流和互动。NLP 的应用范围广泛，从简单的文本分类和情感分析到复杂的语言翻译和智能问答系统都有涉及。

为了实现上述功能，NLP 需要对计算机进行编程，使其能够识别、理解语音和文本模式。这通常涉及构建大规模的语言模型，利用深度学习技术进行训练，并应用各种算法和工具进行数据分析和处理。

情感分析是 NLP 的一种重要应用。通过分析文本中的语义、情感色彩和表达方式，NLP 技术可以判断文本的情感倾向，帮助企业了解市场趋势和消费者需求。此外，NLP 还广泛应用于语言翻译领域，例如机器翻译系统可以将一种语言的文本自动翻译成另一种语言，方便跨语言交流和学习。

除了情感分析和语言翻译，NLP 还有许多其他的应用领域。图 9.1 展示了 NLP 与人工智能领域的关系。语音识别技术可以让计算机理解和识别人类语音，从而实现在不使用键盘的情况下进行信息输入和交互这一目的。此外，智能问答系统可以通过 NLP 技术对用户的问题进行 NLP 和理解，从而提供准确的答案和解决方案。

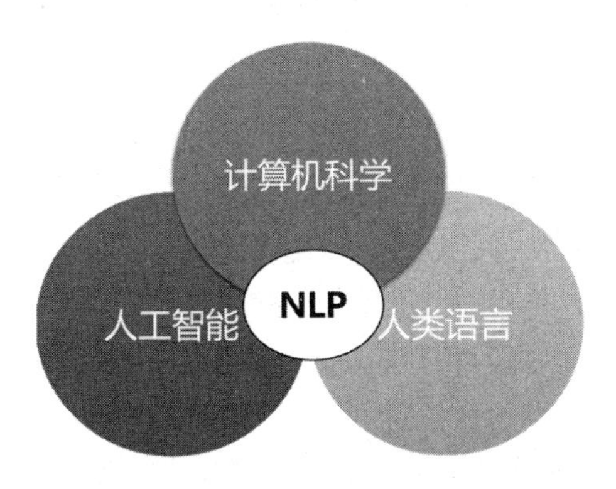

图 9.1 NLP 与人工智能领域的关系

NLP 是人工智能领域中非常重要的分支之一。它的发展和应用将极大地促进人工智能技术的发展和应用。未来，随着 NLP 技术的不断进步和发展，会有更多的 NLP 应用场景出现，为人类带来更多的便利和创新。

任务 2 词嵌入

词嵌入

任务描述

通过本任务，学生将学习词嵌入的概念，以及词嵌入的多种表示方法，如单热向量、BoW 模型、Word2Vec 模型等，并学习词嵌入在人类语言中起到的情感分析作用和应用实例。

知识准备

了解机器学习的基本原理和算法；掌握线性代数的基础知识，如向量、矩阵、点积、转置等；了解语言的基本结构和规则，以及词性的基本概念和句法分析的方法等；具备算法设计、数据结构、编程技能的基础知识。

1. 词嵌入的概念

在 NLP 中，词嵌入是一种将词语或短语从词汇表映射到向量的实数空间中的技术。利用词嵌入，词义的语义信息能够以数值的形式表达出来，这样计算机便能够理解词汇中包含的语义。

举一个例子，“猫”“狗”“兔子”这三个词汇在人的语言系统里都是“动物”，但是在计算机的系统里，需要把这些词汇转化为由数字表示的词向量，计算机才能够理解其中的语义，这个映射的过程就是词嵌入。例如，“猫”可以转化为 (0.1, 0.2, 0.3)，“狗”可以转化为(0.1, 0.4,

0.5)，“兔子”可以转化为(0.2, 0.7, 0.8)，计算机通过合适的方法来计算这些向量值之间的关系，进而将这些词语所表达的语义联系起来，找到了这些向量值之间的关系就相当于找到了词汇之间的语义关系和上下文信息。

2．词嵌入的表示方法

词嵌入有多种表示方法。在实际的 NLP 应用中，需要根据具体的需求和场景选择合适的词嵌入表示方法。

1）单热向量

在 NLP 中，单热向量是一种特殊的词嵌入表示方法。它用向量来表示单词，向量中的每个维度都代表一个特征。在同一维度上，不同的单词则用 0 和 1 来区分。具体来说，词汇可以用单热向量表示，对于每个单词，我们都会在向量的对应维度上设一个 1，而在其他维度上则设一个 0。这样的表示方法可以有效地将单词转化为机器可读的格式，方便计算机进行处理和分析。

在图 9.2 所示的单热向量示例中包含三种水果词汇，分别为苹果（Apple）、香蕉（Banana）、桃子（Peach），都用单热向量的方式来表示。

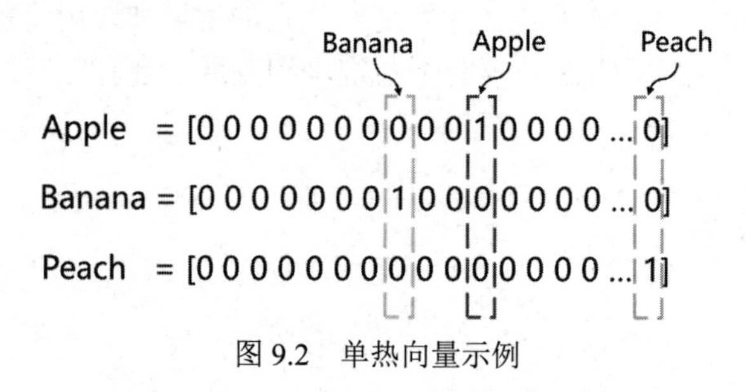

图 9.2　单热向量示例

然而，这种嵌入表示方法也存在一些问题。由于向量中非零维度的数量往往很大，所以这种嵌入表示方法会造成空间的浪费，而且向量之间的相似度计算也可能会受到影响。

2）BoW

在 NLP 中，词袋（Bag of Words，BoW）是一种简单但有效的词汇表示方法。它通过创建一个单词的集合（“袋子”）来表示文本中的词汇信息。

BoW 模型将文本中的每个单词都看作是一个独立的特征，并且不考虑单词的顺序和语法关系，对文本中的所有单词按照出现的次数进行统计，然后将统计结果转换为一个向量。在向量中，每个维度代表各不相同的单词，而向量的值则表示该单词在文本中出现的频率。

这里用一个例子来体现 BoW 模型（见图 9.3），实例中有 4 句英文里常用的问候语。简单来说，BoW 模型先将这 4 个句子里包含的单词打乱顺序并装在一个“袋子”里，再统计每个单词出现过的频率，统计方法如图 9.4 所示。

通过使用 BoW 模型，我们可以将文本转换为机器可读的格式，并执行一些基本的文本分类和分析任务。

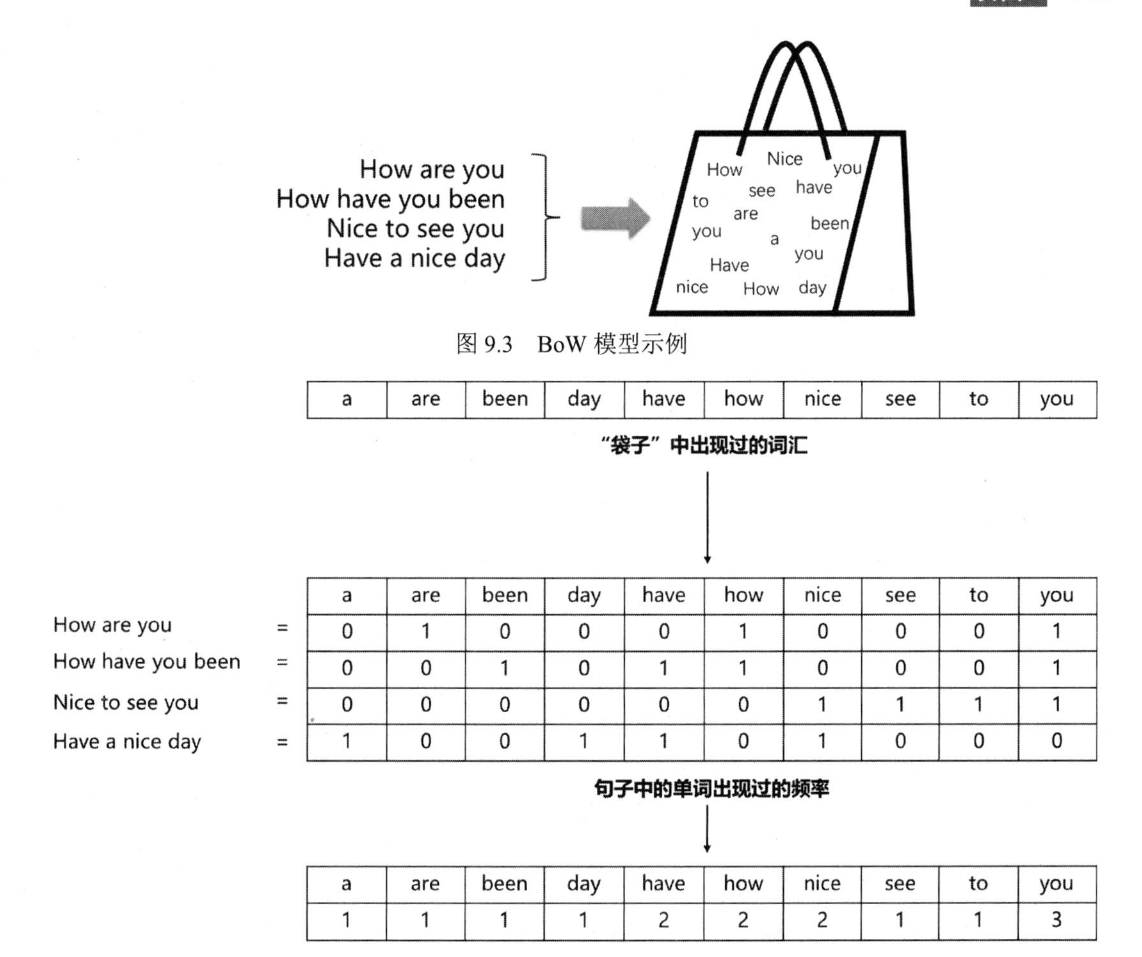

图 9.3 BoW 模型示例

a	are	been	day	have	how	nice	see	to	you

“袋子”中出现过的词汇

	a	are	been	day	have	how	nice	see	to	you
How are you =	0	1	0	0	0	1	0	0	0	1
How have you been =	0	0	1	0	1	1	0	0	0	1
Nice to see you =	0	0	0	0	0	0	1	1	1	1
Have a nice day =	1	0	0	1	1	0	1	0	0	0

句子中的单词出现过的频率

a	are	been	day	have	how	nice	see	to	you
1	1	1	1	2	2	2	1	1	3

“袋子”中的单词出现过的频率

图 9.4 BoW 模型统计方法

然而，BoW 模型也存在一些局限性。例如，它可能会忽略词汇之间的语义关系和上下文信息，进而影响到模型的性能。又如图 9.5 所示的情况，虽然这两句话有截然不同的意思，但是在 BoW 模型中，词汇被打乱顺序，语义关系不能被正确表达。

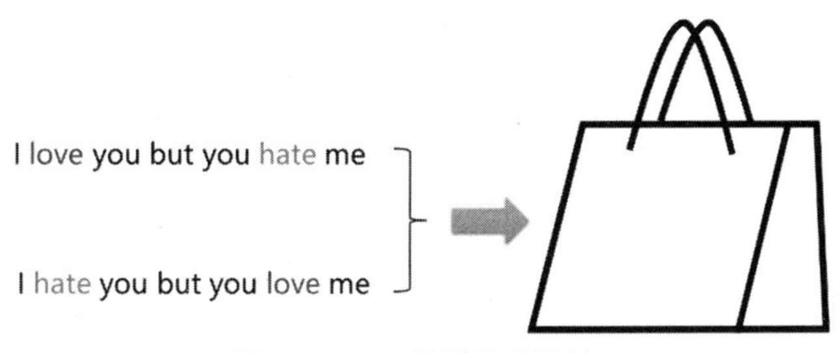

图 9.5 BoW 模型的局限性

为了解决单热向量造成空间的浪费而导致的向量之间的相似度计算受到影响，以及 BoW 忽略了词汇之间的语义关系和上下文信息这些问题，可以采用词频-逆文本频率指数（Term Frequency-Inverse Document Frequency，TF-IDF）这种表示方法。它通过考虑词汇在文本中的出现频率和重要性来表达词汇信息。关于 TF-IDF 有如下公式。

$$W_{i,j} = \mathrm{tf}_{i,j} \cdot \lg\left(\frac{N}{\mathrm{df}_i}\right)$$

其中，$W_{i,j}$ 指单词 i 在文档 j 中的权重，$\mathrm{tf}_{i,j}$ 指单词 i 在文档 j 中出现的次数，N 指文档总数，df_i 指含有单词 i 的文本数。TF-IDF 值是由 TF 值和 IDF 值相乘得到的。TF 表示单词在文本中出现的频率，即该单词在文本中出现的次数占文本总词数的百分比。IDF 则表示单词在整个语料库中的重要性，即该单词在整个语料库中出现的文档数占总文档数的百分比再取对数。在实际应用中，我们通常会将文本中的单词按照其 TF-IDF 值排序，选取排名靠前的单词作为文本的特征，并对其进行表示和分析。

TF-IDF 的优点是可以考虑单词在整个语料库中的重要性和上下文信息，以便更好地表达文本的主题和语义信息。因为一些常见的词汇，如“的”“是”等，在文本和句子中可能会出现很多次，但它们并不重要，所以 TF-IDF 会减小频繁项的权重，同时增大另外一些词汇的权重，以此来影响整个文本的表示效果。

3）Word2Vec

Word2Vec 是由谷歌在 2013 年开发的一种基于神经网络的模型。它可以捕捉词汇之间的相似性和语义关系，从而更好地表达文本所包含的信息。在 Word2Vec 模型中，文本中的每个词汇都会被表示为独立的向量，因此它也有一些局限性。因为一些词汇在词性上是相似的，如 teach、teaching、teacher 等，这几个单词都有“教”的意思，但在 Word2Vec 模型中，它们会被表示成不同的向量，这在训练过程中会对模型产生一定的影响。另外，Word2Vec 模型对一些频繁出现的词语（如“的”“是”等），非常敏感，进而会忽略一些出现频率极低的词汇。如果文本中包含了一些词，而这些词从来没有在 Word2Vec 的词汇表中出现过（比如最新的网络用词用语），那么 Word2Vec 模型训练对这些词汇毫无作用。因此，在实际应用中，还需结合实际情况，选用恰当的词汇表示方法及其他的特征提取方法等来提高模型的性能。

Word2Vec 模型造成有两种训练方法：连续词袋（Continuous Bag Of Words，CBOW）和 Skip-gram。CBOW 方法利用上下文单词来预测中心单词，而 Skip-gram 方法则是利用中心单词来预测上下文单词。

这里用同一个例子“My favorite fruit is apple”来解释和对比图 9.6 和图 9.7 所示的两种模型。

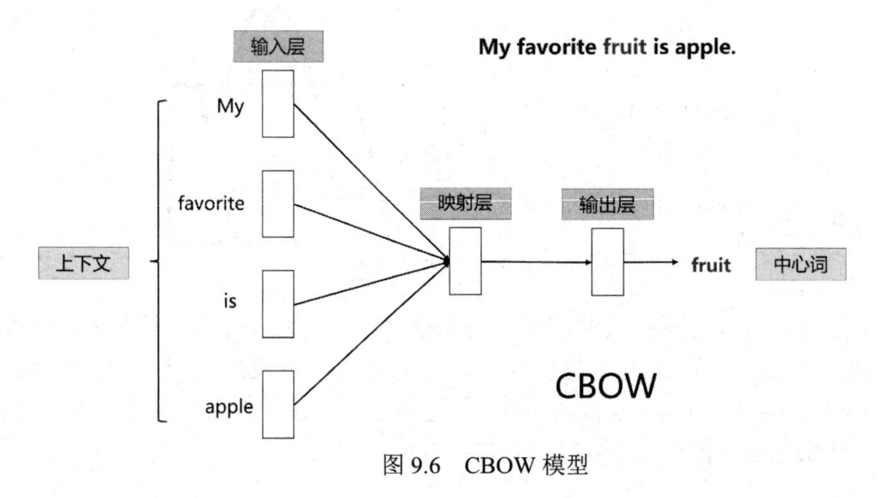

图 9.6　CBOW 模型

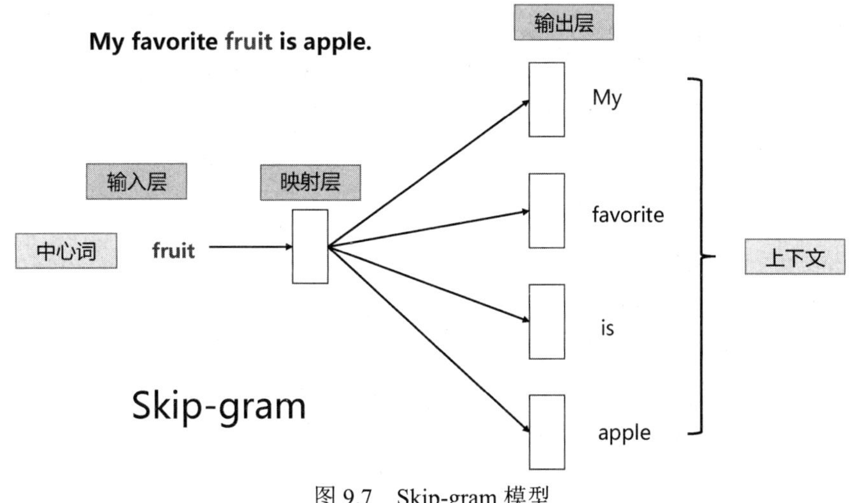

图 9.7 Skip-gram 模型

（1）CBOW。

CBOW 模型会根据给定的内容，利用上下文信息来预测中心单词。通过这种方式，CBOW 方法可以学习到单词之间的语义关系和上下文信息。

CBOW 方法的优点是训练速度相对较快，因为只需要预测一个目标词汇。此外，由于 CBOW 方法考虑了上下文信息，因此可以更好地表达文本的语义信息。然而，它也存在一些局限性，例如需要大量的语料库数据进行训练，而且对于一些非常长的上下文信息，CBOW 模型的性能可能会受到影响。

（2）Skip-gram。

Skip-gram 通过输入一个词汇来预测其上下文，使用这种方式，也可以学习到词汇之间的语义关系和上下文信息，从而更好地表达文本的语义。

Skip-gram 方法的优点是可以学习到单词之间的非线性关系和上下文信息，而且对于一些非常长的上下文信息，Skip-gram 模型的性能也相对较好。然而，Skip-gram 方法也存在一些缺点。与 CBOW 方法不同，Skip-gram 方法需要根据一个中心单词去预测其上下文相关联的多个单词，这导致训练过程可能需要更长的时间，并且需要大量的语料库数据来支持训练。

3. 词嵌入的应用——情感分析

情感分析在 NLP 词嵌入中具有重要意义，它可以对具有情感色彩的主观性文本进行深入分析、处理和提取，从而对文本中的情感倾向和情感表达进行分析和理解，达到更好地把握文本的整体情感基调，提取结构化信息的目的。

在商业领域中，情感分析可以帮助企业了解消费者对产品、服务和品牌的评价和反馈，从而优化营销策略、提高品牌声誉；在社交媒体领域，情感分析可以监测公众对某一事件或话题的情感倾向，以便做出相应的应对措施。接下来举几个案例，方便大家对情感分析在 NLP 中的重要程度的理解。

1）华为 Mate60 手机线上购物评价

通过对华为 Mate60 手机线上购物评价的数据分析，可知这款手机的好评度达到了 99%，消费者对华为 Mate60 手机的外观设计、拍照性能、系统流畅度等方面表示满意。而 NLP 词嵌入情感分析技术可以对华为 Mate60 手机的线上购物评价进行情感分类和情感极性分析，进而了解消费者对产品的满意度、评价及情感倾向等。另外，这些数据还能够帮助企业快速了解消费者对华为Mate60手机的反馈和态度，从而及时调整营销策略和改进产品。通过对大量评价数据的分析，可以发现消费者对产品的关注点和痛点，以及产品在不同方面的表现情况。这些信息对于企业制定更加精准的营销策略和产品改进方向具有重要的作用。

2）《长津湖之水门桥》电影评价

情感分析可以对电影的影评进行情感分类和情感极性分析，了解观众对电影的满意度、评价及情感倾向等。例如，许多观众认为《长津湖之水门桥》的剧情非常精彩，能够引人入胜，而且故事情节紧凑，让人一直保持着紧张的情绪。一些观众特别提到了电影中的高潮部分，认为其设计巧妙、震撼人心，成功地表达了战争的残酷和人性的复杂，同时传递了爱国主义和英雄主义的精神。还有一些观众特别提到了电影中的一些细节和情节，认为这些细节和情节的处理非常到位，能够让观众更加深入地理解故事的主题和情感表达。

4．词嵌入的应用——情感分析的应用实例

1）数据集简介

本案例使用了一个名为“simplifyweibo_4_moods.csv”的数据集。这个数据集包含来自新浪微博的简化版文本数据，主要有以下4个特征。

ID：每条微博的唯一标识符。

Text：微博的文本内容。

Label：微博的情感标签，即情绪类别。数据集中的情绪类别包括4种主要的情绪：喜悦、愤怒、厌恶、低落。

Time：微博发布的时间戳。

该数据集通常用于训练和测试情感分析模型，以便对给定的文本进行情感分类。它可以帮助研究人员和开发人员了解如何处理和分析中文文本数据，并从中提取有用的特征来执行情感分类任务。

2）代码实现

（1）加载simplifyweibo_4_moods.csv的数据集，并输出数据示例。

```
# 数据读取
import pandas as pd
data = pd.read_csv('simplifyweibo_4_moods.csv')
moods = {0:'喜悦', 1: '愤怒', 2: '厌恶', 3: '低落'}
print('微博数目(总体):%d' % data.shape[0])
for label, mood in moods.items():
print('微博数目 ({}):{}'.format(mood, data[data.label == label].shape[0]))

微博数目 (总体) : 361744
微博数目 (喜悦) : 199496
微博数目 (愤怒) : 51714
微博数目 (厌恶) : 55267
微博数目 (低落) : 55267
```

（2）去除特殊字符。

```
# 数据预处理
# 去除特殊字符
import re
def delete_sysbol(line):
cop = re.sub('[^\u4e00-\u9fa5^]', '', line)
return cop
def data_preprocessing(text):
result = jieba.cut(delete_sysbol(text), cut_all=False)
return (" ".join(result).split(" "))
data['text'] = data['review'].apply(lambda x:data_preprocessing(x))
data.head()
```

（3）数据划分，词编码，将每个序列都调整为相同的长度。

```
from sklearn.model_selection import train_test_split
from keras.preprocessing.text import Tokenizer
from keras.preprocessing import sequence
y_train, y_test, x_train, x_test = train_test_split(data['label'],data
['text'], test_size
,→ = 0.3, random_state=10086)
max_len = 100
max_words = 300000
tok = Tokenizer(num_words = max_words, oov_token = "<UNK>")
tok.fit_on_texts(data['text'])
# 对每个词编码
train_seq = tok.texts_to_sequences(x_train)
test_seq = tok.texts_to_sequences(x_test)
# 将每个序列都调整为相同的长度
train_seq_mat = sequence.pad_sequences(train_seq, maxlen = max_len)
test_seq_mat = sequence.pad_sequences(test_seq, maxlen = max_len)
```

（4）使用Word2Vec模型进行词向量训练。

```
from gensim.models import Word2Vec
import numpy as np
from tqdm import tqdm
word_index = tok.word_index
sentences = []
for x in data ['text']:
sentences.append(x)
model = Word2Vec(sentences, vector_size =128, window=3,min_count=2,negative
=5,ns_exponent
,→ = 0.75, sample=0.001, workers = 20)
embeddings_index = dict(zip(model.wv.index_to_key, model.wv.vectors))
print('Found %s word vectors.' % len(embeddings_index))
print(len(word_index))
```

```
embedding_matrix = np.zeros((len(word_index)+1,128))
for word, i in tqdm(word_index.items()):
embedding_vector = embeddings_index.get(word)
if embedding_vector is not None:
embedding_matrix[i] = embedding_vector

Found 178620 word vectors.
305610
```

（5）测试词向量的训练结果。

```
model.wv.similar_by_word(" 爱")

[('心爱', 0.5708276629447937),
('喜欢', 0.5573281645774841),
('爱着', 0.5413030982017517),
('喜爱', 0.5401749610900879),
('疼爱', 0.5340074896812439),
('最爱', 0.5302023887634277),
('渴望', 0.5243163704872131),
('深爱', 0.51750248670578),
('恨', 0.5121139287948608),
('信任', 0.5118107795715332)]

model.wv.similar_by_word(" 谢谢")

[('谢谢您', 0.716751217842102),
('谢谢你们', 0.7144596576690674),
('非常感谢', 0.7076539397239685),
('感谢', 0.7030105590820312),
('多谢', 0.7002967596054077),
('鼓励', 0.607010543346405),
('博主', 0.602828323841095),
('节日快乐', 0.5921477675437927),
('问候', 0.5783826112747192),
('博主应', 0.5778113603591919)]
```

（6）构建双向长短期记忆网络（Bidirectional Long Short-Term Memory，BiLSTM）和Attention模型。

```
import torch
import torch.nn as nn
import torch.optim as optim
from torch.utils.data import DataLoader, TensorDataset
class BiLSTMWithAttention(nn.Module):
def __init__(self, vocab_size, embedding_dim, hidden_dim, output_dim,
dropout,
```

```
,n_heads):
super(BiLSTMWithAttention, self).__init__()
self.embedding = nn.Embedding(vocab_size, embedding_dim)
self.embedding.weight.data.copy_(torch.from_numpy(embedding_matrix))
self.embedding.weight.requires_grad = False
self.lstm = nn.LSTM(embedding_dim, hidden_dim // 2, bidirectional=True,
,batch_first=True)
self.fc = nn.Linear(hidden_dim, output_dim)
self.dropout = nn.Dropout(dropout)
self.attention = MultiHeadAttention(hidden_dim, n_heads)
def forward(self, x):
embedded = self.embedding(x)
lstm_out, _ = self.lstm(embedded)
# PyTorch 的 LSTM 的输出的形状是 (batch_size, seq_len, hidden_size * 
num_directions)
# BiLSTM, hidden_size 需要除以 2
lstm_features = lstm_out[:, :, :self.lstm.hidden_size] + lstm_out[:,:,
self.lstm.hidden_size:]
attention_output, attention_weights = self.attention(lstm_features)
attention_output = attention_output.squeeze(1) # 移除多余的维度
fc_output = self.fc(self.dropout(attention_output))
return fc_output
# 实例化模型
model = BiLSTMWithAttention(len(word_index) + 1, 128, 256, 4, 0.3, 8)
# 定义损失函数和优化器
criterion = nn.CrossEntropyLoss()
optimizer = optim.Adam(model.parameters(), lr=0.001)
# 训练循环
for epoch in range(num_epochs):
for inputs, targets in dataloader:
# 前向传播
outputs = model(inputs)
loss = criterion(outputs, targets)
# 反向传播和优化
optimizer.zero_grad()
loss.backward()
optimizer.step()
print(f'Epoch {epoch+1}/{num_epochs}, Loss: {loss.item()}')
print(model)
```

（7）训练模型。

```
# 训练循环
for epoch in range(num_epochs):
for inputs, targets in dataloader:
# 前向传播
```

```
    outputs = model(inputs)
    loss = criterion(outputs, targets)
    # 反向传播和优化
    optimizer.zero_grad()
    loss.backward()
    optimizer.step()
    print(f'Epoch {epoch+1}/{num_epochs}, Loss: {loss.item()}')
print(model)
```

（8）模型封装与测试。

```
model_predict(" 呵呵，我没有生气")
现在的情绪：愤怒，情绪指数 = 8
model_predict(" 不用了，你自己留着吧")
现在的情绪：低落，情绪指数 = 3
model_predict(" 哈哈哈，其实我还是更喜欢别的")
现在的情绪：喜悦，情绪指数 = 5
```

代码输出结果：

```
inputs shape: (None, 100, 256)
Model: "model_1"
_________________________________________________________________
Layer (type)                  Output Shape            Param #
=================================================================
inputs (InputLayer)           (None, 100)             0
_________________________________________________________________
embedding_3 (Embedding)       (None, 100, 128)        39118208
_________________________________________________________________
bidirectional_3 (Bidirection  (None, 100, 256)        263168
_________________________________________________________________
AttentionDecoder(AttentionD   (None, 100, 64)         33128
_________________________________________________________________
dropout_1 (Dropout)           (None, 100, 64)         0
_________________________________________________________________
FC1 (Dense)                   (None, 100, 128)        8320
_________________________________________________________________
dropout_2 (Dropout)           (None, 100, 128)        0
_________________________________________________________________
flatten_1 (Flatten)           (None, 12800)           0
_________________________________________________________________
dense_1 (Dense)               (None, 4)               51204
=================================================================
```

情绪指数示意图如图 9.8 所示。

情绪指数

积极情绪　　　　消极情绪

图 9.8　情绪指数示意图

任务3 机器翻译

任务描述

通过本任务，学生将学习实现机器翻译的三种方法及对应的实例分析，以及机器翻译的发展前景。

知识准备

了解机器学习的基本原理和算法；掌握线性代数的基础知识，如向量、矩阵、点积、转置等；了解语言的基本结构和规则，以及词性的基本概念和句法分析的方法等；具备算法设计、数据结构、编程技能的基础知识。

1. 机器翻译的实现方法

机器翻译是利用计算机将源语言转换为另一种语言（目标语言）的过程、技术和方法。机器翻译流程如图 9.9 所示。

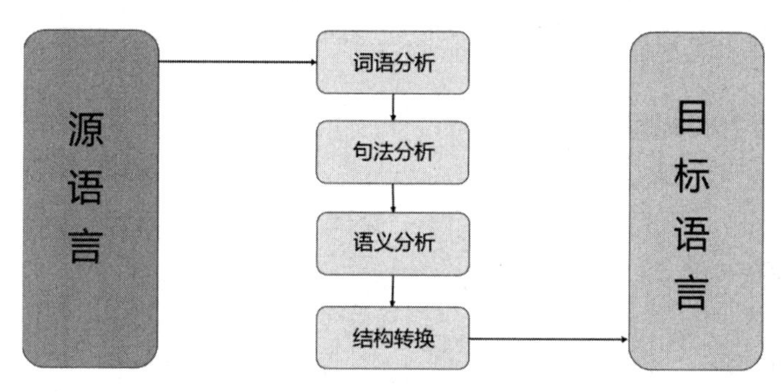

图 9.9 机器翻译流程

目前，机器翻译的实现方法包括基于规则的机器翻译、基于统计的机器翻译和基于神经网络的机器翻译。

1）基于规则的机器翻译

基于规则的机器翻译是指通过分析语法规则和语义规则来翻译。这种方法需要手动制订一些规则，因此需要花费大量的时间和精力。此外，由于不同语言之间的语法和语义差异，这种方法往往需要进行大量的调整和优化才能得到较好的翻译结果。图 9.10 所示为基于规则的机器翻译示例。

基于规则的机器翻译的优点主要有以下两点。

（1）具有较好的可解释性。基于规则的机器翻译的翻译规则可读性强，语言学家可以非常容易地将翻译知识利用规则的方法表达出来，这使得基于规则的机器翻译具有较好的可解释性。

（2）便于处理复杂的句法结构和理解深层次的语义。基于规则的机器翻译便于处理复杂的句法结构和理解深层次的语义，例如解决翻译过程中的长距离依赖问题。

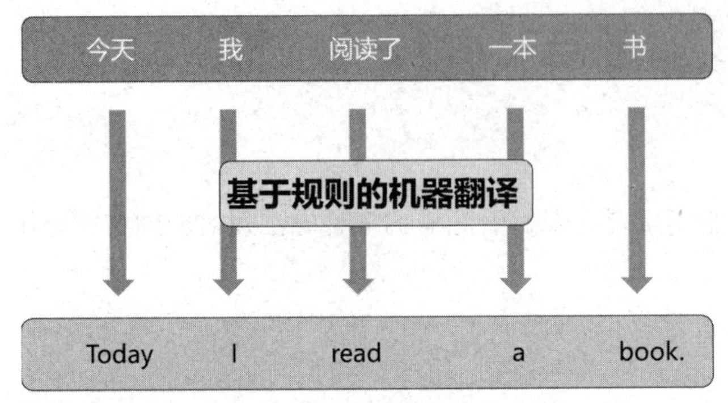

图 9.10　基于规则的机器翻译示例

基于规则的机器翻译也存在明显的缺点，主要有以下几点。

（1）需要大量的人力投入。基于规则的机器翻译需要大量的人力投入，因为需要语言学家手动制订翻译规则。

（2）难以跨领域迁移。针对不同语种的表示方式差异性较大，很难用统一的规则进行转换，所以基于规则的机器翻译在跨领域时效果往往不好。

（3）缺乏普遍性。基于规则的机器翻译缺乏普遍性，因此已被摒弃，但其思想值得借鉴，例如基于中间语言的机器翻译。同时，它在形态层面、句法层面甚至语义层面的表征方面的成果还被继续使用着。

基于规则的机器翻译代码实现：

（1）输入数据。

```
import torch
# 制作一本简易的中英词典
dictionary = {
" 今天": "Today",
" 我": "I",
" 阅读了": "read",
" 一本": "a",
" 书": "book"
}
```

（2）制订翻译规则。

```
def rule_based_translation(sentence: str) -> str:
translated_words = []
for word in sentence.split():
translated_words.append(dictionary.get(word, word))
return ' '.join(translated_words)
```

（3）输出翻译结果。

```
# 输出示例
sentence = " 今天 我 阅读了 一本 书"
print(rule_based_translation(sentence))
```

```
Today I read a book
```

2）基于统计的机器翻译

基于统计的机器翻译是指通过学习大量的双语语料库进行翻译。这种方法不需要手动制订规则，而是通过学习大量的语料库来自动识别翻译规则和模式。由于这种方法依赖于大量的语料库，因此需要大量标记数据进行训练和学习，同时需要对数据进行预处理和过滤。图 9.11 所示为基于统计的机器翻译示例。

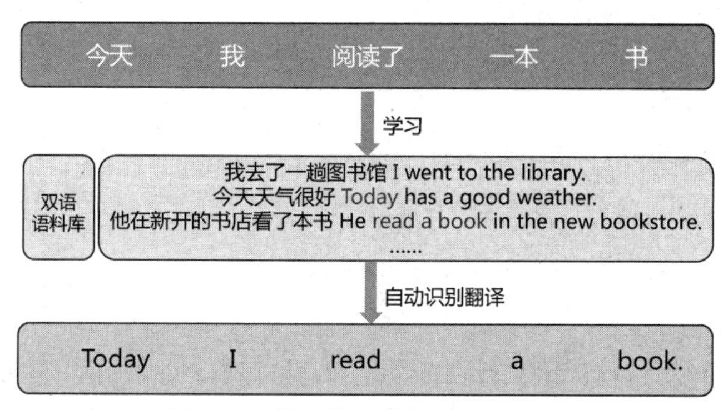

图 9.11　基于统计的机器翻译示例

基于统计的机器翻译的优点主要包括以下几点。

（1）较好地体现翻译的语言特性。基于统计的机器翻译技术能够更好地体现翻译的语言特性，例如在词义的歧义处理方面表现得更为出色。

（2）逐步改进并提高精度。由于采用了机器学习算法，基于统计的机器翻译技术能够逐步改进，有望不断提高翻译的精度。

基于统计的机器翻译也存在缺点，主要包括以下几点。

（1）参数众多且调参复杂。基于统计的机器翻译模型通常具有大量的参数，并且调参过程相对复杂，需要花费大量的时间和精力来调整和优化模型参数。

（2）对语料库的依赖性高。基于统计的机器翻译模型需要大量的语料库来训练和学习，而这些语料库的质量和数量都会对翻译结果产生影响。

（3）对硬件资源的要求较高。基于统计的机器翻译模型需要大量的计算资源和存储空间来支持训练和学习过程，因此对硬件资源的要求较高。

基于统计的机器翻译代码实现：

（1）输入数据。

```
import torch
import torch.nn as nn
import torch.optim as optim
# 输入双语句子对数据
source_sentences = [" 今天", " 我", " 阅读了", " 一本", " 书"]
target_sentences = ["Today", "I", "read", "a", "book"]
```

（2）将句子转换为单词索引。

```
source_vocab = {" 今天": 0, " 我": 1, " 阅读了": 2, " 一本": 3, " 书": 4}
target_vocab = {"Today": 0, "I": 1, "read": 2, "a": 3, "book": 4}
source_indices = [torch.tensor([source_vocab[word] for word in
sentence.split()]) for
,sentence in source_sentences]
target_indices = [torch.tensor([target_vocab[word] for word in
sentence.split()]) for
,sentence in target_sentences]
```

（3）简单地对齐模型。

```
class AlignmentModel(nn.Module):
def __init__(self, source_vocab_size, target_vocab_size, embedding_dim=8):
super(AlignmentModel, self).__init__()
self.source_embedding = nn.Embedding(source_vocab_size, embedding_dim)
self.target_embedding = nn.Embedding(target_vocab_size, embedding_dim)
self.alignment = nn.Linear(embedding_dim, embedding_dim, bias=False)
def forward(self, source, target):
source_embed = self.source_embedding(source)
target_embed = self.target_embedding(target)
aligned_target = self.alignment(target_embed)
scores = torch.matmul(source_embed, aligned_target.transpose(1, 2))
return scores
model = AlignmentModel(len(source_vocab), len(target_vocab))
# 使用均方误差损失函数
criterion = nn.MSELoss()
optimizer = optim.Adam(model.parameters(), lr=0.001)
```

（4）训练模型，并输出结果。

```
# 训练模型
for epoch in range(1000):
total_loss = 0
for src, tgt in zip(source_indices, target_indices):
scores = model(src, tgt)
# 使用余弦相似度作为得分
scores = torch.cosine_similarity(scores, torch.ones_like(scores), dim=2)
# 将余弦相似度得分转换为与真实标签相同的形状
scores = scores.view(-1, 1)
# 真实标签为 1，计算余弦相似度
labels = torch.ones_like(scores)
loss = criterion(scores, labels)
optimizer.zero_grad()
loss.backward()
```

```
optimizer.step()
total_loss += loss.item()
if epoch % 100 == 0:
print(f"Epoch {epoch}, Loss: {total_loss}")
```

代码输出结果：

```
Today I read a book
```

3）基于神经网络的机器翻译

基于神经网络的机器翻译是指通过学习神经网络来翻译。这种方法先将输入的源语言文本通过编码器转换为向量表示，再通过解码器将其转换为目标语言文本。由于神经网络具有较强的自适应能力和学习能力，因此这种方法往往能够得到较好的翻译结果。图 9.12 所示为编码器 - 解码器翻译示例。

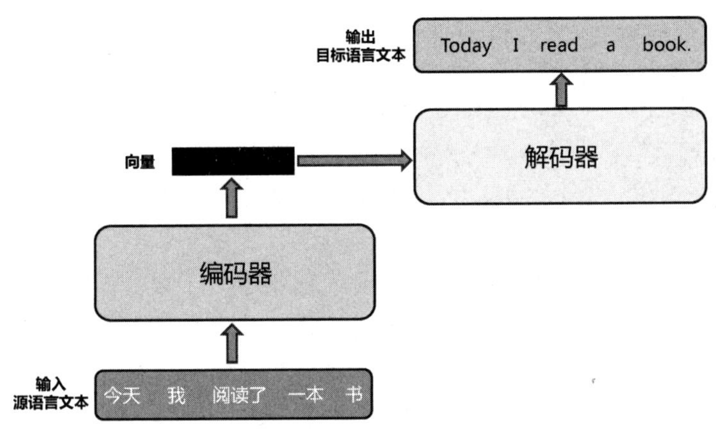

图 9.12 编码器-解码器翻译示例

基于神经网络的机器翻译的优点主要包括以下几点。

（1）上下文理解能力强。相较于传统的基于统计的机器翻译系统，基于神经网络的机器翻译系统能更好地捕捉句子的上下文信息，实现更加准确的翻译和更高的流畅度。

（2）灵活性好，泛化能力强。基于神经网络的机器翻译系统可以通过增加训练数据和调整模型参数，适应不同语言对之间的翻译任务，并具备较强的泛化能力。

（3）迭代改进。基于神经网络的机器翻译系统可以通过端到端的训练方式进行迭代改进，不断优化翻译质量，从而提高用户体验。

基于神经网络的机器翻译也存在缺点，具体有以下几点。

（1）缺乏可解释性。基于神经网络的机器翻译模型的决策过程不透明，无法直观地解释翻译决策的原因。

（2）对数据量的依赖大。基于神经网络的机器翻译模型通常需要大量的双语平行语料库进行训练，以得到准确的翻译结果。

（3）对硬件资源的要求较高。基于神经网络的机器翻译模型需要大量的计算资源和存储空间来支持训练和推理过程，因此对硬件资源的要求较高。

基于神经网络的机器翻译代码实现：

（1）定义词汇表和数据。

```
import torch
```

```
import torch.nn as nn
import torch.optim as optim
source_vocab = {
"<PAD>": 0, "<SOS>": 1, "<EOS>": 2, "今天": 3, "我": 4, "阅读了": 5, "一本": 6,
, "书": 7
}
target_vocab = {
"<PAD>": 0, "<SOS>": 1, "<EOS>": 2, "Today": 3, "I": 4, "read": 5, "a": 6,
,"book": 7
}
source_sentences = [["<SOS>", " 今天", " 我", " 阅读了", " 一本", " 书", "<EOS>"]]
target_sentences = [["<SOS>", "Today", "I", "read", "a", "book", "<EOS>"]]
```

（2）设置训练参数。

```
embedding_dim = 256
hidden_dim = 512
vocab_size = len(source_vocab)
target_vocab_size = len(target_vocab)
```

（3）定义 Encoder 模型。

```
class Encoder(nn.Module):
def __init__(self, vocab_size, embedding_dim, hidden_dim):
super(Encoder, self).__init__()
self.embedding = nn.Embedding(vocab_size, embedding_dim)
self.lstm = nn.LSTM(embedding_dim, hidden_dim, batch_first=True)
def forward(self, x):
x = self.embedding(x)
outputs, (hidden, cell) = self.lstm(x)
return outputs, (hidden, cell)
```

（4）定义 DecoderWithAttention 模型。

```
class DecoderWithAttention(nn.Module):
def __init__(self, target_vocab_size, embedding_dim, hidden_dim):
super(DecoderWithAttention, self).__init__()
self.embedding = nn.Embedding(target_vocab_size, embedding_dim)
self.lstm = nn.LSTM(embedding_dim + hidden_dim, hidden_dim, batch_first=
True)
self.attention = nn.Linear(hidden_dim + hidden_dim, 1)
self.fc = nn.Linear(hidden_dim, target_vocab_size)
def forward(self, x, encoder_outputs, hidden, cell):
x = self.embedding(x)
seq_length = encoder_outputs.shape[1]
hidden_repeat = hidden.repeat(seq_length, 1, 1).permute(1, 0, 2)
```

```
    attention_weights = torch.tanh(self.attention(torch.cat((encoder_outputs,
    ,→ hidden_repeat), dim=2)))
    attention_weights = torch.softmax(attention_weights, dim=1)
    context = torch.sum(attention_weights * encoder_outputs, dim=
1).unsqueeze(1)
    x = torch.cat((x, context), dim=2)
    outputs, (hidden, cell) = self.lstm(x, (hidden, cell))
    x = self.fc(outputs)
    return x, hidden, cell
```

（5）训练模型，并输出结果。

```
    # 训练模型
    encoder = Encoder(vocab_size, embedding_dim, hidden_dim)
    decoder = DecoderWithAttention(target_vocab_size, embedding_dim,
hidden_dim)
    optimizer = optim.Adam(list(encoder.parameters()) +
list(decoder.parameters()), lr=0.001)
    criterion = nn.CrossEntropyLoss(ignore_index=0)
    for epoch in range(1000):
    for src, tgt in zip(source_sentences, target_sentences):
    src = torch.tensor([source_vocab[word] for word in src]).unsqueeze(0)
    tgt = torch.tensor([target_vocab[word] for word in tgt]).unsqueeze(0)
    optimizer.zero_grad()
    encoder_outputs, (hidden, cell) = encoder(src)
    decoder_input = tgt[:, :-1]
    decoder_output, _, _ = decoder(decoder_input, encoder_outputs, hidden,
cell)
    loss = criterion(decoder_output.squeeze(1), tgt[:, 1:].squeeze(1))
    loss.backward()
    optimizer.step()
    if epoch % 100 == 0:
    print(f"Epoch {epoch}, Loss: {loss.item()}")
```

代码输出结果：

```
    Today I read a book
```

机器翻译技术在实际应用中需要考虑不同场景和需求的特点，因此需要选择合适的机器翻译方法来满足实际需求。总的来说，机器翻译技术的发展前景取决于技术进步、市场需求、政策支持等多方面因素。虽然存在一些挑战和限制，但随着技术的不断进步和应用场景的不断拓展，机器翻译有望在未来的发展中实现更大的突破和进步。

2. 机器翻译的发展前景

机器翻译的发展前景是广阔的。随着技术的不断进步和市场需求的不断增长，机器翻译有望实现更为准确和自然的翻译效果。同时，机器翻译对于促进经济发展、文化交流和社会融洽等方面具有重要的社会效益。

（1）基于神经网络的机器翻译的持续改进。基于神经网络的机器翻译已经成为机器翻译领域的主流技术，但仍有改进的空间。基于神经网络的机器翻译未来的发展趋势包括更强大的模型，多模态翻译（例如处理文本、图像和语音等多种输入模态），以及解决零资源语言的翻译问题。

（2）跨领域翻译。随着多语种、多领域语料库的积累，机器翻译技术有望实现更广泛的跨领域翻译，例如从科技领域到文化领域。

（3）实时翻译。随着硬件技术的进步和算法的优化，机器翻译有望实现更快的反应速度和更低的延迟，从而满足实时翻译的需求。

（4）个性化翻译。通过收集和分析用户的偏好和语境信息，机器翻译技术有望实现更个性化的翻译结果，以便更好地满足用户的需求。

（5）结合NLP技术的进步。机器翻译技术可以结合NLP的其他技术，如语言生成、语音识别等，实现更加自然和流畅的翻译效果。

任务4　聊天机器人

任务描述

通过本任务，学生将学习聊天机器人的概念、实现方法、实现流程和应用案例。

知识准备

了解NLP的定义、原理、应用领域及NLP在计算机科学中的重要性；掌握NLP中的关键技术，如分词、词性标记、命名实体识别、句法分析、语义分析等；理解语言模型的概念及语言模型在NLP中的作用；具备算法设计、数据结构、编程技能的基础知识。

1．聊天机器人的概念

NLP是一门让计算机理解和解析人类语言的学科。它不仅让计算机识别和分类单词，还让计算机理解人类语言的深层次含义和语境。这种理解能够让机器人以更加自然和人类化的方式与人类进行交互。

聊天机器人是一种采用NLP技术的智能机器人，如图9.13所示。它可以模拟人类对话，以及理解和回答用户的问题，从而更好地理解用户的意图和需求。聊天机器人通常用于各种渠道，如消息传递应用、移动应用、网站、电话和支持语音的应用。它的基本原理是：先将人类语言分解为几部分，再分析这些部分，以确定它们传达的含义。这包括文本标记、词性标记、命名实体识别和情感分析。通过这些过程，聊天机器人可以理解用户的查询意图，并给出适当的回复。

NLP聊天机器人的应用范围广泛，可以针对不同目的而开发，既可以处理简单的命令，又可以充当复杂的数字助理和交互式代理。借助NLP技术，聊天机器人可以理解用户的查询意图，并给出个性化的回复。此外，聊天机器人还可以进行语言翻译，将一种语言的文本自动翻译成另一种语言，方便跨语言交流和学习。

图 9.13 聊天机器人

2. 聊天机器人的实现方法

聊天机器人的实现方法有以下几种。

（1）基于规则的聊天机器人。

基于规则的聊天机器人主要依赖于预先设定的规则和模板进行对话。它根据用户的输入，匹配相应的规则或模板，生成回复。这种方法的优点是实现简单，适合于特定的场景和问题；缺点是灵活性不足，难以处理未知的输入和复杂的对话。

（2）基于搜索的聊天机器人。

基于搜索的聊天机器人使用搜索引擎来获取信息，并基于这些信息生成回复。这种方法的优点是能够处理复杂的问题和未知的输入，缺点是需要大量的计算资源和时间来获取和处理信息。

（3）基于深度学习的聊天机器人。

基于深度学习的聊天机器人使用深度学习算法来学习对话的规律和模式。它通过大量的对话数据训练模型，能够使模型自动地生成回复。这种方法的优点是能够处理复杂的对话和未知的输入，同时具有较高的灵活性和适应性；缺点是需要大量的训练数据和计算资源。

（4）检索式聊天机器人。

检索式聊天机器人使用预定义回复库和某种启发方式来根据输入和语境给出合适的回复。在这种模式下，机器人的回复内容都处于一个对话语料库中。在其收到用户输入的句子序列后，聊天系统会在对话语料库中搜索、匹配并提取相应的回答内容，并将其输出。该系统不要求生成任何新的文本，只是从固定的集合中挑选一种回复，因而这种方式要求语料库的信息量尽可能的大、信息尽可能的丰富，这样才能够更加精准地匹配用户内容，并得到较高质量的输出。

3. NLP 聊天机器人的实现流程

NLP 聊天机器人的实现流程如下。

（1）数据收集与预处理。首先，收集大量的文本数据，包括对话数据、知识库、词典等；然后，对数据进行清洗、去重、分词等预处理操作，以便后续的模型训练。

（2）模型训练。选择合适的 NLP 模型进行训练，如 RNN、LSTM 和 Transformer 等。这些模型可以自动地从大量的文本数据中学习语言规则和模式。

（3）自然语言理解。通过使用预训练的语言模型（如 BERT、GPT 等）对输入的文本进行分类、实体识别、情感分析等操作，可以理解用户的意图和需求。

（4）自然语言生成。根据所理解的用户意图和需求，使用预训练的语言模型生成自然语言回复。

（5）对话管理。通过使用机器学习算法和规则，对对话进行管理，如回复选择、话题转换等。

（6）知识库与问答系统集成。将 NLP 聊天机器人与知识库和问答系统集成在一起，以便在对话过程中获取和提供信息。

（7）评估与优化。使用评估指标（如准确率、召回率等）对 NLP 聊天机器人进行评估，并根据评估结果对 NLP 聊天机器人进行优化和改进。

4．聊天机器人的应用案例

1）基于规则的聊天机器人

下面这段代码实现了一个基于规则的聊天机器人。该机器人是一个非常基础的聊天机器人，可以处理一些预设的对话，但不能进行更复杂的对话。编写这段代码的具体流程如下。

首先，利用代码定义以下几个列表。

（1）greetings。这个列表包含一些预设的问候语，如“你好”“hello”“hi”“hey”“hey！”等。

（2）question。这个列表包含一些预设的问题，如“How are you?”“How are you doing?”等。

（3）responses。这个列表包含一些预设的回答，如“Okay”“I am fine”等。

然后，利用代码随机选择一句问候语和回答作为预设的回复。

接下来，代码进入一个无限循环，等待用户的输入。如果用户的输入在 greetings 列表中，那么机器人就会随机选择一句问候语回复用户；如果用户的输入在 question 列表中，那么机器人就会随机选择一句回答回复用户；如果用户的输入既不在 greetings 列表中，又不在 question 列表中，那么机器人就会回复“无法对话”。如果用户输入“bye”，那么循环会停止，程序结束。

代码实现：

（1）制订聊天规则。

```
import random
# 打招呼
greetings = ['你好','hello','hi','hey','hey!']
# 回复打招呼
random_greetings = random.choice(greetings)
# 对于“你怎么样？”这个问题的回复
question = ['How are you','How are you doing']
# 我很好
responses = ['Okay','I am fine']
random_response = random.choice(responses)
```

（2）机器人对话。

```
while True:
```

```
userInput = input('>>>')
if userInput in greetings:
print(random_greetings)
elif userInput in question:
print(random_response)
elif userInput =='bye':
break
else:
print('无法对话')
```

代码输出结果：

```
>>>你好
hey
>>>How are you
I am fine.
>>>你叫什么名字
无法对话
>>>bye
```

2）基于 OpenAI GPT-4 模型的简单聊天机器人程序

下面这段代码实现了一个基于 OpenAI GPT-4 模型的聊天机器人。编写这段代码的具体流程如下。

用户输入提示。该提示将用于 OpenAI 的 GPT-4 模型回复的生成。chat 函数将提示、最大令牌数（50）、温度（0.7）和 *n* 值（1）封装成 JSON（JavaScript 对象表示法，JavaScript Object Notation）格式的数据，并通过 post 请求发送到 OpenAI 的 API。

如果请求成功，则函数将返回模型生成的回复；如果请求失败，则将打印错误信息。

主程序循环接收用户输入，如果用户输入“quit”，则退出循环；否则，调用 chat 函数，获取聊天机器人的回复，并将回复打印出来。

```
import requests
API_KEY = "your_api_key"
API_URL = "https://api.open**.com/v1/engines/gpt-4/completions"
headers = {"Content-Type": "application/json",
"Authorization": f"Bearer {API_KEY}",}
def chat(prompt):
data = {
"prompt": f"User: {prompt}\nChatbot:",
"max_tokens": 50,
"temperature": 0.7,
"n": 1,
}
try:
response = requests.post(API_URL, json = data, headers = headers)
response.raise_for_status()
```

```
except requests.exceptions.RequestException as e:
print(f"An earror occurred: {e}")
else:
generated_text = response.json()["choices"][0]["text"]
return generated_text.strip()
print("Welcome to the ChatGPT chatbot. Type 'quit' to exit.")
while True:
user_input = input("User: ")
if user_input.lower() == "quit":
break
chatbot_response = chat(user_input)
print(f"Chatbot: {chatbot_response}")
```

代码输出结果：

```
Welcome to the ChatGPT chatbot. Type 'quit' to exit.
User:
```

总结

NLP 是人工智能领域中的一个重要分支，专注于让计算机理解和处理人类语言。通过对本项目的学习，学生能够对 NLP 的基本概念、核心技术和应用领域有更为深刻的认识。

（1）在 NLP 中，词嵌入方法将词义的语义信息以数值的形式表达出来，使计算机理解这些词汇的语义。

（2）在机器翻译领域，NLP 技术实现了跨语言的文本自动翻译，促进了国际交流。在情感分析领域，NLP 技术能够分析文本中表达的情感倾向，为舆情监控和个性化推荐等应用提供支持。

（3）聊天机器人是一种利用 NLP 技术模拟人类对话，以及理解和回答用户问题的机器人。它对人类语言进行分解，并分析其中传达的含义，给出适当的回复。

当然，NLP 技术也面临着一些挑战和限制。例如，语言的复杂性和多变性使得 NLP 技术难以处理所有的情况。此外，数据稀疏性和领域适应性等问题也限制了 NLP 技术的应用范围。然而，随着技术的不断进步和数据的日益丰富，NLP 会在未来发挥更加重要的作用。

项目考核

一、选择题

1．NLP 的主要任务是（　　）。

A．让计算机理解和生成人类语言

B．提高计算机的运算速度

C．优化计算机的存储空间

D．增强计算机的图像处理能力

2．在 NLP 中，分词技术的主要作用是（　　）。

A．将文本转换为音频信号
B．将连续的文本切分为有意义的词语或短语
C．将文本中的小写字母转换为大写字母
D．将文本翻译为其他语言

3．下列选项中，（　　）不是情感分析的应用领域。
A．电影评论分析　　B．社交媒体监控
C．机器翻译　　D．产品评论分析

4．在 NLP 中，词性标记是指（　　）。
A．为每个词语标记其语法类别
B．计算文本中词语出现的频率
C．将文本中的词语替换为同义词
D．判断文本中的句子是否完整

5．下列技术中，（　　）不属于 NLP 的范畴。
A．语音识别　　B．图像识别
C．机器翻译　　D．文本摘要生成

二、填空题

1．NLP 中常用的两种数据预处理技术是________和________。
2．NLP 的一个核心任务是________，旨在让计算机理解文本中的深层含义。
3．在 NLP 中，________技术用于从大量的文本数据中提取结构化信息。
4．情感分析通常分为________种情感倾向：正面的、负面的和中性的。
5．NLP 中的一个重要步骤是________。该步骤有助于理解词语在句子中的作用。
6．________是一种将文本中的词语转换为机器可理解的数值表示的方法，常用于 NLP 中的特征提取。

三、简答题

1．请解释什么是 NLP，并列举几个 NLP 的典型应用场景。
2．对于给定的文本数据，如何使用 TF-IDF 方法提取关键词？并请解释 TF-IDF 的基本原理。
3．请针对情感分析任务，选择一种合适的 NLP 模型（如逻辑回归模型、SVM、深度学习模型等），并解释你的选择理由。
4．请评估模型在测试集上的性能，计算准确率、召回率和 F_1 分数，并解释这些评估指标的意义。
5．请分析一个实际的 NLP 应用案例（如智能客服、智能推荐等），讨论其技术实现、优缺点及改进方向。
6．请结合 NLP 领域的前沿技术和发展趋势，提出一个你认为有潜力的 NLP 研究方向或应用场景，并简要说明理由。

四、综合任务

具体任务：互联网电影数据库（Internet Movie Database，IMDb）电影评论数据集包含来

自 IMDb 的 50000 条两极分化的评论，这些数据已经被预处理并编码为词索引（整数）的序列表示，请使用 NLP 技术对这些数据进行情感分析，判断每条评论是正面的、负面的还是中性的情感倾向。

任务要求：

1．加载并预处理数据集，包括文本清洗、分词、去除停用词等步骤。

2．选择合适的 NLP 算法或模型进行情感分析，可以是基于规则的方法，也可以是传统的机器学习算法（如朴素贝叶斯、SVM），还可以是深度学习模型（如 RNN、CNN、Transformer 等）。

3．训练模型并调整超参数，以提高情感分析的准确性。

4．对测试集进行情感分析，并计算模型的准确率、精确率、召回率和 F_1 分数等评估指标。

5．分析模型性能，讨论可能的改进方法和未来的研究方向。

6．根据分析结果，讨论决策树模型和随机森林模型在 Iris 数据集上的适用性和优缺点。

项目 10

计算机视觉

项目介绍

在本项目中，我们将探索计算机视觉的迷人世界。计算机视觉是机器学习领域中极为活跃和发展迅速的分支之一。计算机视觉的目标是赋予机器观看和理解周围世界的能力，这不仅是技术上的挑战，也是跨学科的探索。它涉及计算机科学、数学、物理学、认知科学和神经科学等多个领域。

首先，我们将介绍计算机视觉的基本概念和历史背景，解释视觉系统如何在原始像素到高级理解的过程中，转化和解释图像和视频数据。接下来，我们将深入现代 CNN 的核心，探索它是如何成为图像识别和处理中不可或缺的工具的。图像分类是计算机视觉中基础任务之一，我们将讨论它的重要性，以及它如何成为衡量不同算法性能的基准。然后，我们转向更为复杂的任务——目标检测。它不仅需要识别图像中的对象，还要确定它们的位置。最后，我们将专注于人脸识别。这是一个具有广泛应用前景的领域，从安全认证到社交媒体都有它的身影。

通过本项目，我们希望学生能够获得对计算机视觉领域的全面理解，理解其核心问题、技术进展和实际应用，为进一步的学习和研究打下坚实的基础。

知识目标

- 理解计算机视觉的基本原理和概念；掌握现代 CNN 的结构和工作原理；了解图像分类、目标检测，以及人脸识别的关键技术和方法。

能力目标

- 能够使用现代机器学习框架（如 PyTorch）执行基础的图像分类和目标检测任务，能够使用适当的评估指标（如准确率、召回率、F_1 分数等）评估和比较计算机视觉模型的性能。

素养目标

- 探索新的或改进现有计算机视觉技术的潜力，以解决新的实际问题。

任务 1　计算机视觉概述

任务描述

本任务旨在使学生掌握计算机视觉的基础知识，并能够识别现实世界中的哪些任务是计算机视觉任务。

知识准备

对计算机和图像的基础知识有一定的了解。

计算机视觉是一门涵盖多个领域的交叉学科，致力于使计算机系统通过视觉感知和理解世界。这一领域的研究目标是让计算机系统模拟和理解人类的视觉系统，使其能够对图像和视频等视觉数据进行高级分析和理解。

人类的视觉系统是一个复杂而精细的处理机制，涉及眼睛和大脑的协同工作。以下是人类视觉识别物体的详细过程。

（1）光线的接收。光线从一个物体表面反射，进入眼睛，通过角膜和晶状体的折射，聚焦在视网膜上。

（2）图像形成。光线在视网膜上形成的是一个倒置的实像。视网膜含有两种类型的感光细胞：杆状细胞负责黑白视觉，适用于低光照条件；锥状细胞负责颜色视觉和日间视觉。

（3）信号转换与传输。当光线落在这些细胞上时，它们会产生电化学反应，将光信号转换为神经信号。这些信号通过视神经发送到大脑。

（4）图像处理与识别。首先，由大脑的后枕叶内的初级视皮层（V1 区）处理这些信息，进行基本的图像处理，如边缘检测和方向选择。然后，这些信息被传递到更高级的视觉处理区域，如 V2 区、V3 区、V4 区和颞下皮层（用于面部识别等）。在这里，信息被进一步加工，以识别形状、颜色、运动和深度。最终，这些加工过的信息被综合起来，形成我们对看到的物体的认识和理解。

计算机视觉系统试图模仿这一过程，以使计算机“看到”并理解图像和视频中的内容。计算机视觉的基本流程如下。

（1）图像采集：通过摄像头或其他图像采集设备捕获现实世界的图像，将其以像素矩阵的形式表示，每个像素都包含颜色信息。

（2）图像预处理：对采集到的图像进行处理，包括调整大小、转换颜色空间、去噪声等，以提高后续处理的准确性和效率。

（3）特征提取：通过算法识别图像中的关键特征，如边缘、角点、纹理等，或者使用深度学习方法（如 CNN）自动学习图像的抽象特征。

（4）识别与分类：利用机器学习或深度学习模型，根据提取的特征，对图像中的对象进行识别和分类。

（5）结果解释：输出识别或分类的结果，这可能包括标注图像中的对象、识别对象的类型等。

计算机视觉技术的发展在各个领域都产生了深远的影响，包括医学、自动驾驶、安防监控、图像处理等。

1．图像和视觉数据

1）图像的表示

图像是计算机视觉的核心输入数据。在计算机中，图像通常以数字形式表示，构成了一个二维或三维的矩阵结构。每个矩阵元素（像素）都对应图像中的一个点，存储着关于该点的信息。

像素是图像的最小单位，通常包含有关颜色和亮度的信息。对于灰度图像，每个像素只有一个表示亮度的值；而对于彩色图像，每个像素可能有多个通道（如红、绿、蓝），每个通道都有一个值。

2）图像的获取和处理

图像可以通过传感器（如摄像头或扫描仪）捕获，也可以从存储设备（如硬盘、内存）中读取。在计算机视觉中，通常使用图像处理库来加载和处理图像。

图像处理是一系列对图像进行操作和变换的技术，包括但不限于调整亮度、调整对比度、图像滤波、几何变换等。图像处理技术有助于改善图像质量、提取特征及适应不同的计算机视觉任务。

3）图像的类型

图像可以分为灰度图像和彩色图像。灰度图像是每个像素只包含一个亮度值的图像。亮度值通常在 0～255 范围内，0 表示黑色，255 表示白色。彩色图像包含多个通道，每个通道都对应不同颜色的信息。常见的彩色图像有 RGB 图像，其中包含红、绿、蓝三个通道。

4）图像数据的预处理

在进行计算机视觉任务之前，通常需要对图像数据进行预处理。预处理操作可能包括图像归一化、大小调整、裁剪、旋转等，以确保输入模型的数据符合模型的要求。

2．计算机视觉任务

1）图像分类

图像分类是计算机视觉中的基础任务，其目标是将输入的图像划分为事先定义好的类别。这一任务对许多应用（包括图像检索、自动化图像标注等）来说至关重要。近年来，深度学习方法，尤其是 CNN，在图片分类任务上取得了巨大成功。

CNN 是一类专门用于处理具有网格结构数据的深度学习模型。它可以通过层层堆叠的卷积层和池化层，有效地学习图像中的局部特征和全局结构。经典的 CNN 模型包括 LeNet、AlexNet、VGGNet、GoogLeNet 和 ResNet 等，它们在大规模图像分类竞赛中取得了卓越的成绩。

2）目标检测

目标检测是计算机视觉中更具挑战性的任务，要求系统在图像中找到并标识出多个对象的位置。深度学习的兴起使目标检测得到了显著的改进，特别是引入了区域卷积神经网络（Region-based Convolutional Neural Network，R-CNN）和其后续算法。

R-CNN 及其演进：R-CNN 首先通过选择性搜索提取候选区域，然后将这些区域送入 CNN

进行特征提取和对象分类。Fast R-CNN 和 Faster R-CNN 进一步优化了这一流程，引入了更快的特征提取和区域选择方法。最近，You Only Look Once（YOLO）和单发多框检测（Single Shot multibox Detector，SSD）等算法以更快的速度实现了实时目标检测。

3）人脸识别

人脸识别是一项重要的生物特征识别技术。其目标是从图像或视频中准确识别和验证人的身份。深度学习技术在人脸识别领域取得了显著的突破，使得系统在复杂环境中更鲁棒且准确。

深度学习在人脸识别中的应用：FaceNet 和 DeepFace 等深度学习模型通过将人脸映射到高维空间中，学习到具有良好判别能力的特征表示。这种表示能力能够使模型在不同场景和光照条件下进行准确的人脸匹配。

3. 计算机视觉的挑战

尽管近年来计算机视觉技术取得了显著进展，但仍面临许多挑战，具体如下。

（1）视觉感知的复杂性。人类视觉系统极其复杂，能够处理和解释丰富的视觉信息。机器要达到类似的理解水平，需要处理复杂的场景，包括变化的光照、遮挡物、背景干扰等。

（2）数据多样性和规模。为了训练准确的计算机视觉模型，需要大量标记数据。但现实世界中的场景和对象多种多样，并且在不断变化，收集和标记足够多样化和全面的数据集是一项巨大的挑战。

（3）实时处理和资源限制。许多计算机视觉应用，如自动驾驶汽车和机器人导航，要求系统能够实时响应。这需要高效的算法和强大的计算资源，尤其是在资源有限的嵌入式系统中更加困难。

（4）模型泛化能力。现有的计算机视觉模型通常在特定的数据集上表现良好，但当将其应用于新的、未见过的环境时，性能可能会大幅下降。提高模型的泛化能力，使其适应新的场景和任务，是一个重大挑战。

（5）语义理解。虽然计算机视觉系统在识别物体方面取得了进步，但在理解场景的上下文、物体之间的关系，以及这些关系对场景理解所带来的含义方面，仍然面临挑战。

（6）隐私和伦理问题。随着计算机视觉技术在监控、社交媒体和其他领域的应用日益增多，如何平衡技术进步和个人隐私保护成了一个重要议题。确保技术的发展不侵犯个人隐私权，并且在伦理上可接受，是一个持续的挑战。

（7）对抗性攻击。研究表明，通过精心设计的输入（对抗性样本），可以欺骗计算机视觉系统，导致判断错误。如何提高系统的鲁棒性，使其能够抵抗这类攻击，是一个重要的研究领域。

总之，计算机视觉是一个充满挑战的领域，需要跨学科（包括机器学习、图像处理、人工智能、认知科学等）的研究和合作，以克服这些挑战，推动技术的进步。

任务 2　现代 CNN

现代 CNN

任务描述

本任务旨在使学生理解现代 CNN 的设计原理，并能够利用现代 CNN 解决实际问题。

知识准备

对 CNN 有一定的了解。

许多现代 CNN 的研究都构建在本任务介绍的模型基础之上。在本任务中提到的每个模型都曾经在某个阶段占据主导地位，其中许多模型是 ImageNet 竞赛的获胜者。自 2010 年以来，ImageNet 竞赛一直是监督学习在计算机视觉中取得进展的标志。这些模型包括以下几个。

（1）AlexNet。它是首个在大规模视觉竞赛中战胜传统计算机视觉模型的大型神经网络。

（2）VGGNet。它采用了多个重复的神经网络块。

（3）ResNet。它通过残差块构建跨层数据通道，成了计算机视觉领域中最受欢迎的体系架构。

尽管深度神经网络的概念十分简单——将神经网络堆叠在一起，但由于不同的网络架构和超参数选择，这些神经网络的性能会有显著的变化。

1．AlexNet

AlexNet 是深度学习和计算机视觉领域的一个重要里程碑，是第一个在大规模视觉识别挑战中取得显著成功的深度 CNN。AlexNet 在 2012 年的 ILSVRC 竞赛上获得了冠军，大幅度超过了当时的其他方法。这个成就标志着深度学习在视觉识别任务中的突破性进展，掀起了后续深度学习研究和应用的热潮。

AlexNet 架构如图 10.1 所示。

图 10.1　AlexNet 架构

AlexNet 架构的关键特点如下。

（1）深度结构。AlexNet 包含 5 个卷积层、3 个全连接层和最后一个 1000 路的 softmax 输出层，总共约有 6000 万个参数。这种深层网络结构是当时最复杂的，能够学习到从简单到复杂的特征表示。

（2）ReLU 非线性。AlexNet 是首个大规模使用 ReLU 函数作为非线性激活函数的网络，这一点大大加速了网络的训练，因为 ReLU 函数相比传统的激活函数（如 sigmoid 函数、tanh 函数），能更有效地避免梯度消失问题。

（3）局部响应归一化（Local Response Normalization，LRN）。虽然后来的研究表明 LRN 不是非常必要，但在 AlexNet 中，LRN 被认为可以增强模型的泛化能力。

（4）重叠池化。AlexNet 的池化层采用的不是传统的相邻不重叠的池化方式，而是采用的重叠池化方式。这可以避免过拟合，并保留更多的信息。

（5）数据增强。为了进一步提高网络的泛化能力，AlexNet 在训练时使用了大量的数据增强技术，如图像平移、翻转和裁剪等。

（6）Dropout。为了减轻过拟合，AlexNet 在全连接层使用了 Dropout 技术，随机地丢弃一部分神经元的输出。

AlexNet 在两块 NVIDIA GTX 580 GPU 上训练了五六天，这种使用 GPU 加速训练的方法在当时是非常先进的。

AlexNet 的成功不仅因为它在 2012 年的 ILSVRC 竞赛上的出色表现，将错误率降到了前所未有的水平，还因为它证明了深度学习（尤其是深度卷积网络）在图像识别任务上的巨大潜力。它的成功启发了大量的研究和实践，推动了深度学习在多个领域的应用，包括语音识别、NLP 等。总的来说，AlexNet 是深度学习历史上的一个重要里程碑，它的设计和成功应用对后续的深度学习架构和算法产生了深远的影响。

下面我们将使用 PyTorch 来搭建 AlexNet 的网络结构。

```
import torch
from torch import nn

net = nn.Sequential(
# 这里使用一个 11×11 的窗口来捕捉对象
# 步幅为 4，以减小输出的高度和宽度
# 输出通道的数目远大于 LeNet
nn.Conv2d(1, 96, kernel_size=11, stride=4, padding=1), nn.ReLU(),
nn.MaxPool2d(kernel_size=3, stride=2),
# 减小卷积窗口，将填充设置为 2，以使输入与输出的高和宽一致，并且增大输出通道数
nn.Conv2d(96, 256, kernel_size=5, padding=2), nn.ReLU(),
nn.MaxPool2d(kernel_size=3, stride=2),
# 使用三个连续的卷积层和较小的卷积窗口
# 除最后的卷积层外，其他层的输出通道的数量进一步增加
# 在前两个卷积层之后，汇聚层不用于减小输入的高度和宽度
nn.Conv2d(256, 384, kernel_size=3, padding=1), nn.ReLU(),
nn.Conv2d(384, 384, kernel_size=3, padding=1), nn.ReLU(),
nn.Conv2d(384, 256, kernel_size=3, padding=1), nn.ReLU(),
nn.MaxPool2d(kernel_size=3, stride=2),
nn.Flatten(),
# 这里，全连接层的输出数量是 LeNet 中的好几倍。使用 Dropout 层来减轻过拟合
```

```
    nn.Linear(6400, 4096), nn.ReLU(),
    nn.Dropout(p=0.5),
    nn.Linear(4096, 4096), nn.ReLU(),
    nn.Dropout(p=0.5),
    # 最后是输出层
    nn.Linear(4096, 10))

print(net)
```

输出：

```
Sequential(
  (0): Conv2d(1, 96, kernel_size=(11, 11), stride=(4, 4), padding=(1, 1))
  (1): ReLU()
  (2): MaxPool2d(kernel_size=3, stride=2, padding=0, dilation=1, ceil_mode=
False)
  (3): Conv2d(96, 256, kernel_size=(5, 5), stride=(1, 1), padding=(2, 2))
  (4): ReLU()
  (5): MaxPool2d(kernel_size=3, stride=2, padding=0, dilation=1, ceil_mode
=False)
  (6): Conv2d(256, 384, kernel_size=(3, 3), stride=(1, 1), padding=(1, 1))
  (7): ReLU()
  (8): Conv2d(384, 384, kernel_size=(3, 3), stride=(1, 1), padding=(1, 1))
  (9): ReLU()
  (10): Conv2d(384, 256, kernel_size=(3, 3), stride=(1, 1), padding=(1, 1))
  (11): ReLU()
  (12): MaxPool2d(kernel_size=3, stride=2, padding=0, dilation=1, ceil_mode=
False)
  (13): Flatten(start_dim=1, end_dim=-1)
  (14): Linear(in_features=6400, out_features=4096, bias=True)
  (15): ReLU()
  (16): Dropout(p=0.5, inplace=False)
  (17): Linear(in_features=4096, out_features=4096, bias=True)
  (18): ReLU()
  (19): Dropout(p=0.5, inplace=False)
  (20): Linear(in_features=4096, out_features=10, bias=True)
)
```

2. VGGNet

VGGNet 是一种深度 CNN，由牛津大学的视觉几何组（Visual Geometry Group）和谷歌旗下 DeepMind 公司的研究人员开发，首次被介绍是在 2014 年的 ILSVRC 竞赛中。VGGNet 的主要贡献在于它展示了通过增加网络深度可以显著提高模型的性能，这一点通过使用多个较小的卷积核（主要是 3×3 的卷积核）堆叠起来的卷积层来实现，而不是使用较大的卷积核。

VGG-11 架构如图 10.2 所示。

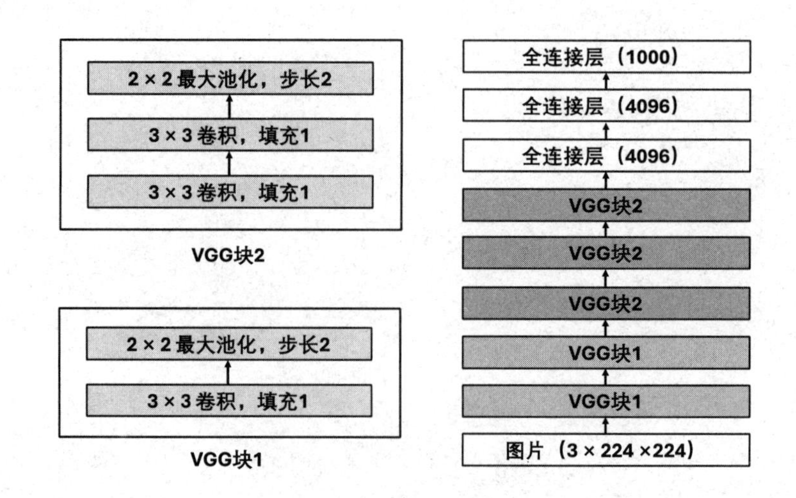

图 10.2　VGG-11 架构

VGG 架构的关键特点如下。

（1）统一的卷积核尺寸。VGGNet 使用了统一的 3×3 的卷积核和 2×2 的最大池化层，这是它的一个显著特点。3×3 的卷积核是最小尺寸的卷积核，可以捕捉到图像的局部特征，而且堆叠多个 3×3 的卷积层（具有非线性激活层）可以覆盖更大的感受野，相当于更大的卷积核效果，但参数更少、计算效率更高。

（2）不同的深度。VGGNet 提出了多个版本的网络深度，从 VGG-11 到 VGG-19，不同的版本有不同数量的卷积层和全连接层。这些模型的深度远超过了之前的网络架构，如 AlexNet。

（3）卷积后的全连接层。VGGNet 在卷积层之后包含了三个全连接层，其中前两个全连接层各有 4096 个节点，最后一个全连接层用于输出，对应 1000 个 ImageNet 类别的概率分布。

VGGNet 在 2014 年的 ILSVRC 竞赛中的表现非常出色，VGG-16 和 VGG-19 是其中最为人所知的两个版本。这些网络通过使用 ReLU 函数和 Dropout 技术来减轻全连接层的过拟合，以及通过预训练和细微调整来训练大规模图像数据集。

VGGNet 对深度学习社区产生了深远的影响。它证明了增加网络深度可以有效提升模型性能，并且为后来的网络架构设计提供了重要的参考，特别是在使用小卷积核和深层网络结构方面。此外，VGGNet 在许多视觉任务中作为特征提取器被广泛使用，包括图像识别、物体检测和图像风格转换等领域。

下面我们将使用 PyTorch 来搭建 VGG-11 的网络结构。

```
import torch
from torch import nn


def vgg_block(num_convs, in_channels, out_channels):
    layers = []
    for _ in range(num_convs):
        layers.append(nn.Conv2d(in_channels, out_channels,
                                kernel_size=3, padding=1))
        layers.append(nn.ReLU())
```

```
        in_channels = out_channels
    layers.append(nn.MaxPool2d(kernel_size=2,stride=2))
    return nn.Sequential(*layers)

def vgg(conv_arch):
    conv_blks = []
    in_channels = 1
    # 卷积层部分
    for (num_convs, out_channels) in conv_arch:
        conv_blks.append(vgg_block(num_convs, in_channels, out_channels))
        in_channels = out_channels

    return nn.Sequential(
        *conv_blks, nn.Flatten(),
        # 全连接层部分
        nn.Linear(out_channels * 7 * 7, 4096), nn.ReLU(), nn.Dropout(0.5),
        nn.Linear(4096, 4096), nn.ReLU(), nn.Dropout(0.5),
        nn.Linear(4096, 10))

conv_arch = ((1, 64), (1, 128), (2, 256), (2, 512), (2, 512))
net = vgg(conv_arch)

print(net)
```

输出：

```
Sequential(
  (0): Sequential(
    (0): Conv2d(1, 64, kernel_size=(3, 3), stride=(1, 1), padding=(1, 1))
    (1): ReLU()
    (2): MaxPool2d(kernel_size=2, stride=2, padding=0, dilation=1, ceil_mode=
False)
  )
  (1): Sequential(
    (0): Conv2d(64, 128, kernel_size=(3, 3), stride=(1, 1), padding=(1, 1))
    (1): ReLU()
    (2): MaxPool2d(kernel_size=2, stride=2, padding=0, dilation=1, ceil_mode=
False)
  )
  (2): Sequential(
    (0): Conv2d(128, 256, kernel_size=(3, 3), stride=(1, 1), padding=(1, 1))
    (1): ReLU()
```

```
        (2): Conv2d(256, 256, kernel_size=(3, 3), stride=(1, 1), padding=(1, 1))
        (3): ReLU()
        (4): MaxPool2d(kernel_size=2, stride=2, padding=0, dilation=1, ceil_mode=
False)
      )
      (3): Sequential(
        (0): Conv2d(256, 512, kernel_size=(3, 3), stride=(1, 1), padding=(1, 1))
        (1): ReLU()
        (2): Conv2d(512, 512, kernel_size=(3, 3), stride=(1, 1), padding=(1, 1))
        (3): ReLU()
        (4): MaxPool2d(kernel_size=2, stride=2, padding=0, dilation=1, ceil_mode=
False)
      )
      (4): Sequential(
        (0): Conv2d(512, 512, kernel_size=(3, 3), stride=(1, 1), padding=(1, 1))
        (1): ReLU()
        (2): Conv2d(512, 512, kernel_size=(3, 3), stride=(1, 1), padding=(1, 1))
        (3): ReLU()
        (4): MaxPool2d(kernel_size=2, stride=2, padding=0, dilation=1, ceil_mode=
False)
      )
      (5): Flatten(start_dim=1, end_dim=-1)
      (6): Linear(in_features=25088, out_features=4096, bias=True)
      (7): ReLU()
      (8): Dropout(p=0.5, inplace=False)
      (9): Linear(in_features=4096, out_features=4096, bias=True)
      (10): ReLU()
      (11): Dropout(p=0.5, inplace=False)
      (12): Linear(in_features=4096, out_features=10, bias=True)
    )
```

3. ResNet

ResNet 是一种深度神经网络架构。ResNet 通过引入所谓的“残差学习”来解决深度神经网络训练过程中的梯度消失和梯度爆炸问题，使网络更深、网络性能更好。ResNet 的核心思想是：让网络学习输入与输出之间的残差（差异），而不是直接拟合一个映射。

ResNet 的核心概念如下。

（1）残差块。残差块是 ResNet 的基本构建单元，允许输入直接跳过一些层通过添加操作来传递。ResNet 中的两种残差块如图 10.3 所示，在残差块中，输入不仅通过网络层进行传播，还会有一条“捷径”直接连接到块的输出，使这部分的网络可以直接学习残差函数。

（2）捷径连接。捷径连接又称跳跃连接，允许输入直接连接到后面的层，有助于解决梯度消失问题，因为它提供了一条没有权重的直接路径，可以使梯度直接流过。

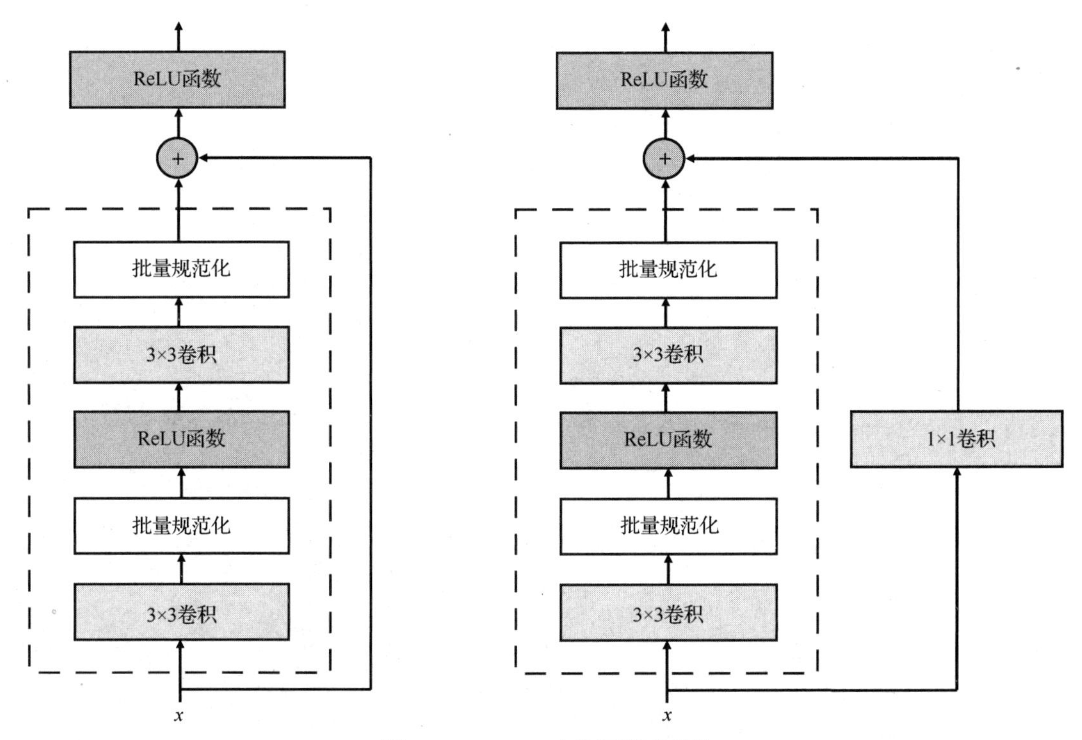

图 10.3　ResNet 中的两种残差块

ResNet 的网络结构可以被看作是一系列残差块的堆叠，其中每个残差块都试图学习输入和输出的差异。常见的 ResNet 变体包括 ResNet-18、ResNet-50、ResNet-101 和 ResNet-152 等，数字代表网络中卷积层的数量。

下面我们使用 PyTorch 来搭建 ResNet-18 的网络结构。

```
import torch
from torch import nn

class Residual(nn.Module):
    def __init__(self, input_channels, num_channels,
                 use_1x1conv=False, strides=1):
        super().__init__()
        self.conv1 = nn.Conv2d(input_channels, num_channels,
                               kernel_size=3, padding=1, stride=strides)
        self.conv2 = nn.Conv2d(num_channels, num_channels,
                               kernel_size=3, padding=1)
        if use_1x1conv:
            self.conv3 = nn.Conv2d(input_channels, num_channels,
                                   kernel_size=1, stride=strides)
        else:
            self.conv3 = None
        self.bn1 = nn.BatchNorm2d(num_channels)
        self.bn2 = nn.BatchNorm2d(num_channels)
```

```
    def forward(self, X):
        Y = F.relu(self.bn1(self.conv1(X)))
        Y = self.bn2(self.conv2(Y))
        if self.conv3:
            X = self.conv3(X)
        Y += X
        return F.relu(Y)

b1 = nn.Sequential(nn.Conv2d(1, 64, kernel_size=7, stride=2, padding=3),
                   nn.BatchNorm2d(64), nn.ReLU(),
                   nn.MaxPool2d(kernel_size=3, stride=2, padding=1))

def resnet_block(input_channels, num_channels, num_residuals,
                 first_block=False):
    blk = []
    for i in range(num_residuals):
        if i == 0 and not first_block:
            blk.append(Residual(input_channels, num_channels,
                                use_1x1conv=True, strides=2))
        else:
            blk.append(Residual(num_channels, num_channels))
    return blk

b2 = nn.Sequential(*resnet_block(64, 64, 2, first_block=True))
b3 = nn.Sequential(*resnet_block(64, 128, 2))
b4 = nn.Sequential(*resnet_block(128, 256, 2))
b5 = nn.Sequential(*resnet_block(256, 512, 2))

net = nn.Sequential(b1, b2, b3, b4, b5,
                    nn.AdaptiveAvgPool2d((1,1)),
                    nn.Flatten(), nn.Linear(512, 10))
```

任务3　图像分类

图像分类

任务描述

本任务旨在使学生能够识别现实生活中的哪些问题属于图像分类，并掌握基础的图像分类算法。

知识准备

对现代图像分类有一定的了解。

图像分类是计算机视觉领域的核心任务之一，其重要性和地位不言而喻。它不仅是理解和解析视觉信息的基础，还是推动计算机视觉及相关技术发展的关键力量。随着深度学习技术的

兴起和发展，图像分类的应用领域不断拓展，其在科学研究、工业应用、日常生活等方面的影响日益显著。

1. 图像分类简介

1）什么是图像分类

图像分类是计算机视觉领域的一个核心任务。它可以将图像自动分配到一组预定义的类别或标签中。这一过程通常依赖于图像中的视觉内容（如形状、颜色、纹理等特征）来确定图像所属的类别。图像分类示例如图 10.4 所示。图像分类的目标是模拟人类的视觉识别能力，使计算机理解和解释图像数据。

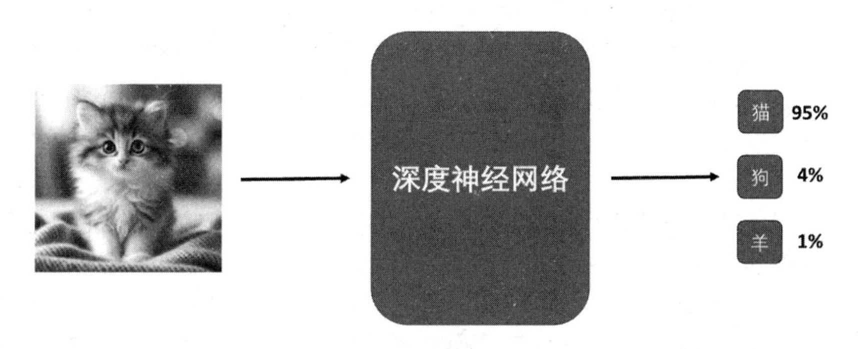

图 10.4 图像分类示例

图像分类的定义可以简化为一个自动化的过程。它通过分析图像的视觉特征，将其归类到一个或多个预设的类别中。这个过程涉及特征提取和学习算法两个主要步骤。特征提取负责从原始图像数据中提取有意义的信息，而学习算法则用这些信息来判断图像属于哪个类别。

图像分类的主要目的是减少人工参与图像分析的工作量，并提高处理速度和准确性。在许多领域，这种自动化的图像理解能力都具有极其重要的价值，具体体现为以下几点。

（1）医学图像分析。图像分类可以帮助医生诊断疾病，例如通过分析 X 光片、磁共振成像（Magnetic Resonance Imaging，MRI）图像或计算机断层扫描（Computed Tomography，CT）图像来识别肿瘤、骨折或其他异常情况。

（2）安防监控。在安全监控系统中，图像分类技术可以自动识别可疑行为或物体，如未经授权的入侵、火灾等，从而提高响应速度和效率。

（3）社交媒体内容过滤。为了维护平台环境的健康，社交媒体平台需要自动检测并过滤掉不当内容，包括暴力、色情或仇恨言论等图像。

（4）自动驾驶汽车。图像分类技术能够使自动驾驶汽车识别道路上的车辆、行人、交通标志等，这对于实现安全驾驶至关重要。

图像分类在实现计算机自主视觉感知方面扮演着关键角色。它不仅能够提高特定任务的处理效率和准确性，还能够发现人类观察者可能忽略的模式和细节。此外，随着深度学习技术的发展，图像分类的应用范围扩大了、性能提升了，使其成了推动计算机视觉研究和应用发展的重要力量。

总之，图像分类作为连接人类视觉能力和机器自动化处理的桥梁，在科研、工业、医疗等多个领域的广泛应用展现了其不可替代的价值和潜力。通过不断优化分类算法和技术，我们可以期待在未来实现更加智能、高效的视觉识别系统。

2）图像分类的发展历程

图像分类的发展历程是计算机视觉领域内一段光辉的历史。图像分类从早期的模式识别技术发展到今天的深度学习技术，这一过程中出现了许多关键技术的突破和具有里程碑意义的模型。

在深度学习技术出现之前，图像分类主要依赖于传统的模式识别技术。这些技术通常涉及两个主要步骤：特征提取和分类器设计。特征提取是从图像中手工提取有用的特征，如边缘、角点、纹理等；而分类器设计则是利用这些特征来训练模型，如 SVM、决策树、*k*-NN 等。这一时期的关键挑战在于如何设计有效的特征和选择合适的分类器来提高分类的准确性。

SVM 在 20 世纪 90 年代末到 21 世纪初期成为图像分类领域的主流技术。它是一种监督学习方法，通过在特征空间中找到最优的分割超平面来区分不同类别的图像。SVM 的优势在于其优雅的数学理论和对高维数据的有效处理能力，尤其是在小样本数据集上的表现。

CNN 的兴起是图像分类领域的一个重大转折点。CNN 是一种深度学习模型，它通过模拟生物视觉系统的工作原理，自动从图像数据中学习复杂的特征表示。与传统方法相比，CNN 避免了手动特征的提取，极大地提高了图像分类的性能和效率。

随着深度学习技术的普及，多种深度学习框架，如 TensorFlow、PyTorch 等的开发和推广，极大地降低了深度学习模型的开发难度，加速了图像分类技术的研究和应用进程。

从早期的模式识别到深度学习的兴起，图像分类的发展历程反映了计算机视觉领域技术进步的脉络。深度学习的出现不仅革新了图像分类的方法，还推动了整个计算机视觉领域向更深层次、更广泛的应用前进。未来，随着技术的不断进步和新算法的出现，图像分类将继续在许多领域发挥关键作用，解决更多复杂的视觉识别问题。

2. 图像分类的基础理论与方法

1）传统机器学习方法

在深度学习流行起来之前，图像分类主要依赖于传统的机器学习方法。这些方法通常涉及两个主要步骤：特征提取和分类。以下是对这两个步骤及其常用技术的详细介绍。

特征提取是图像分类中的第一步，旨在从原始图像数据中提取有用的信息或特征，以便使分类器有效地进行学习和预测。传统的特征提取方法侧重于对手工设计的特征的提取，这些特征能够捕捉图像的关键属性，如形状、纹理和颜色等。其中，重要特征如下。

（1）尺度不变特征变换（Scale-Invariant Feature Transform，SIFT）。SIFT 是一种用于检测和描述局部特征的算法。它对旋转、尺度缩放、亮度变化保持不变性，并在一定程度上对视角变化和仿射变换保持稳定。SIFT 先通过查找图像的极值点来识别兴趣点（特征点），再对这些点周围的区域进行方向赋值，生成一个描述符。该描述符独特地表示了该特征点的局部图像特性。

（2）方向梯度直方图（Histogram of Oriented Gradient，HOG）。HOG 特征是通过计算和统计图像局部区域的 HOG 来构建的。这种方法特别适用于物体检测场景，比如行人检测，因为它能够捕捉图像形状的轮廓信息。先将图像分割成小的连接区域，即细胞，并为每个细胞计算 HOG；再将这些 HOG 归一化，以提高光照变化的鲁棒性；最终形成特征描述符。

提取特征的下一步是使用分类器对这些特征进行学习，以便对新图像进行分类。传统的分类器包括但不限于以下几种。

（1）SVM。SVM 是一种广泛使用的监督学习模型，用于分类和回归分析。在图像分类中，SVM 试图找到一个超平面，以最大化不同类别数据之间的间隔，从而实现分类。SVM 对于高维数据效果良好，特别是在特征数超过样本数的情况下。这使得 SVM 成为图像分类中的一个受欢迎的选择。

（2）决策树。决策树是一种简单的分类方法，通过递归地将数据集分割成越来越小的子集来工作，同时构建一个用于决策的树形结构。每个节点都代表一个属性上的决策规则，而每个叶节点都代表一个类别。在图像分类中，决策树可以用于基于特征的分类任务，但它可能不如其他方法鲁棒，特别是在处理复杂和高维数据时。

在传统的图像分类方法中，特征提取方法和分类器的选择及其组合使用是至关重要的。不同的特征提取方法可以捕捉图像的不同方面，而不同的分类器有着不同的分类策略和优势。因此，实践中通常需要根据具体任务和数据特性来选择合适的特征提取方法和分类器。

总之，虽然深度学习方法在图像分类任务中取得了显著的成功，但传统的机器学习方法依然在某些应用场景下有其不可替代的价值。了解和掌握这些传统的机器学习方法不仅有助于更好地理解图像分类的基本原理，还能够在特定条件下提供有效的解决方案。

2）深度学习方法

深度学习在图像分类任务中取得了革命性的进展，特别是 CNN 已成为当前十分流行和有效的方法。CNN 通过自动学习图像的层次特征，能够处理复杂的图像数据，从而实现高精度的分类。以下是 CNN 的关键组成部分及其工作原理和作用。

（1）卷积层。

① 工作原理。卷积层是 CNN 的核心，负责从图像中提取特征。它通过卷积操作对输入图像与一组可学习的过滤器（或称卷积核）进行卷积操作，以产生一组特征图。每个过滤器都被设计为捕捉图像的某些特征，如边缘、角点或更复杂的纹理模式。

② 作用。卷积层的主要目的是通过空间关系学习图像特征，减少需要处理的数据量，同时保持图像的重要信息。随着网络的加深，卷积层能够捕捉到越来越复杂的特征。

（2）激活函数。

① 工作原理。ReLU 函数的表达式为 $f\left(x\right)=\max\left(0,x\right)$。

② 作用。激活函数的作用是引入非线性，使网络学习和模拟复杂的函数映射。如果没有激活函数，那么无论网络多深，最终都等价于一个线性模型。

（3）池化层。

① 工作原理。池化层通常跟在卷积层之后，用于减小特征图的空间尺寸（宽度和高度），从而减少计算量和防止过拟合。最常用的池化操作是最大池化。它先将输入的特征图划分为不重叠的矩形区域，再输出每个区域的最大值。

② 作用。池化层通过降低特征的空间分辨率（同时保留最重要的特征），提高了模型的计算效率和对小的位置变化的鲁棒性。

（4）全连接层。

① 工作原理。全连接层位于 CNN 的末端。其目的是对前面层次提取的特征进行汇总，并完成最终的分类任务。在全连接层中，每个输入节点都与每个输出节点相连接，输出是各类别的预测概率。

② 作用。全连接层将学到的“分布式特征表示”映射到样本的标签空间中，是进行分类

决策的最后阶段。

现代的 CNN 架构，如 AlexNet、VGGNet、ResNet 等，进一步优化了这些基本架构的配置，并引入了批归一化、残差连接等高级特性，显著提高了图像分类的性能。

3. 图像分类的实现细节与技巧

1）图像预处理

图像预处理是图像分类任务中不可或缺的一步，对提高模型性能、加快模型训练速度及提高模型泛化能力都有重要作用。以下是对图像预处理的重要性和常用方法的讨论。

（1）重要性。

① 提高模型性能。通过预处理，可以去除图像中的不相关噪声，突出重要特征，有助于模型更好地学习。

② 加快模型训练速度。统一图像尺寸和规范化数据分布可以使模型训练更加高效，减少计算资源的消耗。

③ 提高模型泛化能力。数据增强等预处理方法可以人为地增加训练数据的多样性，帮助模型学到更加鲁棒的特征表示，从而在未见过的数据上表现得更好。

（2）常用方法。

① 缩放。将所有输入图像调整到相同的尺寸是几乎所有神经网络在训练过程中的必要步骤，因为网络的输入层通常要求输入为固定的大小。缩放可以通过不同的插值方法（如最近邻、双线性插值等）来实现。

② 裁剪。裁剪是另一种常见的预处理方法，可以帮助模型集中于图像的重要部分。随机裁剪是一种常用的数据增强技术，可以在训练时提供更多样的图像表示。

③ 数据增强。数据增强通过在原始图像上应用一系列随机变换（如旋转、平移、缩放、翻转、调整亮度/对比度等）来人为地增加数据集的多样性。这不仅可以增大训练数据量，还可以帮助模型学习到更加鲁棒的特征表示，从而提高模型对新数据的泛化能力。

④ 颜色空间转换。例如，颜色空间从 RGB 转换到灰度或 HSV，有时可以帮助突出图像的某些特征。

⑤ 边缘增强。使用边缘检测算法增强图像的边缘，有时可以帮助模型更好地识别形状和轮廓。

图像预处理是构建有效图像分类模型的关键步骤之一。通过精心设计预处理流程，可以显著提高模型的性能和效率。在实践中，通常需要根据具体任务和数据集的特点来选择合适的预处理方法。

2）模型训练技巧

在图像分类任务中，模型训练的效果在很大程度上取决于训练过程中所采用的技巧和策略。正确的权重初始化、优化器选择、学习率调整和正则化方法的应用，可以显著提高模型的性能，加快收敛速度，并提高模型对新数据的泛化能力。以下是一些在训练过程中常用的技巧。

（1）权重初始化。

重要性：正确的权重初始化方法可以防止激活函数在初始阶段饱和，保证梯度的有效传播，加快收敛速度，并提高最终模型的稳定性和性能。

常用方法：①Xavier/Glorot 初始化，适用于 sigmoid 和 tanh 函数，通过考虑前一层的连接数，自动调整初始权重的规模；②He 初始化，专为 ReLU 函数设计，考虑到 ReLU 函数在 x 轴负半轴的梯度为 0 的特性，调整权重的初始规模，以保持激活值的分散性。

（2）优化器选择。

SGD：SGD 是最基本的优化器，但加入动量可以有效克服 SGD 的振荡和收敛速度慢的问题。

RMSProp：适合处理非平稳目标，对学习率进行自适应调整，能够很好地应对训练过程中的各种挑战。

Adam：结合了 AdaGrad 和 RMSProp 的优点，自动调节学习率，适用于大多数情况，特别是在初期，可以加速收敛。

（3）学习率调整。

学习率衰减：随着训练的进行，逐渐减小学习率，可以帮助模型在训练后期更精细地调整权重，避免过大的更新造成训练不稳定。

学习率预热：在训练初期，先增大学习率，再逐步减小学习率，有助于模型更快地收敛，并减少模型在训练初期对随机初始化的依赖。

周期性地调整学习率：通过周期性地调整学习率，可以帮助模型跳出局部最优，寻找更好的全局最优解。

（4）正则化方法。

L_1/L_2 正则化：通过在损失函数中添加权重的 L_1 或 L_2 范数作为正则化项，可以降低模型的复杂度，防止过拟合。

Dropout：在训练过程中随机丢弃网络中的一部分神经元，可以迫使网络学习到更加鲁棒的特征表示，提高泛化能力。

批归一化：通过对每个小批量数据进行标准化处理，可以加快训练速度，提高模型的稳定性，并有助于缓解梯度消失问题。

以上这些技巧在实践中通常需要根据具体任务和数据集的特性进行调整和优化。有效结合并使用这些技巧，可以显著提升图像分类模型的训练效果和性能。

3）性能评估

性能评估是机器学习和计算机视觉任务中的关键步骤，可以帮助我们了解模型的效果，以及如何进一步优化模型。在图像分类任务中，常用的性能评估指标包括准确率、召回率和 F_1 分数。下面是对前两个指标的介绍。

（1）准确率（Accuracy）。

定义：准确率是正确分类的图像数占总图像数的比例。它是最直观的性能度量，表明了模型在整个测试集上的表现。

计算公式：$\text{Accuracy}=\dfrac{\text{True Positives}(\text{TP})+\text{True Negatives}(\text{TN})}{\text{Total number of samples}}$

（2）召回率（Recall）。

定义：召回率是模型正确识别的正类样本数占实际正类样本总数的比例。它关注模型对正类样本的识别能力。

计算公式：$\text{Recall}=\dfrac{\text{TP}}{\text{TP}+\text{False Negatives}(\text{FN})}$

我们利用这些指标，可以从不同角度评估和理解图像分类模型的性能，进而对模型进行调优和改进。在实际应用中，选择哪种指标应根据具体任务的需求和背景来决定。例如，在一些对漏检敏感的应用中，提高召回率可能比提高准确率更为重要。

4. 图像分类技术的应用案例

图像分类技术在多个领域的应用展示了其广泛的用途和影响力。以下是三个应用案例，分别涉及医疗诊断、自动驾驶汽车和面部识别系统，展示了图像分类如何解决实际问题并推动技术进步。

1）医疗诊断中的图像分类

在医疗诊断领域，图像分类技术，特别是深度学习模型，如 CNN，已经应用于从复杂医学影像中自动检测和诊断各种疾病。这些模型能够从成千上万的带标签的医学影像中学习疾病的视觉模式，从而在没有或仅有少量人类专家干预的情况下识别出这些模式。

（1）具体案例。在乳腺癌筛查中，深度学习模型用于分析乳腺 X 射线摄影图像，以识别恶性和良性肿瘤的迹象。通过将深度学习模型的分析结果与放射科医生的诊断结果相比较，可知这些模型在某些情况下显示出了相当乃至更高的准确率。

（2）技术影响。自动化诊断工具的应用不仅提高了诊断的效率和准确性，还有助于在资源有限的地区提供更好的医疗服务，特别是在缺乏专业放射科医生的地区。

2）自动驾驶汽车中的图像分类

自动驾驶技术依赖于多种感知系统来理解车辆周围的环境，图像分类技术是实现视觉感知的关键。通过使用多个摄像头捕获的图像，深度学习模型能够识别和分类道路上的各种实体，如其他车辆、行人、交通标志和道路边界。

（1）具体案例。Waymo 自动驾驶车辆使用深度学习模型来处理从车辆周围摄像头收集的图像数据，以实时地识别和跟踪周围的对象。这些模型经过成千上万小时的道路驾驶视频训练，能够准确识别各种交通参与者和障碍物，从而做出安全的驾驶决策。

（2）技术影响。图像分类技术的应用极大地提高了自动驾驶汽车的安全性和可靠性，为实现完全自动化驾驶提供了可能，同时推动了交通系统的智能化和自动化发展。

3）面部识别系统中的图像分类

面部识别系统通过分析人脸的图像数据来识别或验证个人身份，广泛应用于安全、监控和个人设备解锁等领域。这些系统通常先使用深度学习模型，如 CNN，从面部图像中提取特征；再对这些特征与数据库中的已知面部特征进行匹配。

（1）具体案例。智能手机的面部解锁功能使用面部识别技术，允许用户通过面部扫描来解锁设备。面部识别系统通过在不同光照条件下捕捉面部图像的大量样本进行训练，能够在各种环境条件下准确、快速地识别用户的面部。

（2）技术影响。面部识别技术的普及不仅为用户提供了便捷的安全验证手段，还推动了生物识别技术的发展。同时，它也引发了对隐私保护和数据安全的讨论，促使政府和企业开发更加安全和可靠的技术标准。

图像分类技术已经成为医疗、交通和安全等多个领域不可或缺的工具，不仅提高了行业的服务效率和安全性，还推动了这些领域技术的快速发展。随着技术的不断进步，未来图像分类将在更多领域发挥更大的作用。

5. 图像分类技术的挑战与前景

虽然图像分类技术已经取得了显著的进步，但它仍面临着多个挑战，这些挑战限制了它的效果和广泛应用。同时，随着研究的深入和技术的发展，新的方法和策略不断被提出和探索，以克服这些挑战，并拓展图像分类的应用领域。

图像分类技术面临的挑战如下。

（1）类别不平衡。在实际的图像数据集中，某些类别的样本数可能远大于其他类别。这种不平衡会导致模型偏向于多数类，从而忽略或错误分类少数类样本。类别不平衡严重影响模型的泛化能力和公平性，尤其是在医疗图像分析等领域，准确识别少数类样本往往至关重要。

（2）小样本学习问题。在许多情况下，对于特定的类别，只有很少量标记样本可用于训练。模型在这样的小样本条件下训练时，很难学习到足够泛化的特征表示。小样本学习问题限制了模型在数据稀缺领域（如罕见疾病的诊断）的应用。

（3）对抗样本的影响。对抗样本是经过精心设计的，能够欺骗深度学习模型，导致其得出错误判断的图像。这些样本在人眼看来与正常样本无异，但却能导致模型犯下严重错误。对抗样本不仅揭示了深度学习模型的脆弱性，还对安全敏感的应用（如面部识别系统）构成了威胁。

图像分类技术的前景如下。

（1）迁移学习。迁移学习通过利用在大规模数据集上预训练的模型来初始化或辅助训练目标任务的模型，即使目标任务的数据相对较少，也能实现。这种方法尤其适用于解决小样本学习问题，可以显著提高模型在特定任务上的性能和泛化能力。

（2）GAN 的应用。GAN 能够生成高质量、逼真的图像，可用于数据增强，尤其是在类别不平衡或小样本场景下。通过生成缺失类别的样本，GAN 有助于缓解类别不平衡问题，并提供额外的训练数据，从而提高模型的学习能力和鲁棒性。

（3）自监督学习的潜力。自监督学习是一种无须人工标注标签的学习方法，利用数据本身提供的监督信号来训练模型。自监督学习为利用未标注的大量图像数据提供了一种有效途径，有望在未来大幅降低对大量标记数据的依赖，同时提高模型对小样本和对抗样本的鲁棒性。

总之，尽管图像分类技术面临着多个挑战，但研究人员正通过引入新的学习范式、算法和模型，不断寻找解决方案。迁移学习、GAN 和自监督学习等技术的发展，预示着图像分类领域将继续向着更加准确、更加鲁棒和应用更加广泛的方向发展。随着这些技术的成熟和应用，我们有理由相信，图像分类技术将在医疗、安全、娱乐等领域发挥更大的作用，为社会带来更多的便利和进步。

6. 图像分类技术的应用实例

在本应用实例中，我们将使用 CIFAR10 数据集。它有以下类别：飞机、汽车、鸟、猫、鹿、狗、青蛙、马、船、卡车。CIFAR10 数据集中的图像尺寸为 3×32 像素×32 像素，即图像为 3 通道彩色图像，每个通道的彩色图像的尺寸为 32 像素×32 像素。我们将训练一个图像分类器来帮助我们对 CIFAR10 数据集中的图像进行分类。

1）加载及归一化 CIFAR10 数据集

```
import torch
import torchvision
```

```
import torchvision.transforms as transforms

#定义数据归一化的规则
transform = transforms.Compose(
    [transforms.ToTensor(),
     transforms.Normalize((0.5, 0.5, 0.5), (0.5, 0.5, 0.5))])
#定义训练时的批量大小
batch_size = 4
#下载并加载训练集
trainset = torchvision.datasets.CIFAR10(root='./data', train=True,
                                        download=True, transform=transform)
trainloader = torch.utils.data.DataLoader(trainset, batch_size=batch_size,
                                          shuffle=True, num_workers=2)
#下载并加载测试集
testset = torchvision.datasets.CIFAR10(root='./data', train=False,
                                       download=True, transform=transform)
testloader = torch.utils.data.DataLoader(testset, batch_size=batch_size,
                                         shuffle=False, num_workers=2)

classes = ('plane', 'car', 'bird', 'cat',
           'deer', 'dog', 'frog', 'horse', 'ship', 'truck')
```

输出：

```
Downloading https://www.cs.toro***.edu/~kriz/cifar-10-python.tar.gz to ./
data/cifar-10-python.tar.gz
100.0%
Extracting ./data/cifar-10-python.tar.gz to ./data
Files already downloaded and verified
```

```
import matplotlib.pyplot as plt
import numpy as np
#定义展示图片的函数
def imshow(img):
    img = img / 2 + 0.5     # unnormalize
    npimg = img.numpy()
    plt.imshow(np.transpose(npimg, (1, 2, 0)))
    plt.show()
#随机抽取一些训练图片
dataiter = iter(trainloader)
images, labels = next(dataiter)
#展示图片
imshow(torchvision.utils.make_grid(images))
#打印标签
print(' '.join(f'{classes[labels[j]]:5s}' for j in range(batch_size)))
```

输出：

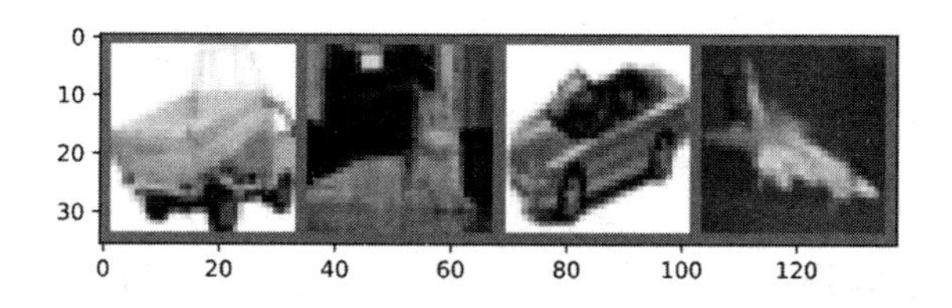


```
truck cat car plane
```

2）定义一个 CNN

```
import torch.nn as nn
import torch.nn.functional as F

class Net(nn.Module):
    def __init__(self):
        super().__init__()
        self.conv1 = nn.Conv2d(3, 6, 5)
        self.pool = nn.MaxPool2d(2, 2)
        self.conv2 = nn.Conv2d(6, 16, 5)
        self.fc1 = nn.Linear(16 * 5 * 5, 120)
        self.fc2 = nn.Linear(120, 84)
        self.fc3 = nn.Linear(84, 10)

    def forward(self, x):
        x = self.pool(F.relu(self.conv1(x)))
        x = self.pool(F.relu(self.conv2(x)))
        x = torch.flatten(x, 1) # flatten all dimensions except batch
        x = F.relu(self.fc1(x))
        x = F.relu(self.fc2(x))
        x = self.fc3(x)
        return x

net = Net()
```

3）定义损失函数和优化器

```
import torch.optim as optim

#交叉熵损失函数
criterion = nn.CrossEntropyLoss()
#带动量的 SGD
optimizer = optim.SGD(net.parameters(), lr=0.001, momentum=0.9)
```

4）训练网络

```
#循环我们的数据，将输入提供给网络，并对其进行优化
```

```
for epoch in range(2):  #遍历数据集两次

    running_loss = 0.0
    for i, data in enumerate(trainloader, 0):
        # 获取输入，数据是一个列表的形式：[输入,标签]
        inputs, labels = data
        #使参数梯度归零
        optimizer.zero_grad()
        #前向传播+反向传播+优化
        outputs = net(inputs)
        loss = criterion(outputs, labels)
        loss.backward()
        optimizer.step()
        #打印训练信息
        running_loss += loss.item()
        if i % 2000 == 1999:    #每遍历2000个批次，打印一次训练信息
            print(f'[{epoch + 1}, {i + 1:5d}] loss: {running_loss / 2000:.3f}')
            running_loss = 0.0

print('Finished Training')
```

输出：

```
[1,  2000] loss: 2.215
[1,  4000] loss: 1.830
[1,  6000] loss: 1.649
[1,  8000] loss: 1.553
[1, 10000] loss: 1.538
[1, 12000] loss: 1.482
[2,  2000] loss: 1.407
[2,  4000] loss: 1.397
[2,  6000] loss: 1.355
[2,  8000] loss: 1.324
[2, 10000] loss: 1.316
[2, 12000] loss: 1.315
Finished Training

#保存训练好的模型
PATH = './cifar_net.pth'
torch.save(net.state_dict(), PATH)
```

5）在测试数据上测试训练好的模型

```
#随机抽取一些测试图片
dataiter = iter(testloader)
images, labels = next(dataiter)
#展示抽取的测试图片
```

```
imshow(torchvision.utils.make_grid(images))
print('GroundTruth: ', ' '.join(f'{classes[labels[j]]:5s}' for j in
range(4)))
```

输出：

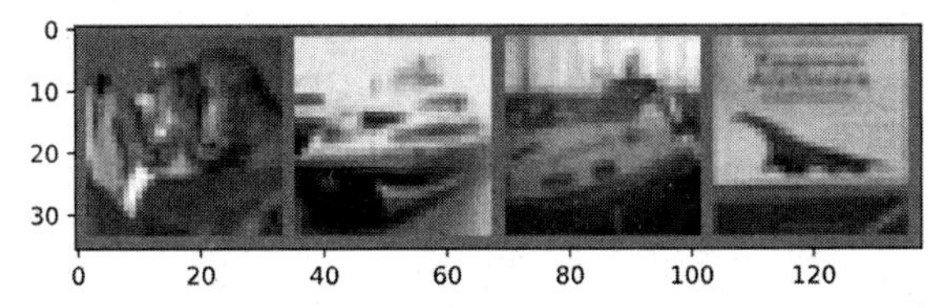


```
GroundTruth: cat  ship  ship  plane

net = Net()
net.load_state_dict(torch.load(PATH))

#把测试图片输入神经网络
outputs = net(images)

#输出是 10 个类别的数量级。一个类别的数量级越高，网络就越认为图像属于此类别。所以，通过以
下过程可以得到最高数量级的类别
_, predicted = torch.max(outputs, 1)
print('Predicted: ', ' '.join(f'{classes[predicted[j]]:5s}'
                              for j in range(4)))
```

输出：

```
Predicted: cat  ship  ship  ship

#看看网络在整个测试集上的表现
correct = 0
total = 0
#因为现在已经训练完成了，所以不再需要计算梯度
with torch.no_grad():
    for data in testloader:
        images, labels = data
        # calculate outputs by running images through the network
        outputs = net(images)
        # the class with the highest energy is what we choose as prediction
        _, predicted = torch.max(outputs.data, 1)
        total += labels.size(0)
        correct += (predicted == labels).sum().item()

print(f'Accuracy of the network on the 10000 test images: {100 * correct //
total} %')
```

输出：

```
Accuracy of the network on the 10000 test images: 54 %
```

任务 4　目标检测

目标检测

任务描述

本任务旨在使学生理解目标检测的原理，并能够识别现实世界中的哪些问题属于目标检测问题。

知识准备

对目标检测有一定的了解。

1．目标检测简介

目标检测是计算机视觉领域的一项技术。目标检测示例如图 10.5 所示。目标检测能使计算机从图片或视频中识别和定位图像中的一个或多个特定目标或对象。简单来说，目标检测不仅能识别图片中有哪些对象，比如人、汽车、树等，还能告诉我们这些对象的具体位置，通常以边界框的形式表示，即用矩形框标出对象在图片中的位置。

图 10.5　目标检测示例

目标检测的应用非常广泛，包括安防监控（比如识别监控视频中的人或车辆）、自动驾驶（比如识别道路上的行人、车辆、交通标志等）、医疗影像分析（比如在 X 光片或 MRI 图像中识别特定的器官或病变）等领域。计算机可以利用目标检测技术，自动识别和理解图像中的内容，为进一步的图像分析和决策提供基础信息。

2．目标检测的实现流程

目标检测是计算机视觉领域的一个核心任务。它不仅可以识别图像中的物体（分类），还可以确定物体的位置（通常以边界框的形式表示）。目标检测过程如下。

（1）获取图像。

利用摄像头或其他图像采集设备捕获现实世界的图像，或者从存储介质中加载数字图像文件。这幅图像被表示为一个像素矩阵，每个像素都包含颜色信息（通常是 RGB 颜色空间）。

（2）图像预处理。

图像可能需要通过一系列预处理步骤来提高后续处理的效率和准确性。这些步骤包括调整图像大小、归一化像素值、图像增强（如对比度增强）、去噪声等。

（3）特征提取。

① 手工特征提取。早期的目标检测方法依赖于手工设计的特征提取器（如 SIFT、HOG 等）来识别图像中的关键点、边缘或特定纹理。

② 深度学习特征提取。随着深度学习的发展，尤其是 CNN 在图像处理中的广泛应用，目标检测领域越来越多地采用深度学习模型来自动学习和提取图像特征。CNN 能够从简单到复杂地逐层提取特征，无须人为设计特征提取器。

（4）物体分类和定位。

① 分类。在特征被提取之后，系统需要识别这些特征与哪些类别的物体相对应。在深度学习模型中，通常通过网络的全连接层来完成识别过程，并输出每个类别的概率。

② 定位。目标检测不仅需要识别物体的类别，还需要确定物体的位置。这通常通过预测边界框来实现。边界框定义了物体在图像中的位置和尺寸。有些深度学习模型，如 R-CNN 及其变体（Fast R-CNN、Faster R-CNN），首先生成候选区域，然后对每个区域进行分类和边界框回归。还有些深度学习模型，如单次多框检测器和 YOLO，能够在单个网络传递中同时进行分类和定位。

（5）后处理

在目标检测过程中，同一个物体可能被多个边界框覆盖。非极大值抑制是一种常用的后处理技术。它通过只保留得分最高的边界框，并移除与其重叠度（IoU-交并比）高于某个阈值的其他边界框，便可解决这个问题。

总的来说，目标检测流程从图像输入开始，经过预处理，再通过特征提取技术（手工设计的或通过深度学习自动学习的）来识别图像中的关键特征。基于这些特征，目标检测模型能够分类图像中的物体，并准确地定位它们的位置，再通过后处理步骤，如非极大值抑制，最终输出清晰、精确的目标检测结果。这个过程在很大程度上模仿了人类的视觉系统识别和定位视觉场景中的不同对象的过程，不过它是通过计算模型和算法来实现的。

3. 目标检测的工作原理

深度学习是一种利用大量层次的算法网络（通常称之为神经网络）来模拟人脑处理和学习数据的方法。简单来说，它就像是在给计算机搭建一个可以“思考”的大脑，让它能从数据中学习规律和特征。在目标检测领域，深度学习通过以下方式使检测变得更准确、更高效。

（1）训练过程。

给计算机“看”成千上万张带有标记的图片。这些标记就像在告诉计算机“这里有一只猫”“那里有一辆车”。计算机可以利用这样的训练数据，学习到各种物体的视觉特征，比如形状、颜色、大小等。

（2）学习特征。

深度学习模型能通过多层处理，自动识别和学习上述图片中的复杂模式和特征。在最初的层次，计算机可能只识别简单的边缘和颜色。但在更深的层次，计算机能识别更复杂的结构，比如物体部分或整体的形状。

（3）提高准确性和效率。

随着训练的进行，深度学习模型不断优化其识别物体的能力。它可以学习到如何从各种角度、在不同光照条件下识别同一物体。这种学习能力能使模型在实际应用中快速、准确地检测到图片中的目标物体，即使在之前未见过的新场景中，也能实现。

在目标检测领域，深度学习能够使计算机通过观察成千上万张图片来学习如何识别和定位物体。可将这个过程比作一个孩子学习识别不同物体的过程：最开始，他可能分不清楚猫和狗，但是通过观察大量的猫和狗的图片，他逐渐学会如何区分它们。在这个过程中，“训练”指的是给计算机展示大量的例子，而“学习”指的是计算机通过这些例子，逐步提高其识别和定位物体的能力。

4．目标检测模型

以下是几种流行的目标检测模型。

（1）Faster R-CNN。可将其比作一位细心的考古学家。这位考古学家在一大片土地上寻找宝物，他会先用地图划分出可能藏有宝物的区域，再逐一仔细挖掘每个区域。在目标检测中，Faster R-CNN 首先识别出图片中可能包含物体的区域（这一步被称为区域提议），然后对这些区域进行更详细的分析，以确定物体的类别和位置。

（2）YOLO。YOLO 就像是一位一目十行的读者。这位读者能够快速浏览整页内容并找到关键信息。在目标检测中，YOLO 将整幅图像作为一个整体，并对其进行分析，一次性预测出图像中所有物体的位置和类别。这种方法使得 YOLO 在速度上非常快，但有时可能牺牲一些准确性。

（3）单次多框检测器。可将单次多框检测器比作在园艺比赛中寻找最美丽的花朵的评委。这位评委不需要去检查园艺比赛中的每朵花，仅通过快速扫视，就能同时识别出多个花朵的位置和种类。单次多框检测器通过在不同尺度上的一次性检测，能够同时识别图像中的多个物体及其位置，这使得单次多框检测器在速度和准确性之间取得了很好的平衡。

以上这些模型通过深度学习的方法，能够让计算机像人类一样理解图像，但速度更快、效率更高。每种模型都有其特点和应用场景，选择哪一种模型取决于具体任务的需求，比如对速度的要求、对准确性的要求、可用的计算资源等。

5．目标检测的应用

目标检测技术在我们的日常生活中扮演着越来越重要的角色。它通过智能算法识别和定位图片或视频中的特定物体。下面这些目标检测的实例能够帮助我们更直观地理解目标检测的应用。

（1）智能相机中的面部识别。现代智能手机和相机经常使用面部识别技术来改善拍照体验。这项技术可以快速识别画面中的人脸，并自动调整焦点和曝光强度，确保人脸清晰可见。此外，一些相机还能通过面部识别实现微笑拍照等功能。

（2）社交媒体上的图片自动标注。社交媒体平台，如 Facebook 和 Instagram，使用目标检测技术自动识别上传图片中的内容，并提供标签建议，如“狗”“海滩”等。这不仅增强了内容的可搜索性，还提高了内容推荐的相关性。

（3）自动驾驶汽车。自动驾驶技术依赖于目标检测技术来识别和定位周围环境中的车辆、行人、交通标志等。这些信息对于判断道路情况、规划路径和安全驾驶至关重要。

（4）安全监控。在安全监控领域，目标检测技术可以帮助识别可疑行为或特定人物。例如，监控摄像头可以配置为识别未经授权的进入或在特定区域内监测特定物品的移动的设备。

（5）零售行业。在零售环境中，目标检测技术可以用于跟踪顾客行为、管理库存，还可以用于在自助结账系统中自动识别商品。这些应用不仅提高了运营效率，也提升了顾客体验。

（6）医疗影像分析。目标检测技术在医疗影像分析中的应用日益增多，如自动识别和定位 X 光片、MRI 图像或 CT 图像中的肿瘤或其他异常结构，辅助医生进行诊断。

这些实例展示了目标检测技术在不同领域的应用。从提高安全性和便利性到促进健康和科学发现，目标检测的潜力是巨大的。随着技术的进步，我们可以期待在未来看到目标检测的更多创新和应用。

任务 5　人脸识别

人脸识别

任务描述

本任务旨在使学生理解人脸识别的原理，并能够识别现实世界中的哪些问题属于人脸识别问题。

知识准备

对人脸识别有一定的了解。

1．人脸识别概述

人脸识别是一种基于人类面部特征信息进行身份识别的生物识别技术。它先通过捕捉个体的面部图像，分析面部特征，如眼睛、鼻子、嘴巴的位置和大小，以及面部轮廓等；再将这些数据转换成数值信息，与数据库中预先存储的面部数据进行比对，以确认个体身份。

人脸识别技术因其便利性和非接触性特点，在多个领域有着广泛的应用，具体体现为以下几点。

（1）安全与监控：人脸识别广泛应用于公共安全系统、企业安全系统和家庭安全系统中，用于入侵检测、身份验证等。

（2）移动设备解锁：智能手机和平板电脑将人脸识别技术作为一种安全的解锁方式。

（3）金融服务：银行和支付平台使用人脸识别技术进行身份验证，确保交易安全。

（4）教育考勤：学校和教育机构利用人脸识别技术进行考勤管理。

（5）智能家居：将人脸识别技术用于智能家居系统中，可以实现门锁控制、个性化设置等功能。

人脸识别技术的应用正变得越来越广泛，随着技术的进步和普及，其应用领域还将进一步扩展，为我们的生活带来更多便利和安全保障。然而，人脸识别技术的使用也引发了隐私和安全等方面的关注和讨论，要求技术开发者和使用者在推广应用的同时，还要考虑到相应的伦理和法律。

2．人脸识别的工作流程

人脸识别主要通过捕获、分析和比较面部特征来实现个人身份的验证或识别。人脸识别技术的核心工作原理可以分为以下几个主要步骤。

（1）人脸检测。系统需要从一幅图像或视频帧中检测到人脸的存在。这一步骤通常通过使用人脸检测算法（如哈尔特征分类器、深度学习模型等）来完成。检测到的人脸通常以图像中的一个矩形区域表示。

（2）人脸对齐。由于拍摄角度、表情变化等因素，捕获的人脸图像可能会有所不同。为了减少这些差异对识别结果的影响，人脸对齐步骤通过旋转和缩放等变换，将检测到的人脸调整到一个标准的姿势。

（3）特征提取。这一步骤是人脸识别的核心。系统会从对齐后的人脸图像中提取出有助于区分不同人脸的特征信息。这些特征信息可能包括人脸的几何结构、皮肤纹理等。在传统方法中，可能使用手工设计的特征提取器；而在深度学习方法中，通常使用 CNN 自动学习和提取特征。

（4）特征匹配与身份验证。将提取出的特征与数据库中存储的特征做比较，以验证个人身份或进行身份识别。这可以通过计算特征之间的相似度来完成。

3. 人脸识别技术的发展过程

人脸识别技术的发展经历了从早期的简单几何模型到现代的深度学习方法的多个阶段，每个阶段都标志着重大的技术进步，极大地提升了识别的准确性和可靠性。

（1）早期的简单几何模型。在人脸识别技术的初期，研究人员主要依赖于简单的几何特征来识别面部，通过测量面部的各种几何尺寸，如眼睛之间的距离、鼻子的长度和宽度、嘴巴和眼睛的位置等，构建人脸的几何模型。这些几何模型都基于一系列假设，比如人脸具有固定的、标准的几何形状。然而，这些几何模型受到表情变化、姿势改变、光照条件等因素的显著影响，限制了它们的准确性和可靠性。

（2）特征脸和统计方法。人脸识别技术发展的第二阶段为基于特征脸和统计学习的阶段。特征脸和统计方法通过对大量人脸图像进行 PCA，提取出能够代表面部变化的主要特征向量。这种方法在一定程度上提高了人脸识别的灵活性和效率，因为它能够在较低维度的特征空间内进行人脸的表示和匹配。尽管如此，特征脸和统计方法仍然难以处理面部表情、遮挡和光照变化等问题。

（3）深度学习方法的兴起。深度学习技术的出现和发展标志着人脸识别技术进入了一个新时代。利用深度 CNN，现代人脸识别技术能够自动从大量的人脸图像中学习复杂的、高层次的特征表示，极大地提高了识别的准确性和鲁棒性。深度学习方法不仅能有效处理面部的非线性变化，如表情、姿势和光照的变化，还能在一定程度上克服遮挡的问题。

深度学习方法的成功主要归功于以下几点。

（1）大规模数据集。随着互联网和数字摄影技术的发展，大量的人脸图像成为可用资源，为训练深度学习模型提供了数据基础。

（2）强大的计算能力。GPU 和其他并行计算技术的发展为训练复杂的深度神经网络提供了必要的计算能力。

（3）算法创新。深度学习领域的研究者不断提出新的网络架构、优化算法和训练技巧，进一步提高了人脸识别的性能。

深度学习方法使人脸识别技术在各种复杂环境中都能保持高准确率和高可靠性，使其在安全验证、个人身份认证、智能监控等多个领域得到了广泛应用。今天，人脸识别技术不仅是生物识别技术中的一颗明星，还是人工智能领域的一项重要成就。

4．人脸识别的风险

人脸识别技术的快速发展和广泛应用为人类的生产和生活带来了显著的便利，但也引发了一系列隐私和安全问题，特别是在未经同意的数据收集和潜在的数据泄露风险方面。

未经同意的数据收集问题主要体现在个人隐私的侵犯上。人脸识别技术的应用场景越来越多，从安全监控到智能手机解锁等场景都有应用。这意味着个人的面部信息可能在无意识中被收集和分析，而用户对此往往没有足够的知情权和控制权。这种未经授权的数据收集行为引起了广泛的隐私担忧，因为人脸信息属于敏感的个人生物识别信息，一旦被滥用，就会对个人的隐私和安全造成严重威胁。

潜在的数据泄露风险也是一个不容忽视的问题。随着人脸识别数据的大量积累，如何保护这些数据不被非法访问和盗用成了一个重大挑战。数据泄露不仅会导致个人隐私被暴露，还可能用于诈骗等犯罪活动。在电子商务环境中，用户个人信息的安全问题尤其突出。消费者在网购过程中提供的姓名、联系方式、地址、银行卡号等信息容易被非法收集和滥用。不法分子可能通过各种手段窃取个人信息，包括利用电商平台的安全漏洞或网络技术的不良应用（如钓鱼网站）来盗取消费者的个人信息。

综上所述，人脸识别技术在带来便利的同时，也面临着未经同意的数据收集和潜在的数据泄露风险等隐私和安全问题。这要求相关技术开发者和应用提供商采取有效措施，加强对个人隐私的保护，提高数据的安全性，确保技术的健康发展和应用的安全可控。同时，消费者也应提高对个人信息保护的意识，采取合理的措施保护自己的隐私安全。

总结

在本项目中，我们从计算机视觉的基本概念和历史背景入手，解释了视觉系统如何将原始像素转化为高级理解，涵盖了从图像和视频数据的解释到转换的全过程。通过介绍现代 CNN，本项目揭示了它们如何成为图像识别和处理不可或缺的工具，特别是在图像分类这一计算机视觉的基础任务中的应用，强调了图像分类在评估不同算法性能时的重要性。随后转向更为复杂的任务，如目标检测，不仅要识别图像中的对象，还要确定它们的具体位置。本项目在最后专注于对人脸识别技术的介绍，这一领域在安全认证、社交媒体等多个方面都有广泛的应用。此外，本项目还强调了计算机视觉作为一个跨学科领域的性质，涉及计算机科学、数学、物理学、认知科学和神经科学等学科，显示了其解决问题的综合方法和广泛的影响。

通过对本项目的学习，学生应能全面理解计算机视觉领域，包括其核心问题、技术进展和实际应用，为未来的学习和研究打下坚实的基础。

项目考核

一、选择题

1．计算机视觉的主要任务之一是图像分类。下列选项中，（　　）模型是在图像分类任务中广泛使用的模型。

A．LSTM　　B．AlexNet　　C．Transformer　　D．RNN

2．（　　）网络结构以其深度和残差连接而闻名。

A．VGGNet　　B．LeNet　　C．ResNet　　D．AlexNet

3．下列选项中，（　　）不是常见的目标检测算法。

A．Faster R-CNN　　B．YOLO　　C．*k*-Means　　D．SSD

4．下列选项中，（　　）不是 CNN 的特征。

A．池化层　　B．卷积层　　C．循环连接　　D．激活函数

二、填空题

1．VGGNet 的一个显著特点是使用了多个连续的 3×3 的卷积层。这种设计能够使网络捕捉到更__________的特征。

2．在计算机视觉中，图像的预处理通常包括将图像像素值缩放到__________范围内。

三、简答题

1．请简述 CNN 在图像处理中的作用。

2．请简述目标检测与图像分类的主要区别。

四、综合任务

1．背景

随着深度学习技术的兴起，尤其是 CNN 在图像处理领域的应用，图像分类的准确性和效率得到了显著提高。现代 CNN 架构能够学习图像的层次化特征表示，从而在各种图像分类任务上达到了人类的水平。通过本项目，学生有机会体验使用现代 CNN 进行图像分类的全过程，从数据预处理到模型训练、评估和优化，最终建立起对计算机视觉核心任务的深入理解。

2．数据来源

本任务的数据来源是 Intel Image Classification Dataset。这是一个公开、可获取的数据集，通常用于景观和自然场景的图像分类任务。该数据集包含大约 25000 张图片，这些图片分为 6 个类别（建筑、森林、冰川、山脉、海洋和街道），图片的分辨率为 150 像素×150 像素。

3．实验内容

（1）数据探索。

① 下载并探索 Intel Image Classification Dataset，了解其结构和包含的类别。

② 可视化每个类别的一些图像样本，以获得对数据的直观理解。

（2）数据预处理。

① 对图像数据进行预处理，如调整大小（如果需要）和归一化，确保输入数据的一致性。

② 对数据集进行分割，得到训练集、验证集和测试集。

（3）模型设计与训练。

① 设计一个简单的 CNN 模型，用于图像分类任务。

② 选择适当的损失函数和优化算法，进行模型的训练。

③ 使用验证集来调整模型参数，防止过拟合。

（4）评估与优化。

① 使用测试集对模型进行评估，计算总体分类准确率及每个类别的准确率。

② 分析模型的表现，探讨可能的改进方法，例如调整网络结构或使用更复杂的模型。

4. 扩展（选做）

（1）探索使用预训练模型（如 VGG-16 或 ResNet）作为特征提取器，以改善模型的性能。

（2）采用数据增强技术，如图像旋转、缩放和水平翻转，以提高模型的泛化能力。

（3）尝试不同的优化算法和学习率调度策略，以寻找最佳模型配置。

反侵权盗版声明

电子工业出版社依法对本作品享有专有出版权。任何未经权利人书面许可，复制、销售或通过信息网络传播本作品的行为；歪曲、篡改、剽窃本作品的行为，均违反《中华人民共和国著作权法》，其行为人应承担相应的民事责任和行政责任，构成犯罪的，将被依法追究刑事责任。

为了维护市场秩序，保护权利人的合法权益，我社将依法查处和打击侵权盗版的单位和个人。欢迎社会各界人士积极举报侵权盗版行为，本社将奖励举报有功人员，并保证举报人的信息不被泄露。

举报电话：（010）88254396；（010）88258888

传　　真：（010）88254397

E-mail:　dbqq@phei.com.cn

通信地址：北京市海淀区万寿路 173 信箱

电子工业出版社总编办公室

邮　　编：100036